天線設計－IE3D 教學手冊

沈昭元　編著

全華圖書股份有限公司　印行

序言

在民國 92 年，除了全華所出版的**“微帶天線設計-使用 IE3D”(ISBN 957-21-4058-2)**，似乎無第二本 IE3D 的書可供外界參考。因此，本人於民國 97 年出版了“天線設計-IE3D 教學手冊”一書，藉此希望能更充實 IE3D 電磁軟體的應用。除了參考及引用**“微帶天線設計-使用 IE3D”**此書之一些天線結構，以及其它相關的天線論文，也根據學生們的反應及不斷的重複修改下，規劃出了八個簡單的天線結構。以一周模擬，下一周實作的方式進行，希望同學們在一學期內的學習過程中，都能了解微帶天線的模擬與實作之基礎。

於民國97年所出版的教學手冊是利用IE3D 11版，而本次所更新的版本爲IE3D 14版。相較 14 版與 11 版，會發現在界面上有很大的差異，因此，若讀者是採用 IE3D 11 版或更之前的版本，建議購買 97 年所出版的 IE3D 教學手冊。要注意的是，若您用的是 IE3D 學生版，必須加以小心，以免在模擬時出現不可模擬之狀況。例如本書之第七章絕對無法利用學生版模擬。

在此，本人還是要再次感謝 彰化師範大學 電機系 羅鈞壎教授 帶領我走入這個領域，也要感激台灣天線工程師學會裡各位教授的指教。最後，我極爲感激 蔡富任 同學之協助，還有同事與家人在我修改此書期間給予的所有鼓勵與關心。

本書並不是一本徹底完整的 IE3D 天線設計書籍，也欠缺了許多較深奧的技巧與繪畫方法，因此也冀望未來能加以改善。若您對此書有任何評論或者發現任何錯誤，請將您的意見寄至：cysim@fcu.edu.tw，本人隨時歡迎您的指教。

沈昭元

電機系，逢甲大學

臺中市，臺灣

中華民國 101 年 8 月

編輯部序

「系統編輯」是我們的編輯方針，我們所提供給您的，絕不只是一本書，而是關於這門學問的所有知識，它們由淺入深，循序漸進。

本書詳細的說明如何用 IE3D 之繪圖技巧及工具來模擬常見的的微帶天線。本書為全彩印刷，讀者可依照步驟模擬有助於實作的進行。

在每個章節後附有實作與軟體模擬的比較圖，可讓讀者了解實作與軟體模擬的差異。為方便讀者作模擬，範例光碟附上 14 版及 11 版的模擬檔供讀者練習模擬。本書適用於私立大學、科大電子、電訊及電通系「天線設計」課程。

同時，為了使您能有系統且循序漸進研習相關方面的叢書，我們以流程圖方式，列出各相關圖書的閱讀順序，以減少您研習此門學問的摸索時間，並能對這門學問有完整的知識。若您在這方面有任何問題，歡迎來函連繫，我們將竭誠為您服務。

相關叢書介紹

書號：0537501
書名：電磁學(修訂版)
編著：陳永平
20K/352 頁/370 元

書號：0501904
書名：電磁干擾防制與量測
(第五版)
編著：董光天
16K/384 頁/450 元

書號：05979
書名：無線通訊射頻晶片模組
設計－射頻晶片篇
編著：張盛富.張嘉展
20K/360 頁/420 元

書號：06139007
書名：通訊系統設計與實習
(附 LabVIEW 試用版光碟)
編著：莊智清.陳育暄.蔡永富
陳舜鴻.高彩齡.蔡秋藤
16K/280 頁/320 元

書號：05734
書名：產品設計中的 EMC 技術
編譯：李 迪.王培清.
王見銘.林淑芸
16K/408 頁/450 元

書號：05620
書名：高頻電路設計
編譯：卓聖鵬
20K/384 頁/420 元

書號：0597801
書名：無線通訊射頻晶片模組
設計－射頻系統篇(修訂版)
編著：張盛富.張嘉展
20K/304 頁/410 元

◎上列書價若有變動，請以最新定價為準。

流程圖

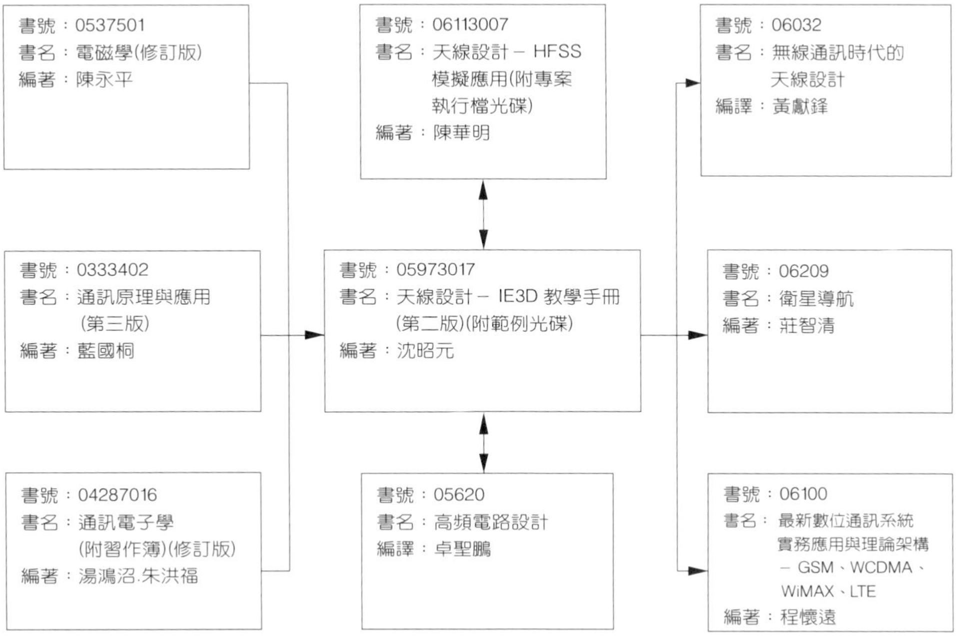

目錄

CHAPTER 1

矩形微帶天線

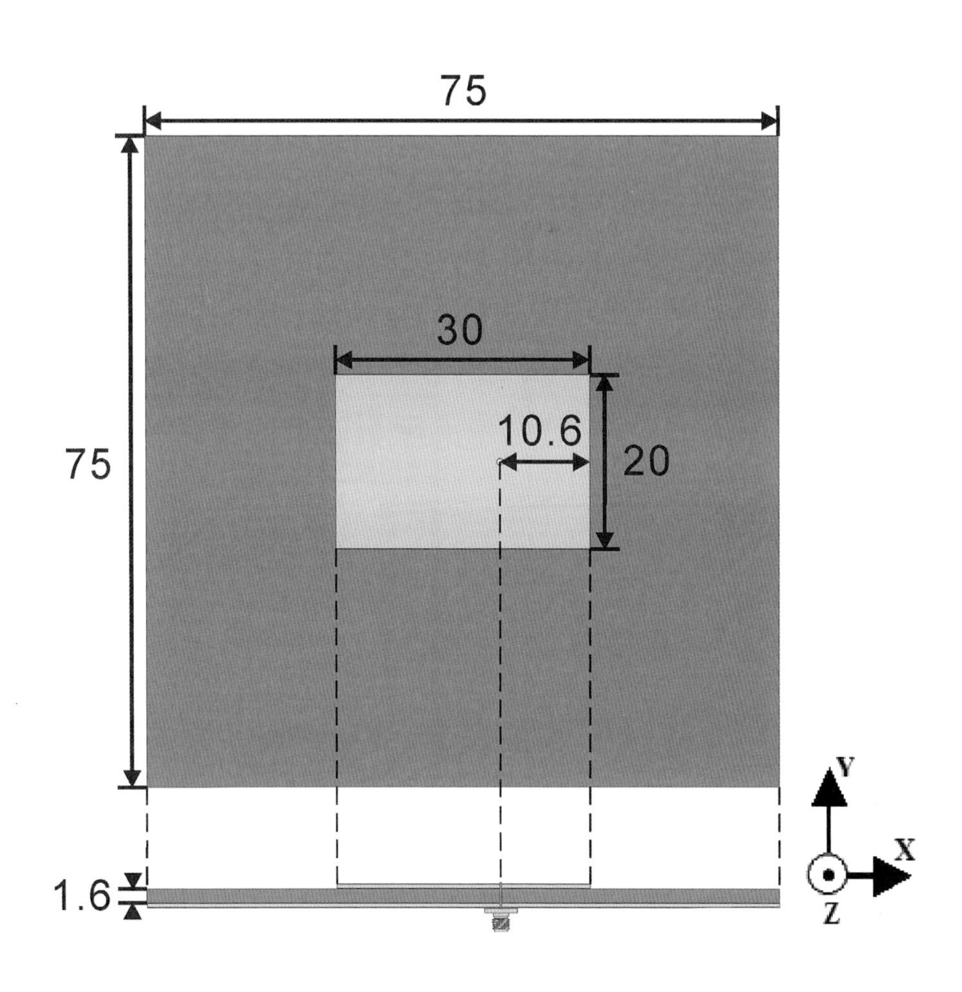

模擬目的

製作出以一個同軸 SMA 饋入，並達成 50 歐姆阻抗匹配，共振頻率在 2.4 GHz 之矩形微帶天線。

參　數

使用 FR4 電路板，高度爲 1.6 mm，介電係數 $\varepsilon_r = 4.4$，並將接地面設爲有限大接地面。同軸 SMA 接頭的半徑爲 0.65 mm。

模擬步驟

步驟 1-1：開啓

開啓 **IE3D** 的程式 ZELAND zeland

步驟 1-2：進入 Mgrid

首先將“ZELAND Network License Started”點選，

再按 進入 Mgrid，或從 IE3D 中點選 Mgrid。

或

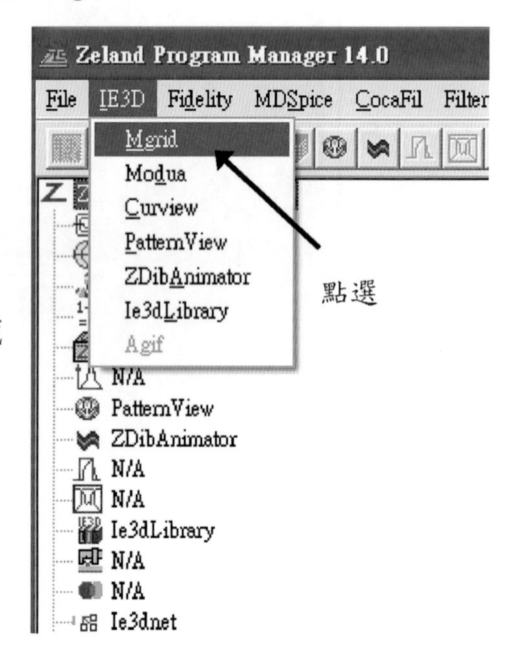

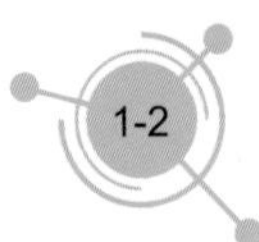

步驟 1-3：進入基本參數

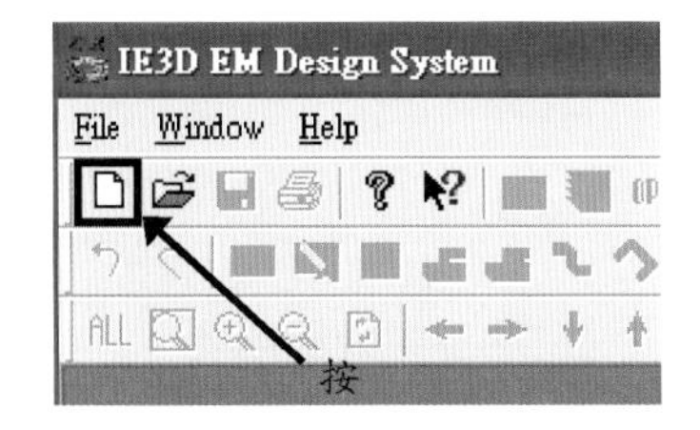

按 或從“File”中點選“New”

即可進入基本參數(Basic Parameters)視窗如下：

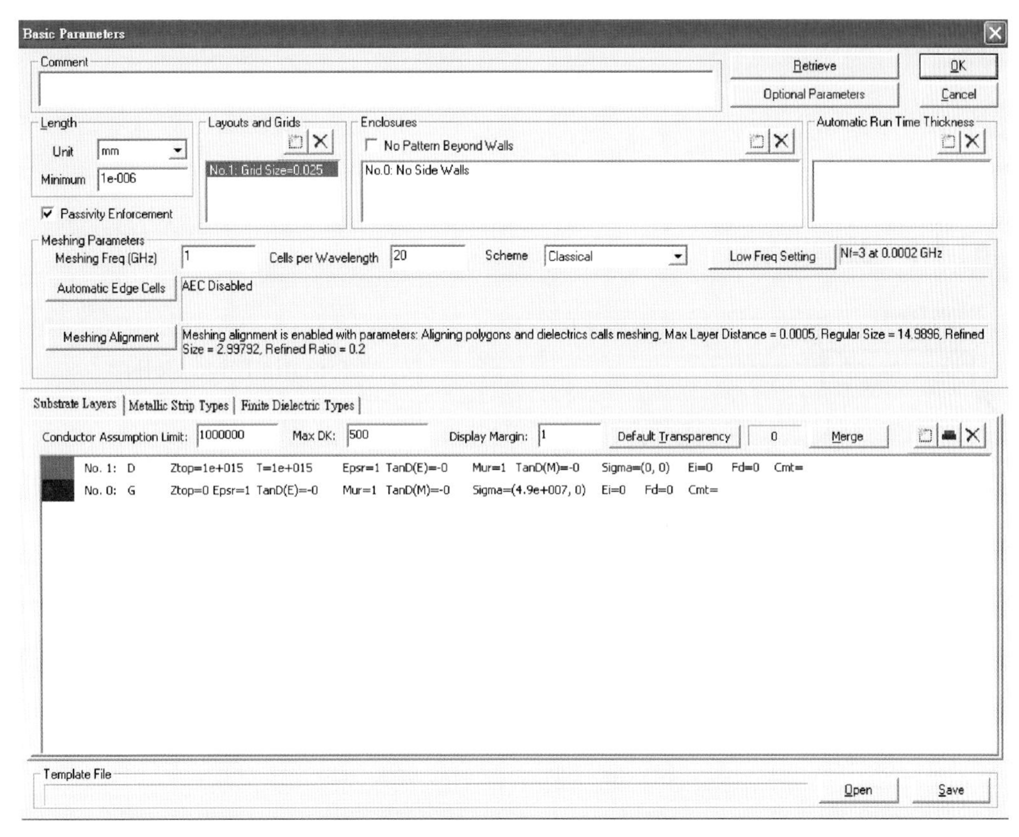

步驟 1-4：設定繪製版面之每格大小

註(1)：版本如果是 IE3D 10 版以上，格子大小 0.025 已預設好，可跳到步驟 1-5。

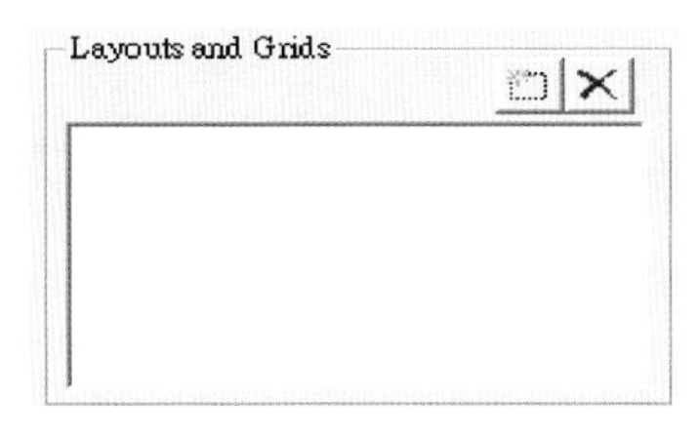

先到 Layouts and Grids 按 進入，即出現下面圖示。

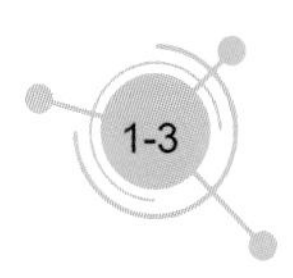

在格子內輸入『0.025』或其它大小之後並按 **OK**。

註(2)：若沒設 Grid Size 就會出現此 

視窗。

步驟 1-5：設單位

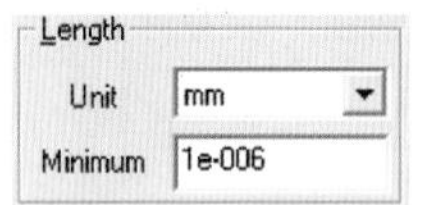

天線以公釐『mm』爲單位。

步驟 1-6：設網線參數

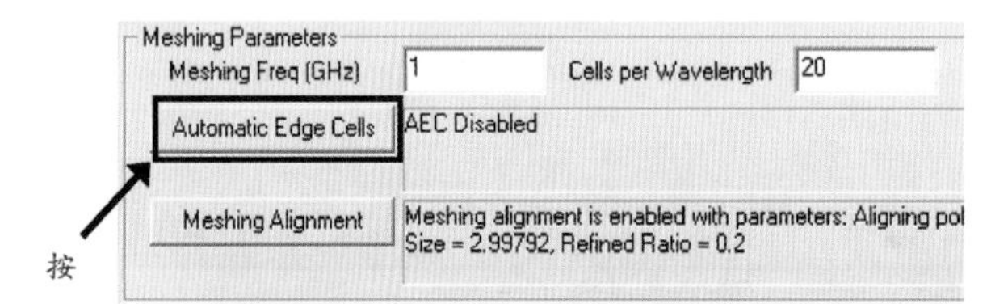

按 Automatic Edge Cells，即出現下圖。

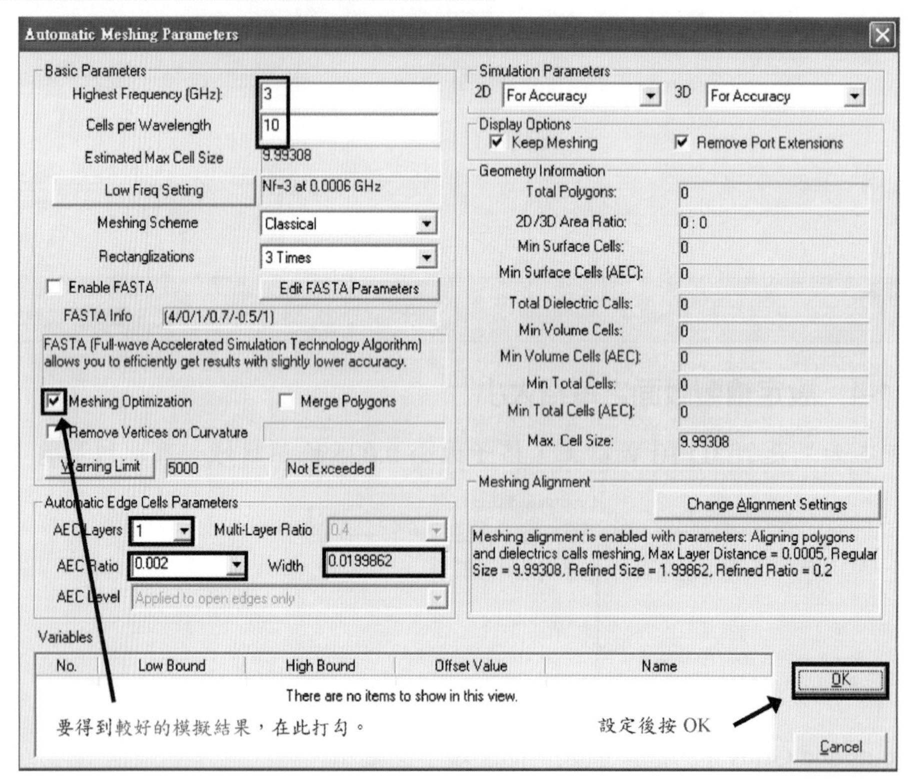

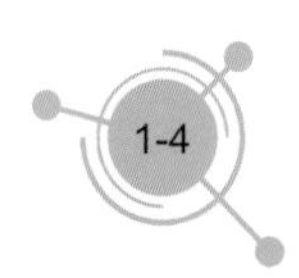

Automatic Meshing Parameters 網線；

在 Meshing Freq(GHz)(網線頻率)欄位裡輸入『3』。

這是設定天線最高頻率，此天線共振頻率在 2.4 GHz，因此只要設定到 3 GHz 即可。

在 Cells per Wavelength(每波長之小格)欄位裡輸入『10』。

若要更準確的模擬結果，可增加 cells per wavelength 之數量，不過模擬時間也會增加。

在 **AEC Layers** 中選擇『1』即可得到準確的結果。

若要更準確的模擬結果，可增加 ACE layers 之數量，不過模擬時間也會增加。

爲了得到準確的模擬結果，將 Width 設在 0.02 左右，而 Width 的值受 AEC Ratio 及 Cells per Wavelength 的影響。

若要得到更準確的結果，可降低 Width 之値，不過模擬時間也會增加。

註(3)：Meshing Optimization 的意思是使網線最佳化。

步驟 1-7：設介質參數

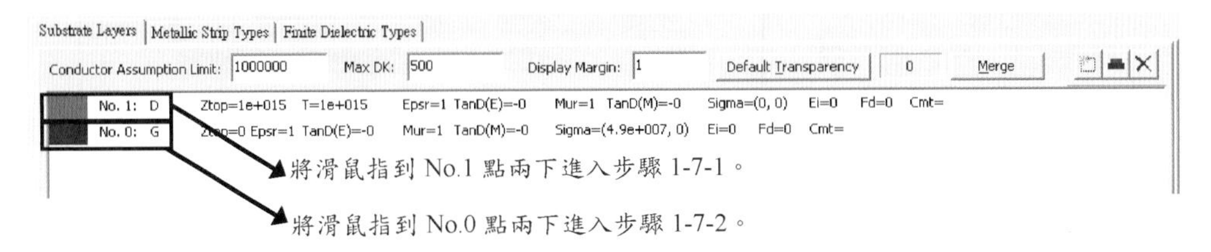

步驟 1-7-1：設定 No. 1：FR4 參數

將滑鼠指到 **NO. 1**；這個欄位裡，點兩下進入以下畫面：

Edit No.1 Substrate Layer

Comment　OK　Cancel

Top Surface, Ztop　1.6　Distance to No.0　1.6　Distance to Next　N/A

Dielectric Constant, Epsr　4.4　Type　Normal　Property　Dielectrics

Loss Tangent for Epsr, TanD(E)　0.02　CAL Limit　1000000　Factor　4.400879912

Permeability, Mur　1　Enclosure Index　No.0　輸入後再按 OK

Loss Tangent for Mur, TanD(M)　-0　Transparency　0.5　Color

Real Part of Conductivity (s/m)　0　Prompt users for merging multiple thin layers for simulation efficiency

Imag. Part of Conductivity (s/m)　0　Add Freq　Delete　Remove All　Import　Export

Freq (GHz)　Epsr　TanD(E)　Mur　TanD(M)　Re(Sigma)　Im(Sigma)

進入 **Edit No.1 Substrate Layer** 的視窗後；

Top Surface, Ztop 欄位裡輸入『1.6』。〔這裡是介質的厚度〕

Dielectric Constant, Epsr 欄位裡輸入『4.4』。〔這是 FR4 的介質係數〕

Loss Tangent for Epsr, TanD(E)欄位裡輸入『0.02』。〔這是 FR4 的損耗正切值〕

其餘的數值都是預設值，輸入完畢後即可按 OK。

步驟 1-7-2：設定 No. 0：Ground 參數

將滑鼠指到 **NO. 0**；這個欄位裡，點兩下進入下面的畫面，開始設定參數：

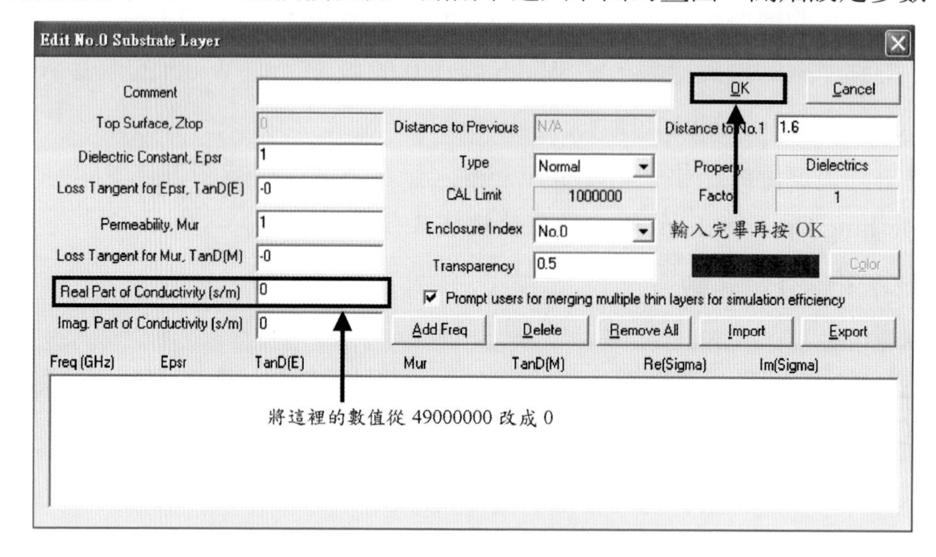

進入 **Edit No.0 Substrate Layer** 的視窗後；

在 **Real part of Conductivity (s/m)**欄位裡輸入『0』。

註(4)：由於要設定有限大的接地面，所以輸入 0。若是設無限大接地面，就不用作任何改變。

其餘的數值都是預設值，輸入完畢後即可按 OK。

步驟 1-8：開始畫天線結構體

從“**Entity**”中選取“**Rectangle**”，來開啓繪製矩形的視窗。

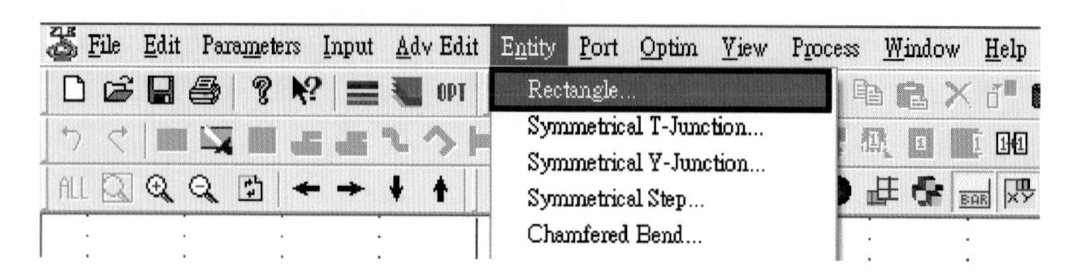

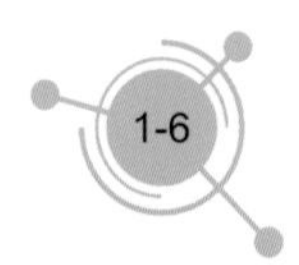

以下是在高度 1.6 mm 設定一個 30×20 mm^2 的矩形 patch。

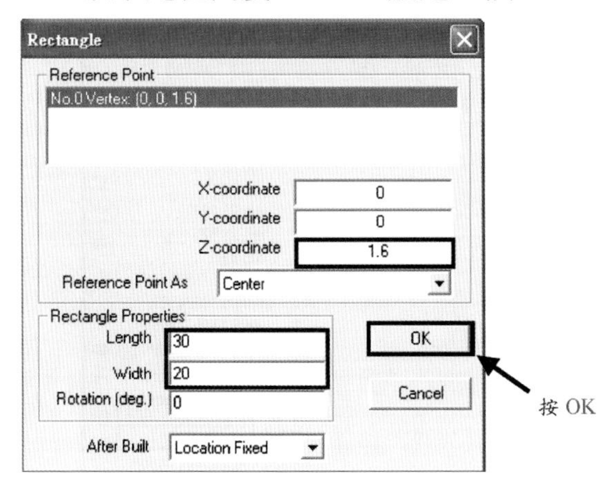

按 OK

Z-coordinate (Z-軸)為『1.6』。

Length(長)內輸入『30』。

Width(寬)內輸入『20』。

再一次從“**Entity**”中選取“**Rectangle**”。

以下是在高度 0 mm 設定一個 75×75 mm^2 的矩形接地面(ground)。

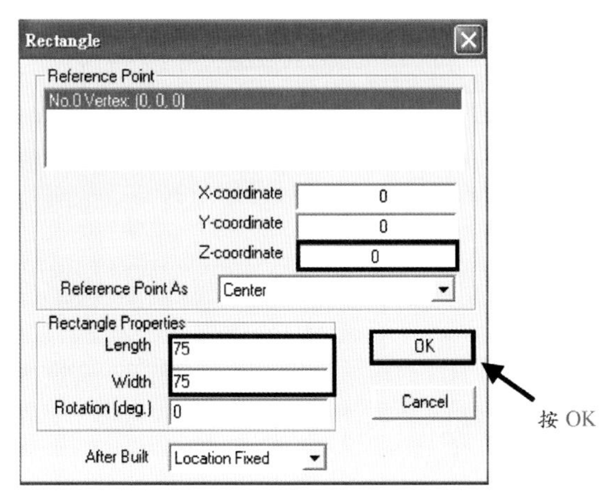

按 OK

Z-coordinate (Z-軸)為『0』。

Length(長)內輸入『75』。

Width(寬)內輸入『75』。

輸入完畢後，會出現以下的視窗：

可以在 ALL 這一行裡，選取 ALL 來觀看整個圖形。

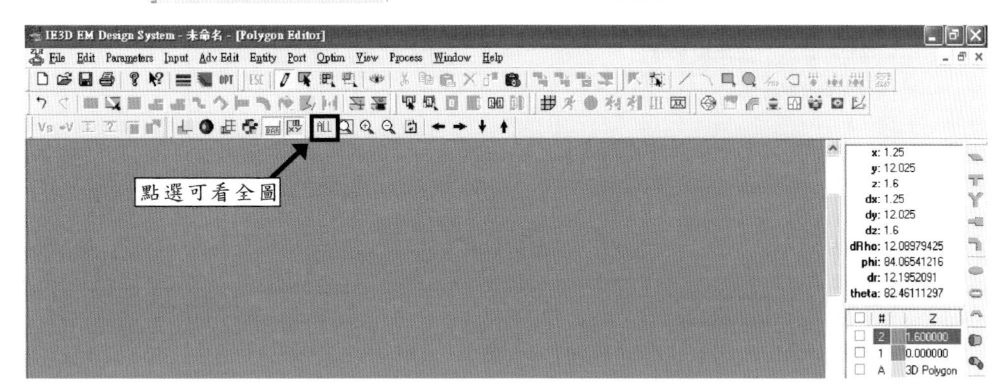

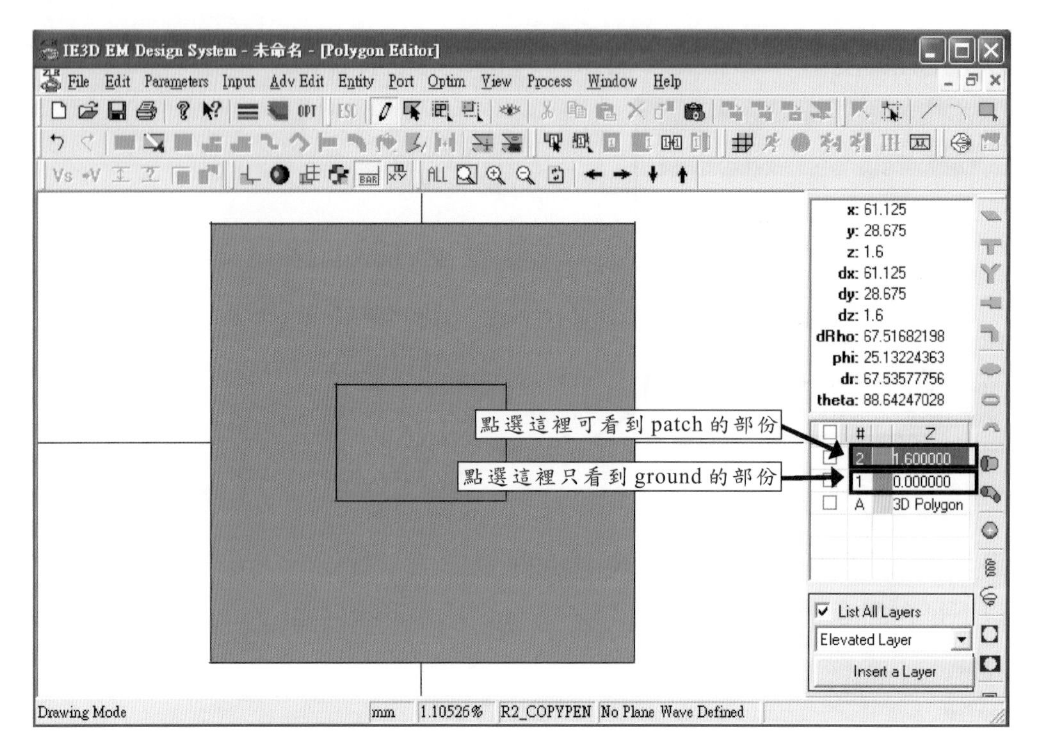

註(5)：到了這裡，請不要忘了必須要先存檔。

因爲以後若要更改探針的位置，只要重新開啓此檔即可。

註(6)：若是探針畫好了再存檔，就很難再修改探針的位置了。

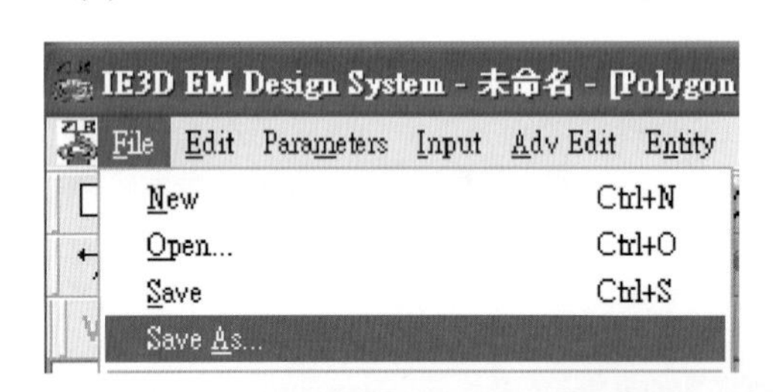

從“File”中點選“Save As..”

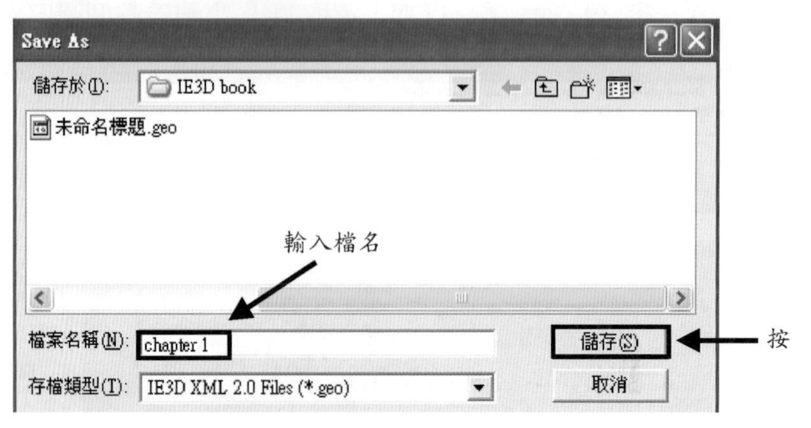

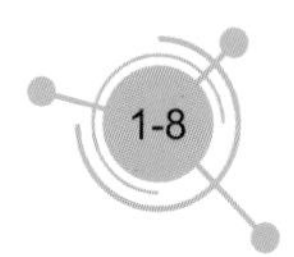

步驟 1-9：設定探針饋入

從“**Entity**”中選取“**Probe-Freed to Patch**”(饋入點)或直接點選 。

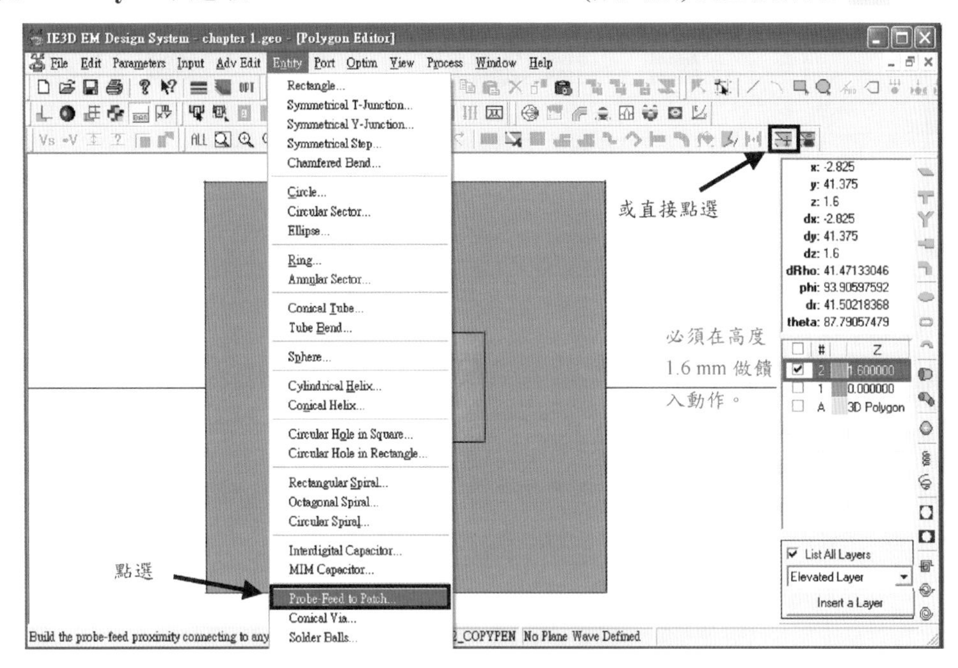

就會進入以下畫面：

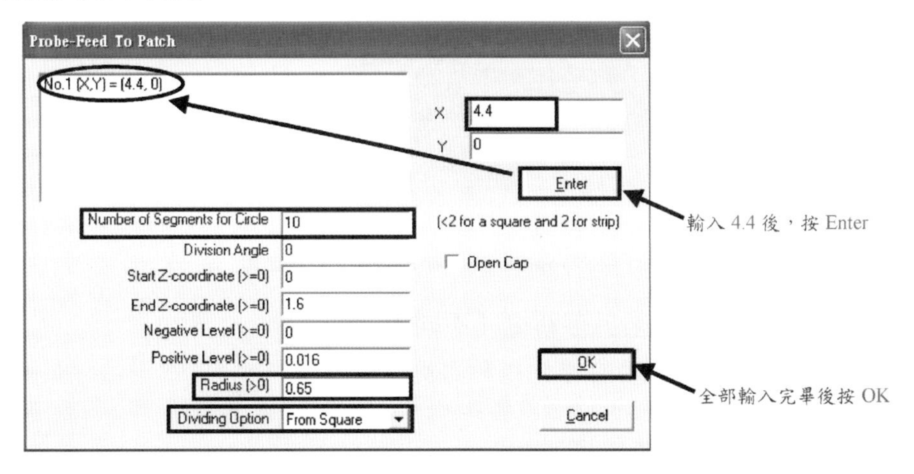

在 **Number of Segments for Circle** 的格子內輸入『10』。

在 **Radius(＞0)** 的格子內輸入『0.65』。(此爲探針半徑)

註(7)：【Enter】鈕一定要按，否則饋入點座標只會設在(X,Y) = (0,0)。

註(8)：由於我們的饋入點是圓形，所以在這格子裡輸入 10 代表圓形，假如想要變成正方形，請輸入 1，要變成平形，請輸入 2。

若出現類似視窗，按 OK 鈕即可。

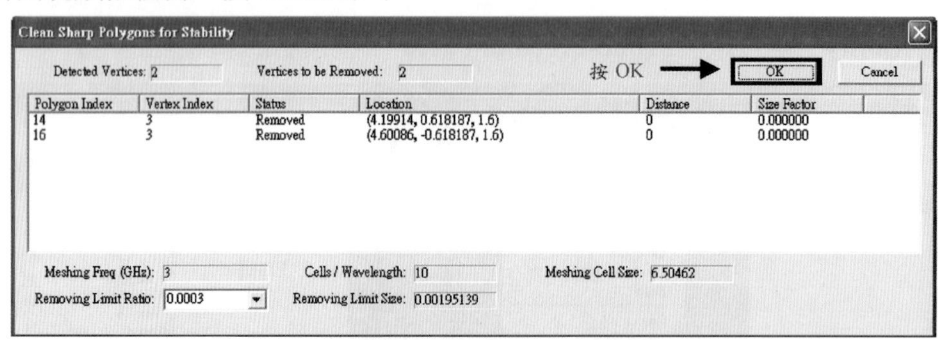

就會出現以下畫面：

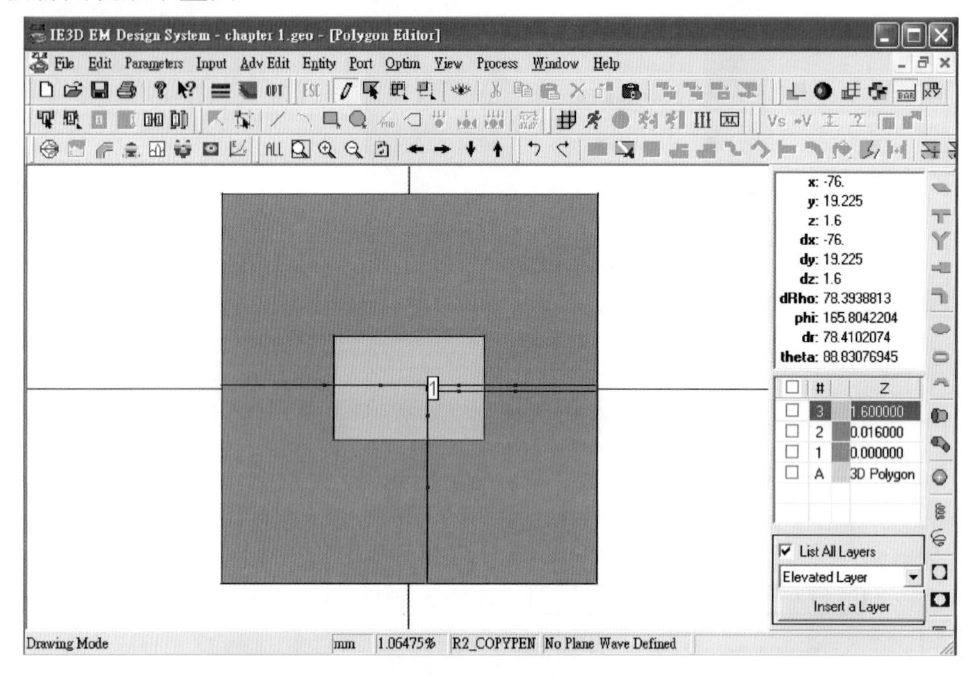

完成以上饋入設定後，須另存新檔〔不同檔名〕。

註(9)：檔案被覆蓋後，饋入點座標就很難再更改。

步驟 1-10：3D Geometry Display

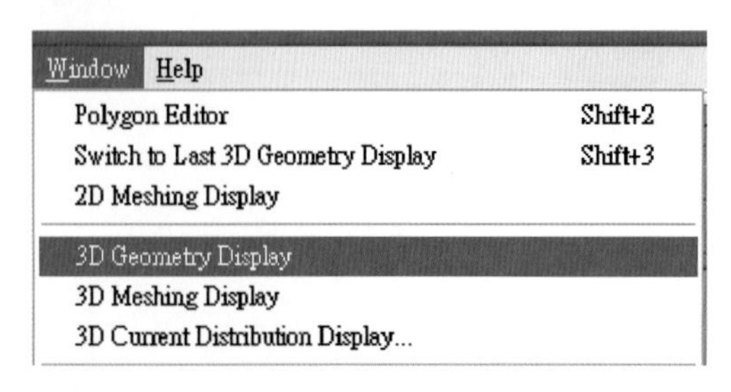

從“Window”中選取“3D Geometry Display”，就會出現以下畫面：

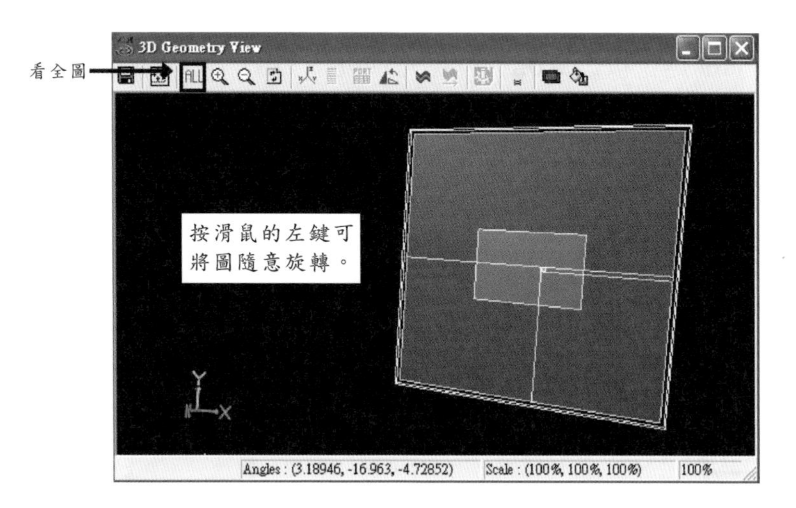

步驟 1-11：模擬天線

從(過程)“**Process**”中選取(模擬)“**Simulate**”，或是在畫面中點選藍色小人 進入模擬設定畫面。

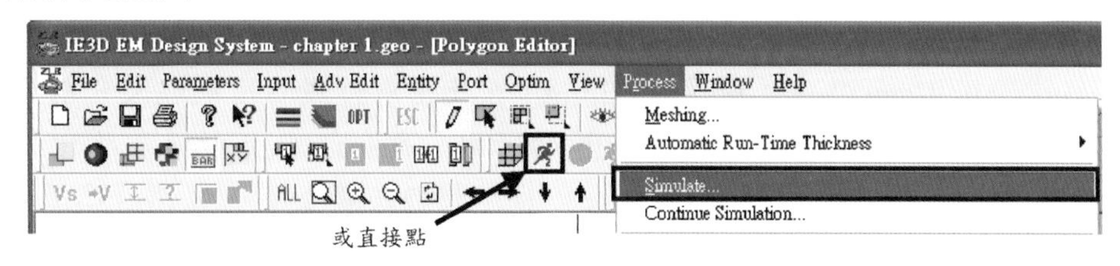

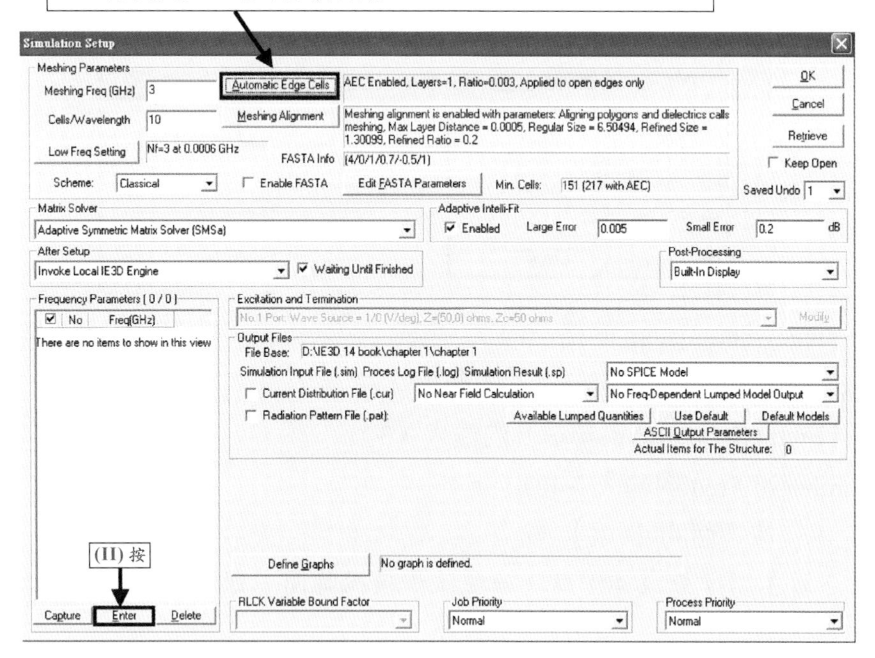

(I) 確認 Width 是否接近 0.02，設定完畢後按 **OK**

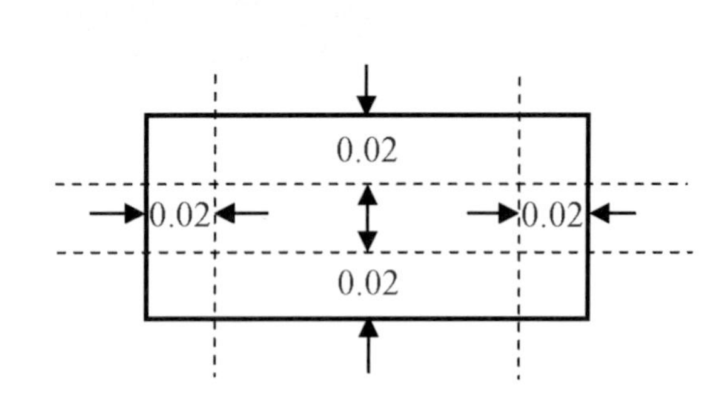

註(10)：Automatic Edge Cells；所謂 Meshing，在此是解釋成利用網線來分割天線，而每一小格就稱爲 Cell。根據 Width 的不同，每一個 Cell 的邊線將會被分割寬度爲 Width 所示的值，如上圖來加以細膩模擬天線上每一個 Cell，而得到更精準的結果。但由於天線的尺寸結構往往不同，因此設定 Edge Cell Width 值上面會有困難。通常將 Automatic Edge Cells 的寬度設爲 0.02 左右。

(II)

數值輸入完後按 OK

在 Frequency Parameters 的格子內；

Start Freq (GHz)〔開始頻率〕內輸入『2』。

End Freq (GHz)〔結束頻率〕內輸入『3』。

Number of Freq 內輸入『401』。

輸入完畢後按裡面的【OK】。

註(11)：從 2 到 3 GHz 分成 401 點。若要減少模擬時間，可用 201 點。

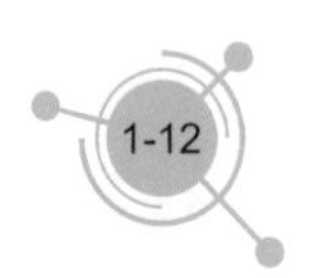

按 **OK** 後會出現下列畫面。**Frequency Parameters** 框內會出現所要模擬之頻率。將點數全選後，按右上角的 OK 即可開始模擬 !!

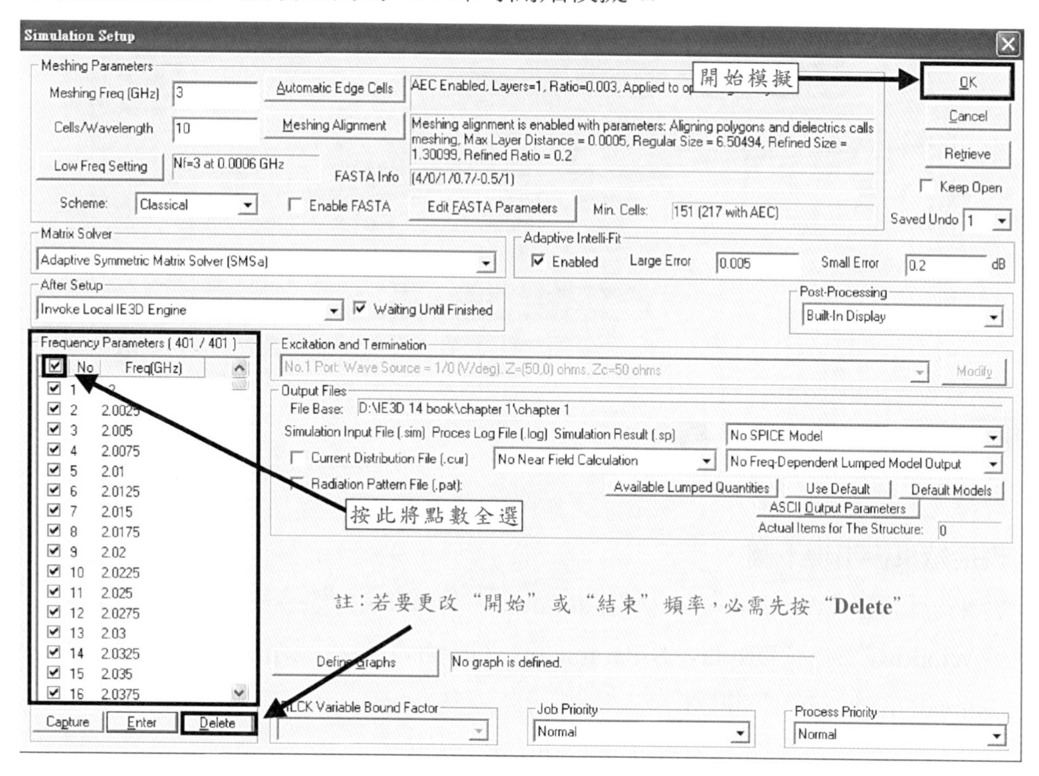

若出現以下相似的疑問視窗畫面，按是(Y)鈕即可。

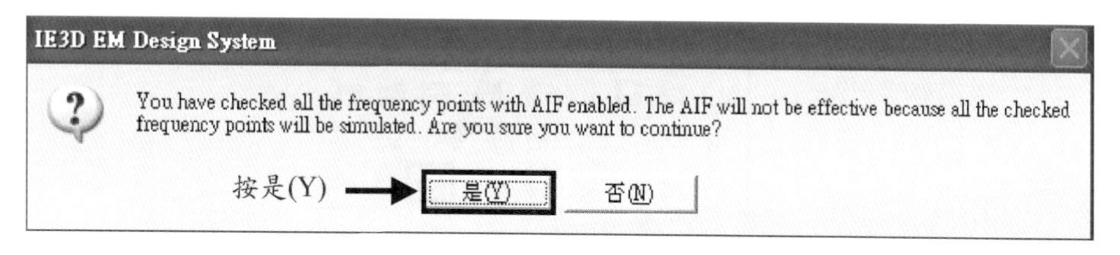

若還有出現其它的疑問視窗畫面，按是(Y)鈕即可。

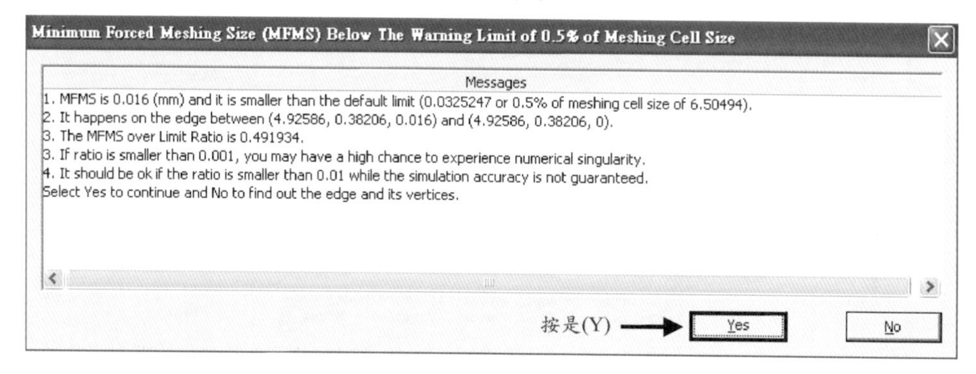

以下是正在模擬的畫面：

IE3D Electromagnetic Simulation and Optimization Engine

Geometry File: D:\IE3D 14 book\chapter 1.geo

Information: The MaxThreads feature is an advanced feature of IE3D and it requires maintained license to run. You need to update you
Meshing Performed Using Classical Scheme with Parameters:
Fmax=3 GHz, Ncells=10, AEC=1, AEC Ratio=(0.004, 0.4), AEC Level=0
Ports=1, Cells/Volumes/Unknowns=582/0/933, Min 7 MB RAM for SMSa

Cancel | Log | Display | Kept Open

No.	Freq (GHz)	Time (sec)
1	2	8
2	2.0025	8
3	2.005	7
4	2.0075	7
5	2.01	

Total Freq. Points: 401 Finished: 4 Remained: 397
Current Freq (GHz): 2.01 Total Elapsed Sec.: 35 FASTA: N/A
MatrixSolver: SMSa Fullness: 50.05% AIF: Enabled
Status: Filling Matrix 60% Iteration: 0 Iter. Res.:
Comment:

Version: 14.25 Serial No.: 113292008 Edition: Power Pack (32)
Licensed To: National Changhua Univ. of Education, Taiwan
(c) Copyright 1993-2008, Zeland Software, Inc., All Rights Reserved
http://www.zeland.com, E-mail: support@zeland.com
ZELAND

步驟 1-12-1：顯示 S11 圖

方法 1：

模擬結束後出現下圖，

將來也可從“Window”→“S-Parameters Display…”→“Defining Plots…”或“Window”→“Display S-Parameters Graphs”→“S-parameters and Lumped Equivalent circuit…”開啓：

亦可點選此圖 開啓

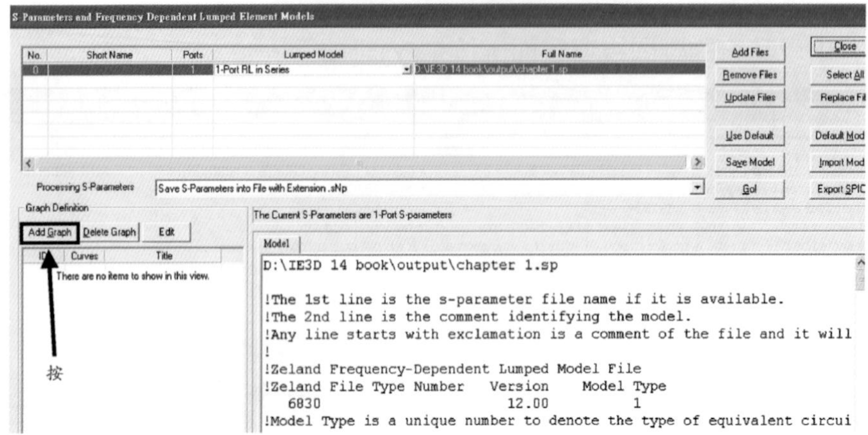

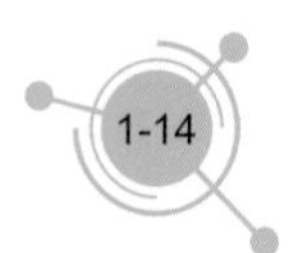

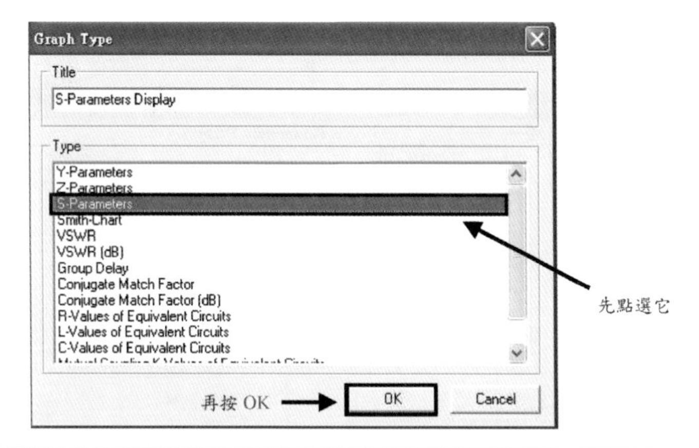

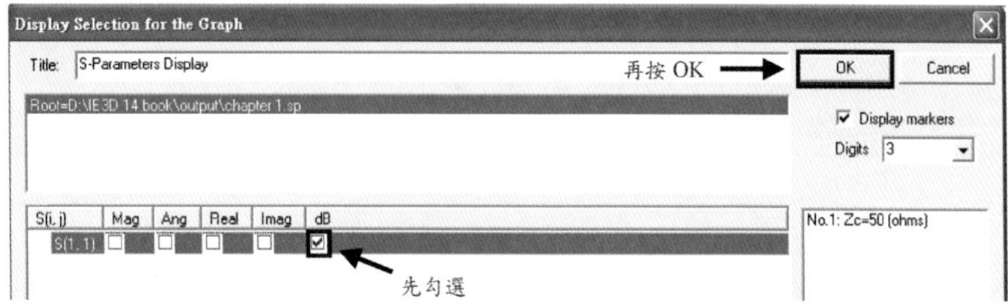

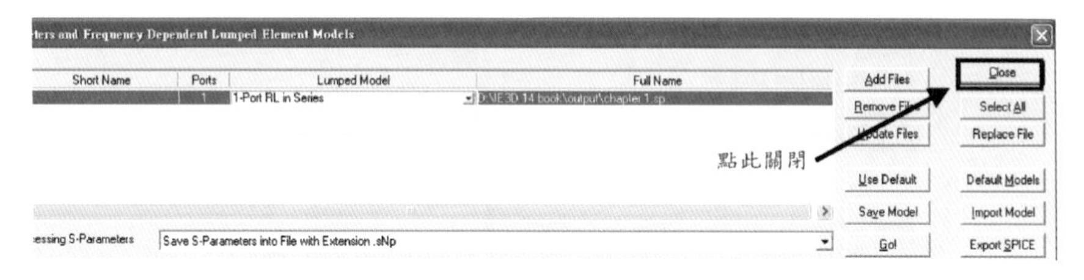

點選關閉後即顯示 S11 圖，亦可用以下方法操作：

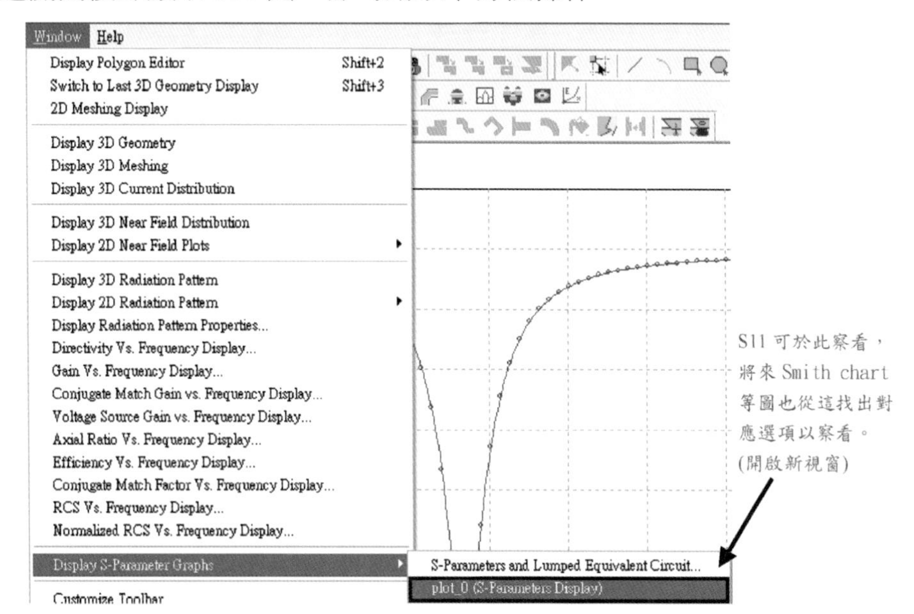

出現下圖：

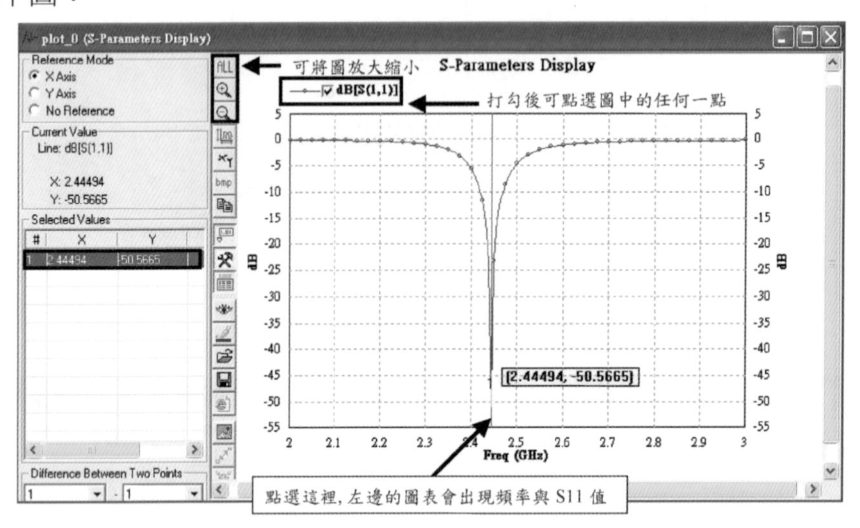

方法 2：

從 Process 中選取 Display S-Parameters。

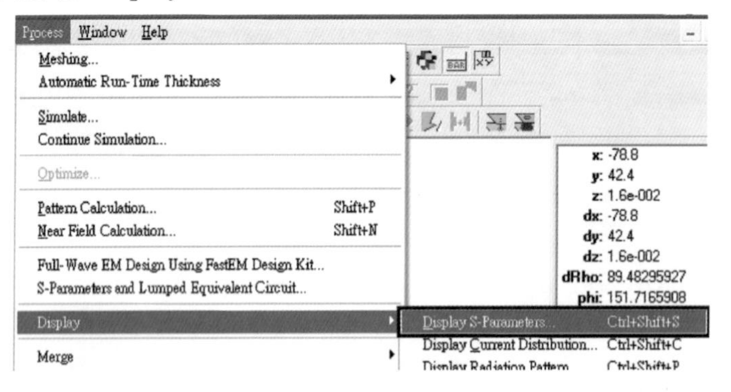

選取帶有“.sp”的檔案。

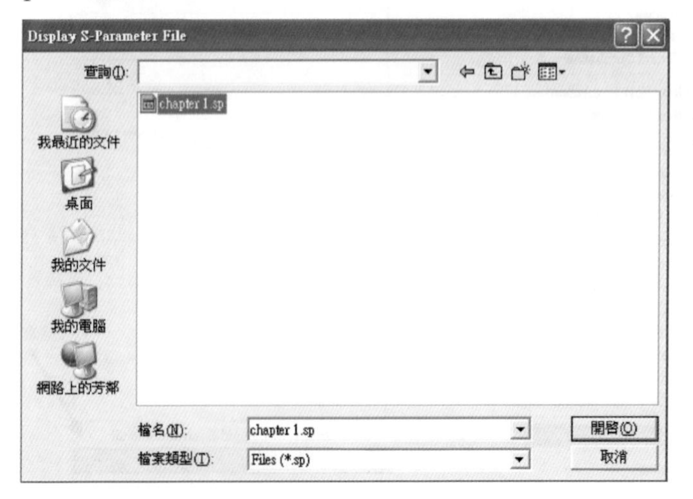

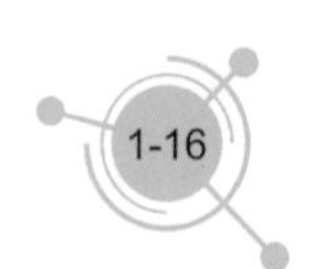

出現以下視窗，按“Define Display Graph”。

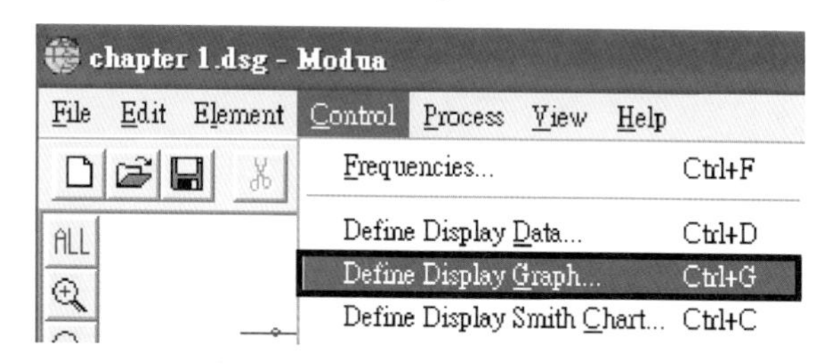

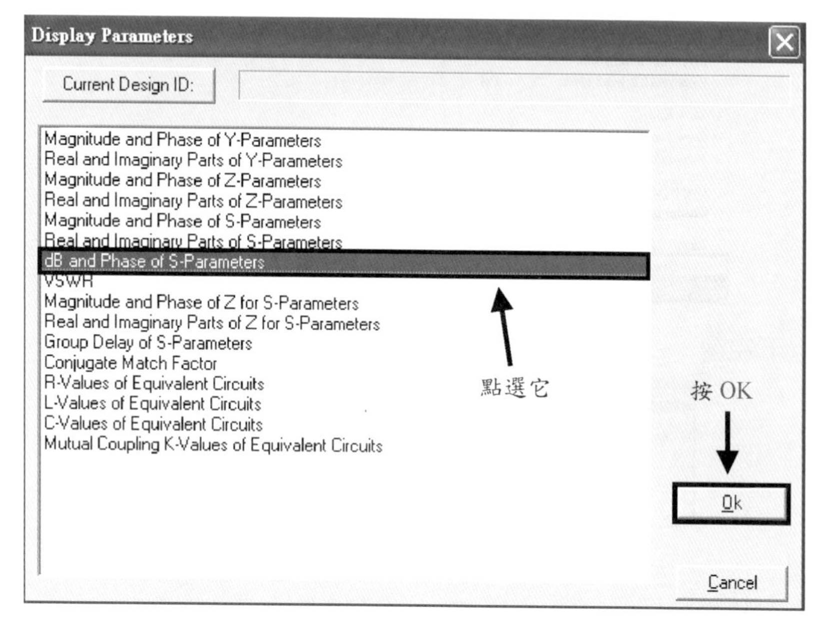

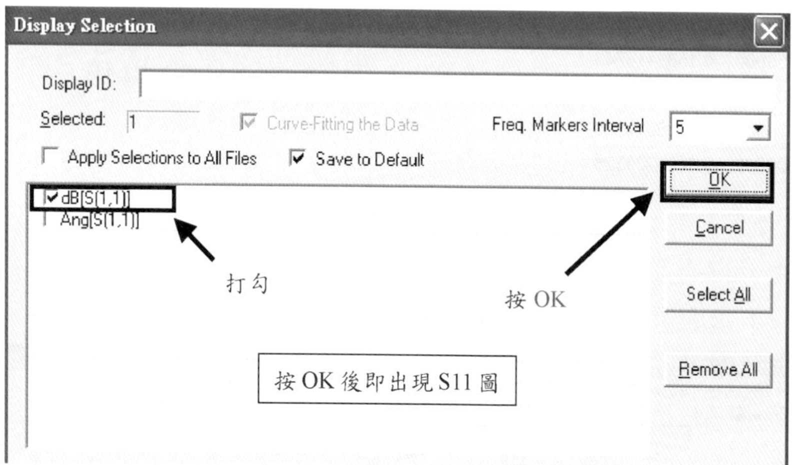

步驟 1-12-2：S11 Data 值

方法 1：

於 S11 圖中按右鍵。

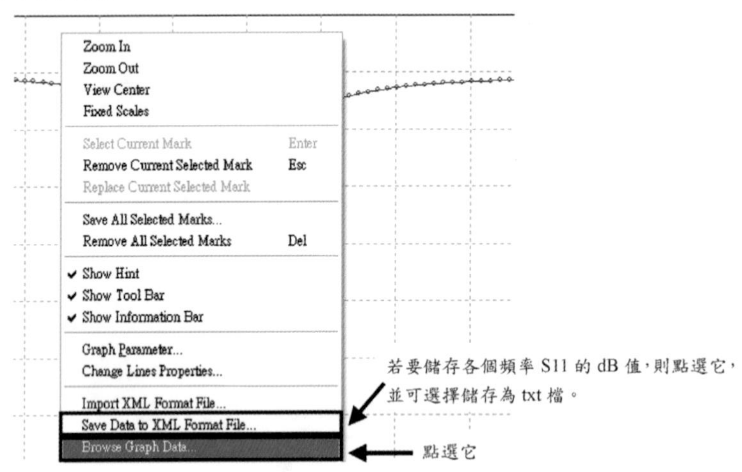

會出現以下視窗：

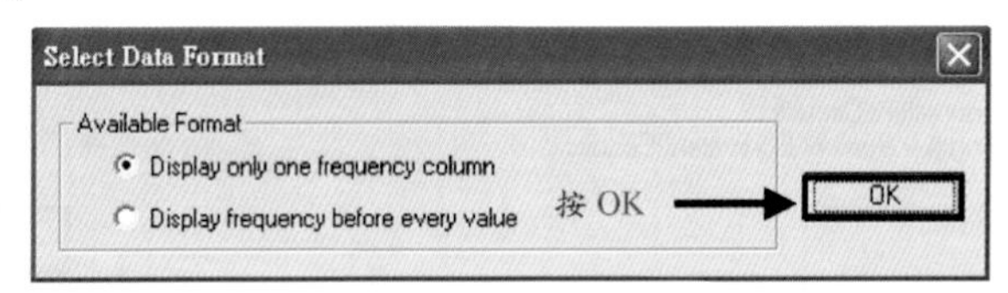

得到數據：

No.	Freq(GHz)	dB[S(1,1)]
1	2.00000000	-0.1568549355
2	2.00250000	-0.1581118743
3	2.00500000	-0.1593915039
4	2.00750000	-0.1606943385
5	2.01000000	-0.1620209326

此時便可以知道各頻率 S11 的 dB 值。

方法 2：

參考步驟 1-12-1 之方法 2

於出現以下畫面選取“Define Display Data”：

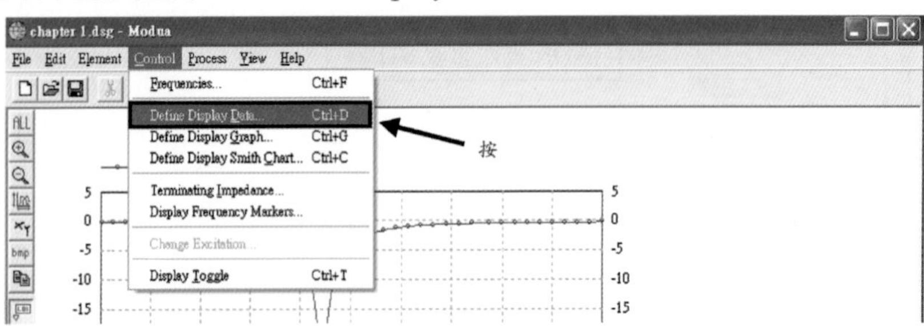

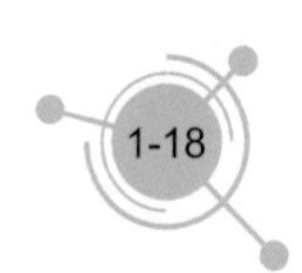

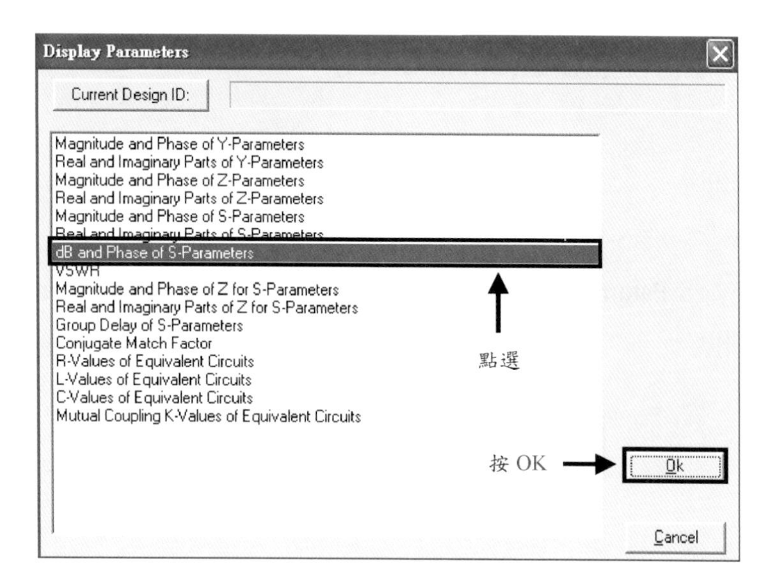

會出現以下視窗：

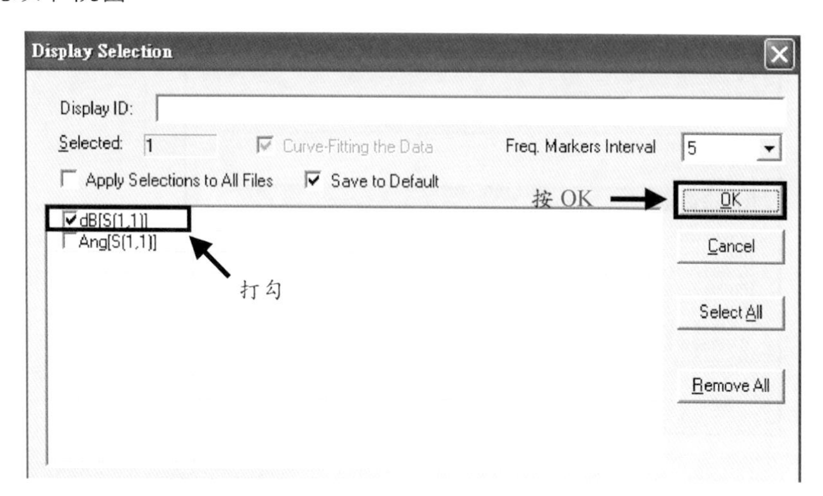

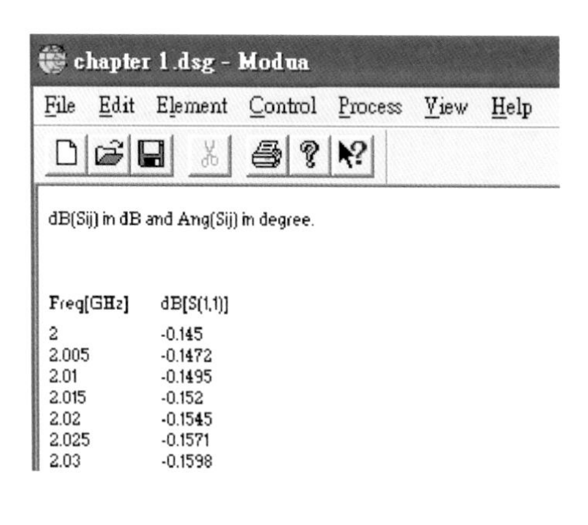

此時便可以知道各頻率 S11 的 dB 值。

要儲存此檔，從“File”中點選“Save Displayed Data”。

步驟 1-12-3：顯示史密斯圖(Smith Chart)

方法 1：

取得史密斯圖表：

從“Window”→“S-Parameters Display…”→“Defining Plots…”或“Window”→“Display S-Parameters Graphs”→“S-parameters and Lumped Equivalent circuit…”開啓：

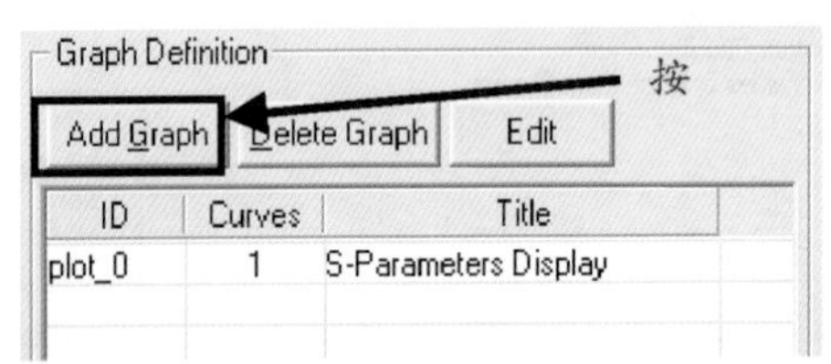

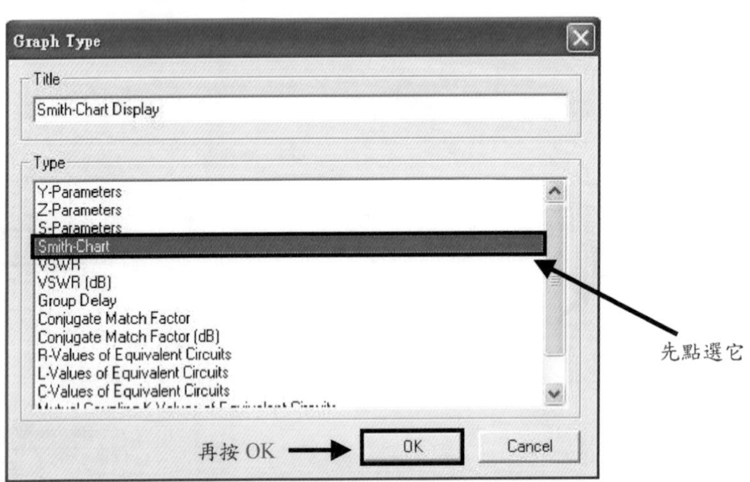

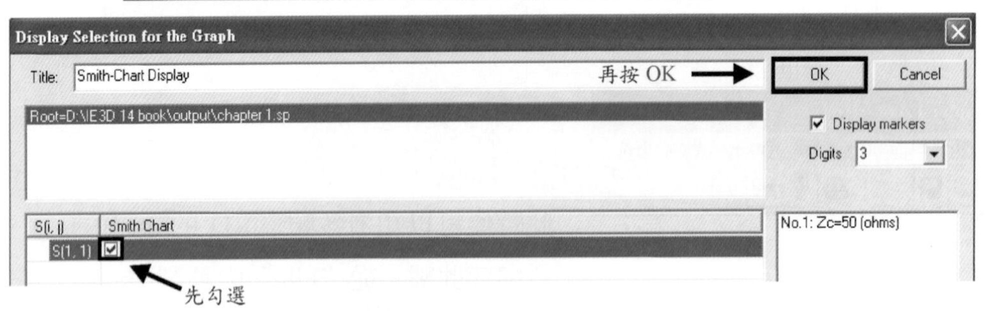

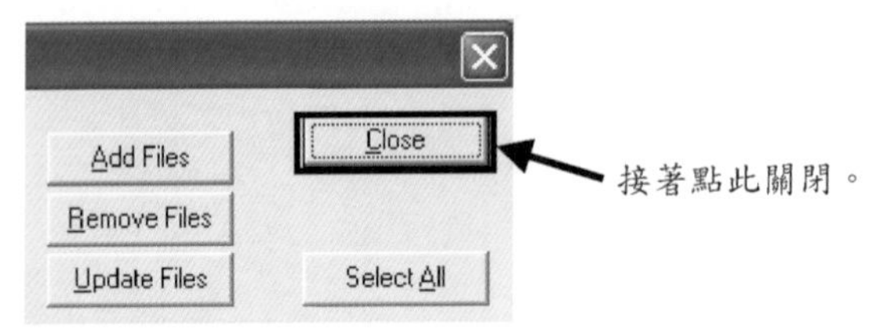

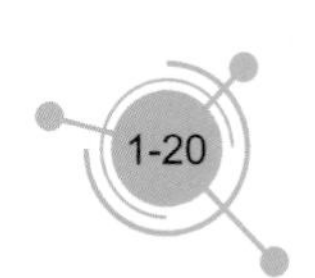

接下來會出現史密斯圖，或選擇

“Window” → “Display S-Parameters Graphs” → “Polt_x (Smith-Chart Display)”

之後會出現以下史密斯圖表：

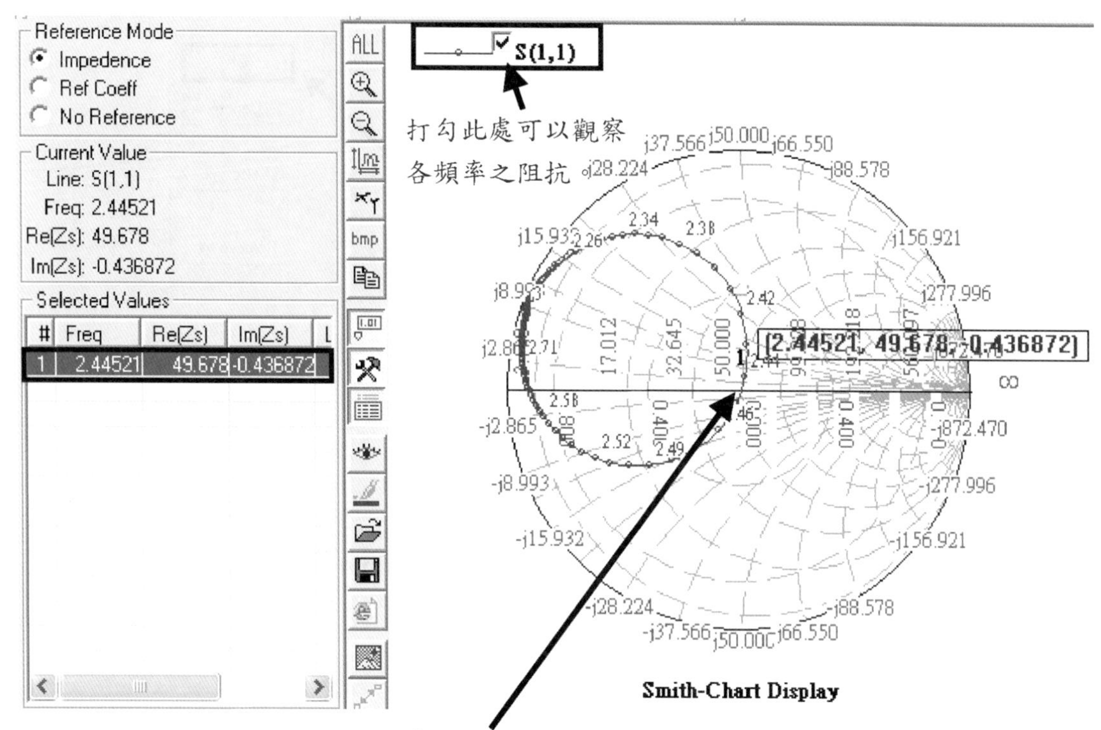

方法 2：

參考步驟 1-12-1 之方法 2

於出現以下畫面選取“Define Display Smith Chart”：

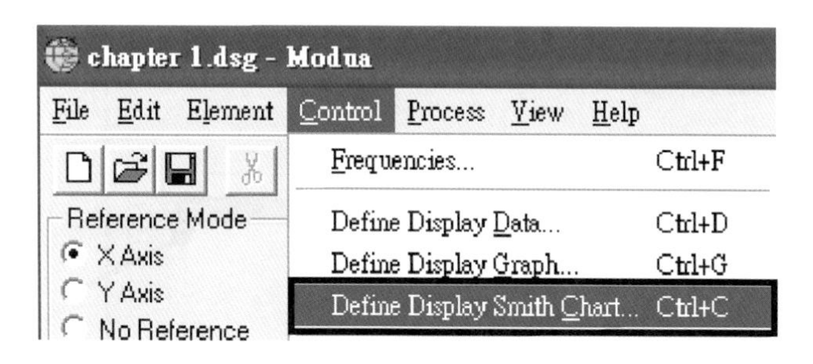

出現以下視窗：

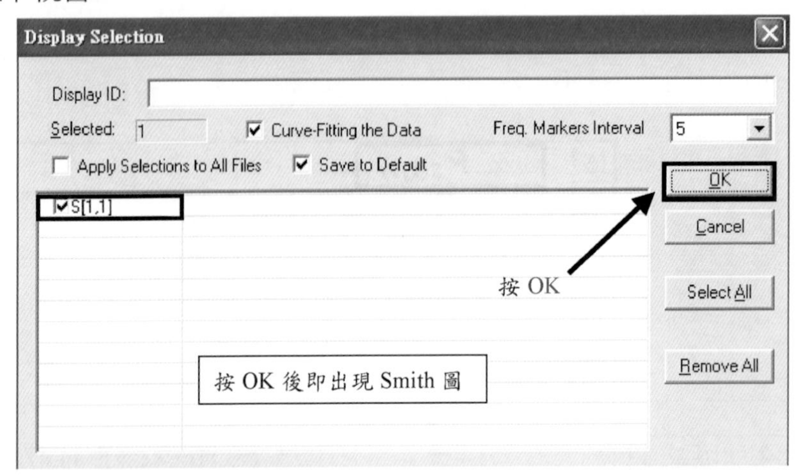

步驟 1-12-4：顯示阻抗關係圖

方法 1：

取得阻抗關係圖：

從“Window”→“S-Parameters Display…”→“Defining Plots…”或“Window”→“Display S-Parameters Graphs”→“S-parameters and Lumped Equivalent circuit…”開啓：

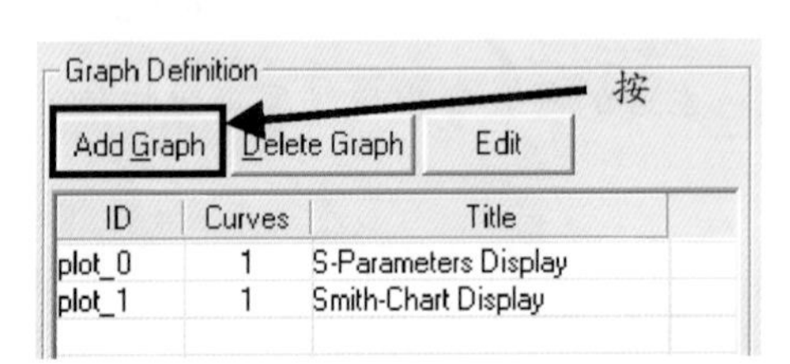

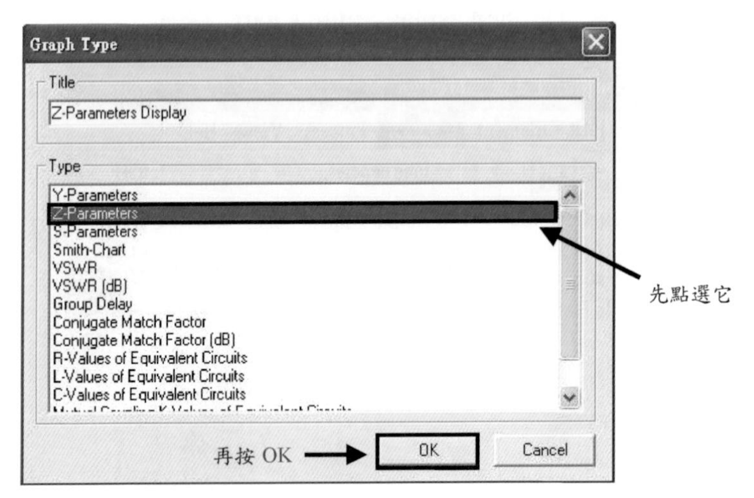

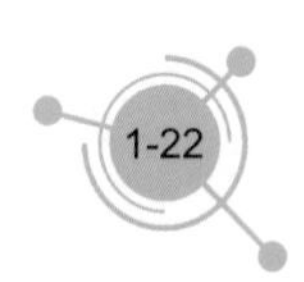

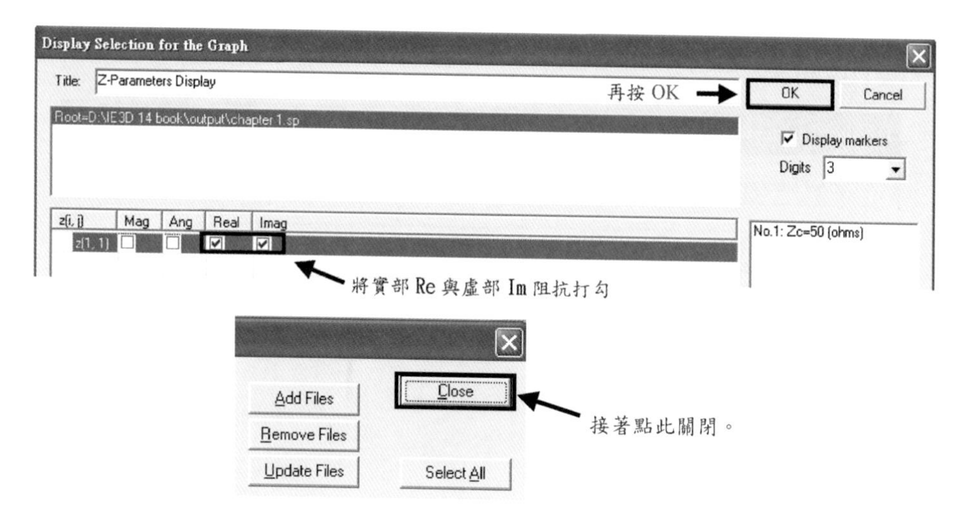

接下來會出現阻抗關係圖，或選擇

“Window” → “Display S-Parameters Graphs” → “Polt_x(Z-Parameter Display)”

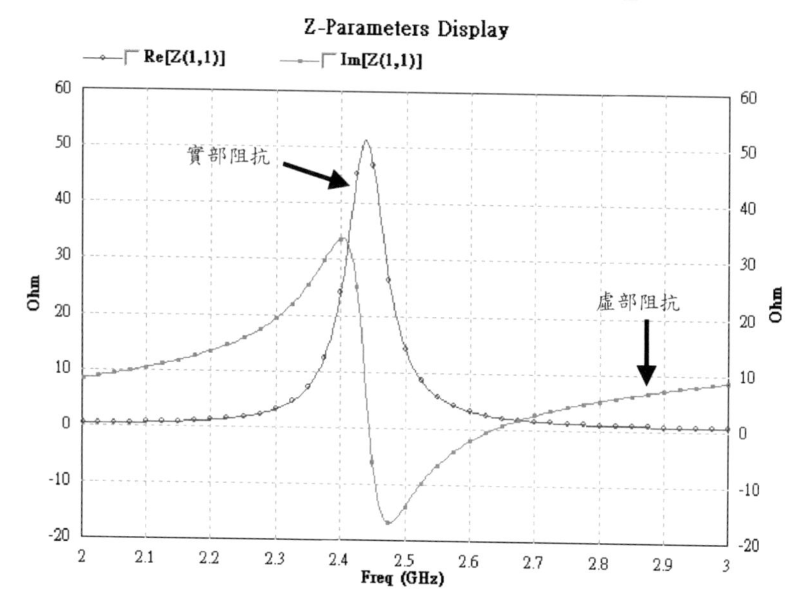

方法 2：

參考步驟 1-12-1 之方法 2

於出現以下畫面選取“Define Display Graph”：

出現以下畫面：

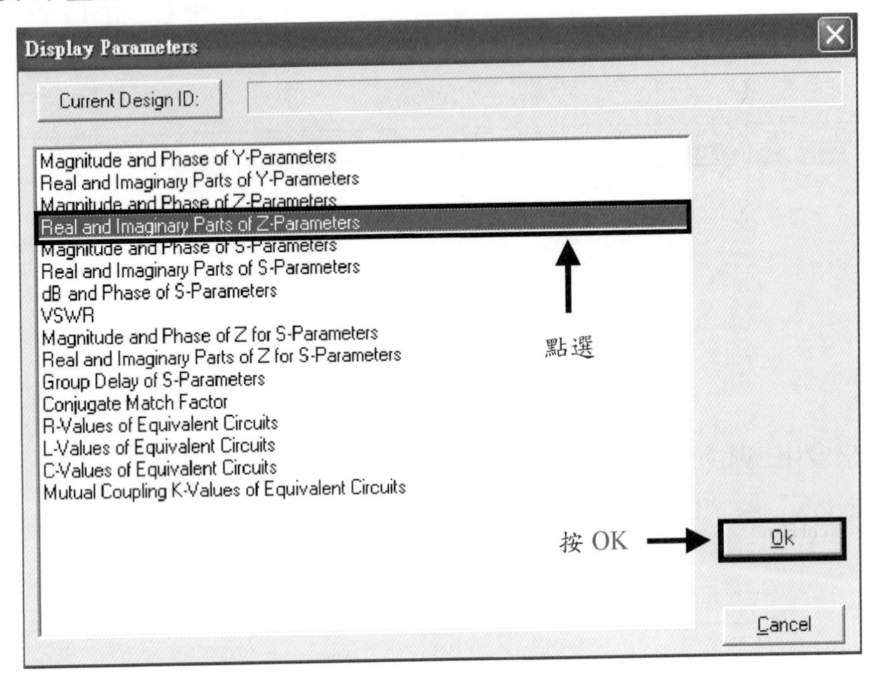
Display Parameters
Current Design ID:
Magnitude and Phase of Y-Parameters
Real and Imaginary Parts of Y-Parameters
Magnitude and Phase of Z-Parameters
Real and Imaginary Parts of Z-Parameters
Magnitude and Phase of S-Parameters
Real and Imaginary Parts of S-Parameters
dB and Phase of S-Parameters
VSWR
Magnitude and Phase of Z for S-Parameters
Real and Imaginary Parts of Z for S-Parameters
Group Delay of S-Parameters
Conjugate Match Factor
R-Values of Equivalent Circuits
L-Values of Equivalent Circuits
C-Values of Equivalent Circuits
Mutual Coupling K-Values of Equivalent Circuits
點選
按 OK
Ok
Cancel

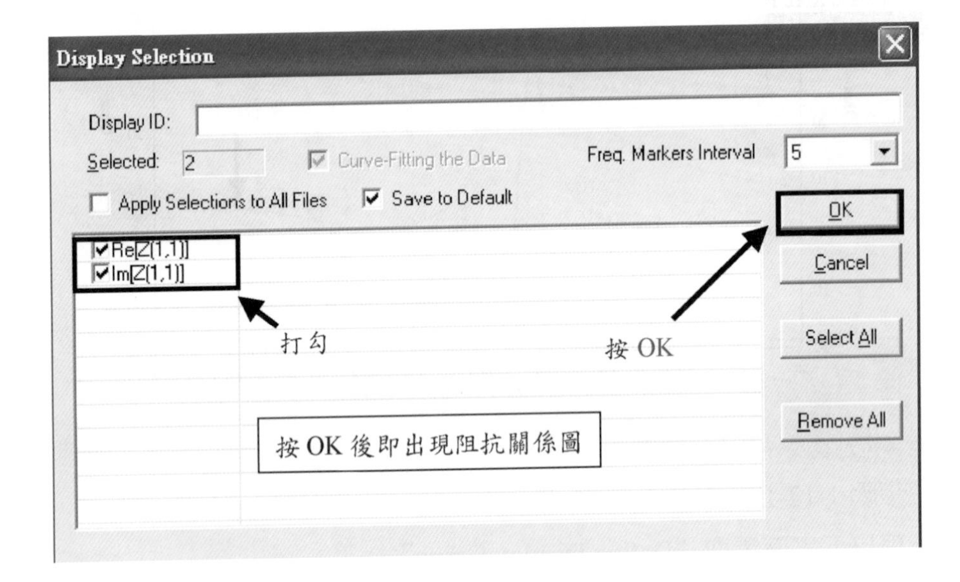
Display Selection
Display ID:
Selected: 2
Curve-Fitting the Data
Freq. Markers Interval
5
Apply Selections to All Files
Save to Default
OK
Cancel
Select All
Remove All
Re[Z(1,1)]
Im[Z(1,1)]
打勾
按 OK
按 OK 後即出現阻抗關係圖

步驟 1-12-5：取得阻抗關係圖的 Data 值

方法 1：

於阻抗關係圖中按右鍵：

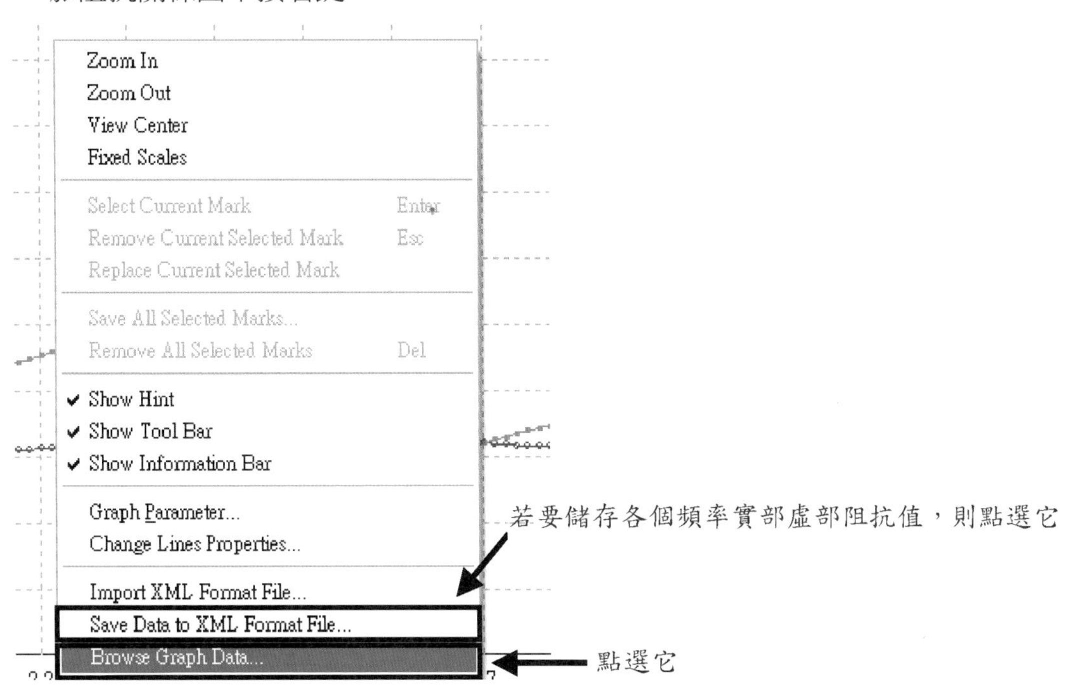

會出現以下視窗：

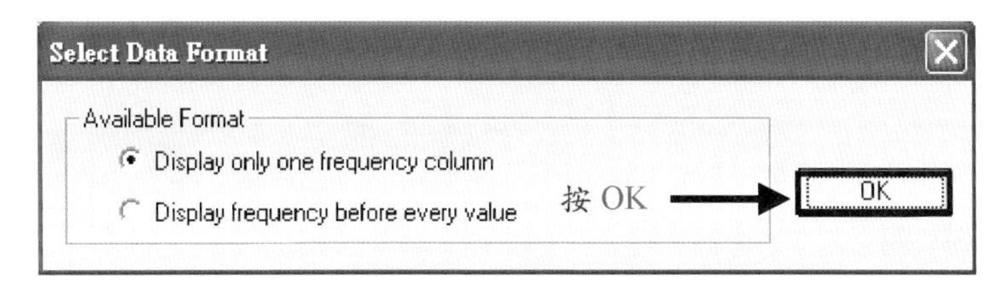

No.	Freq(GHz)	Re[Z(1,1)] 實部	Im[Z(1,1)] 虛部
1	2.00000000	0.4696227572	10.0305734335
2	2.00250000	0.4735628104	10.0789144783
3	2.00500000	0.4775756672	10.1275656597
4	2.00750000	0.4816630320	10.1765326202
5	2.01000000	0.4858267367	10.2258211238

此時便可以知道各頻率的實部與虛部阻抗值

方法 2：

參考步驟 1-12-2 之方法 2

於出現以下畫面選取“Define Display Data”：

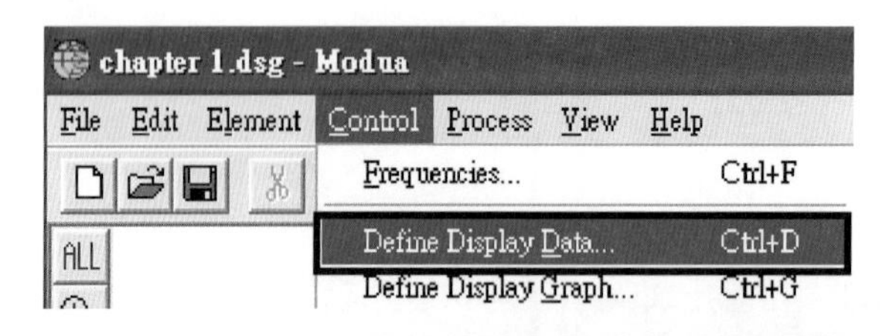

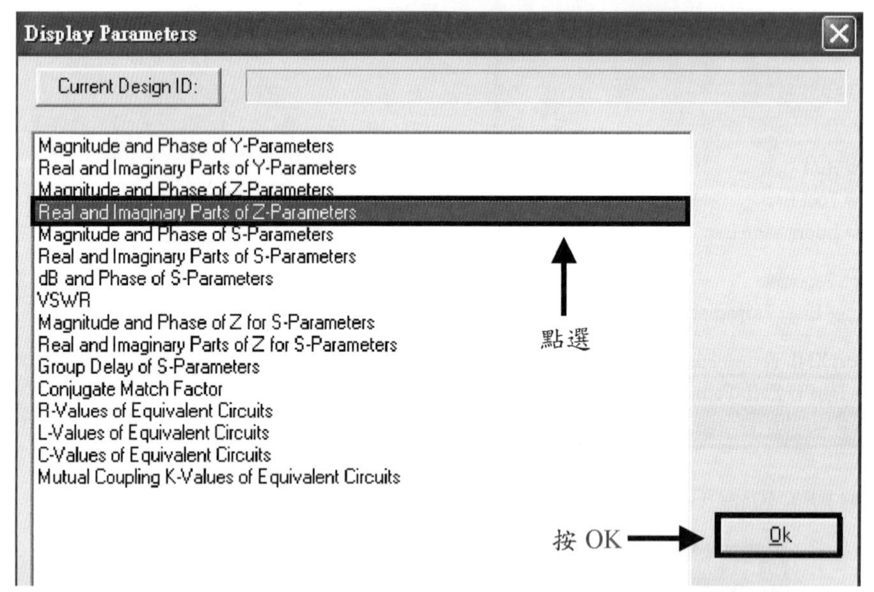

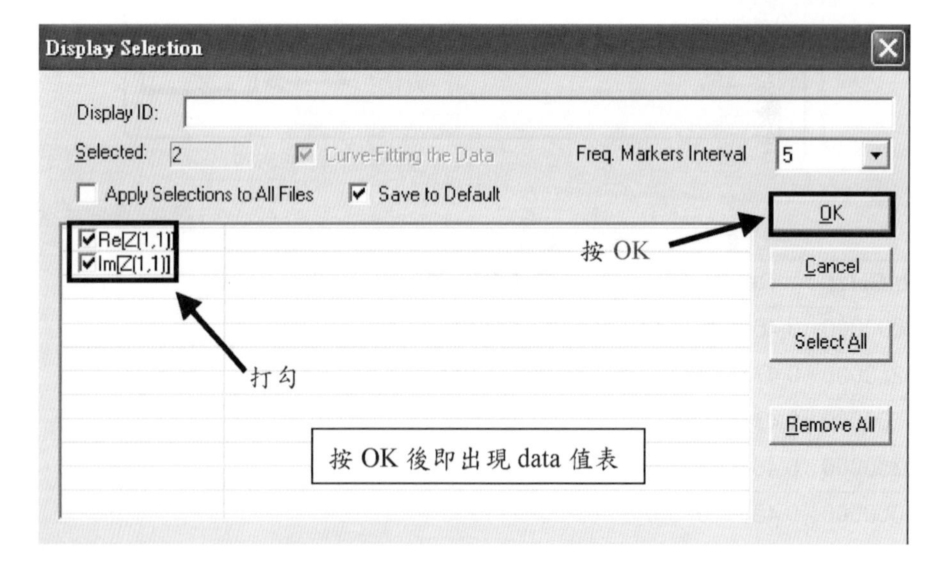

此時便可以知道各頻率的實部與虛部阻抗值。

要儲存此檔從"File"點選"Save Displayed Data"。

步驟 1-12-6：顯示電壓駐波比 VSWR 的關係圖

方法 1：

取得 VSWR：

從"Window"→"S-Parameters Display…"→"Defining Plots…"或"Window"→"Display S-Parameters Graphs"→"S-parameters and Lumped Equivalent circuit…"開啓：

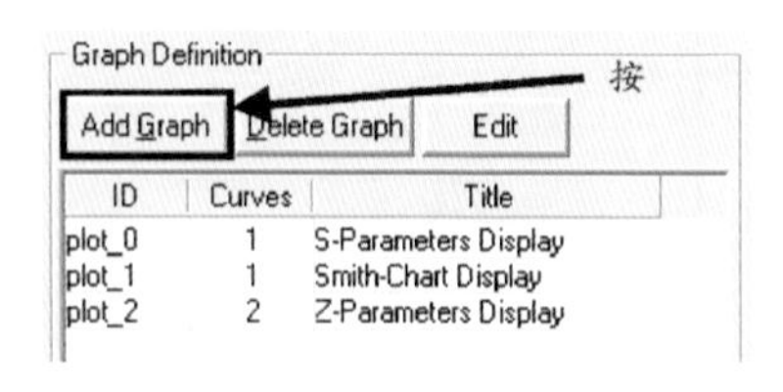

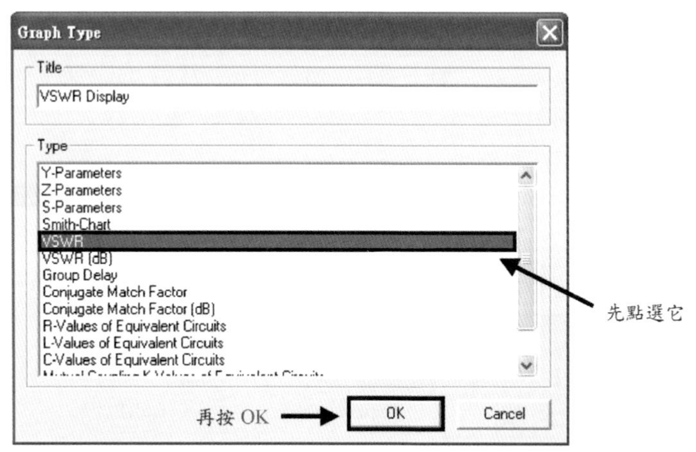

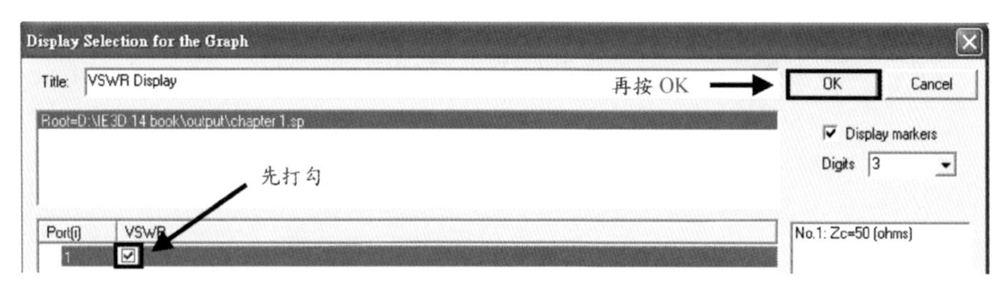

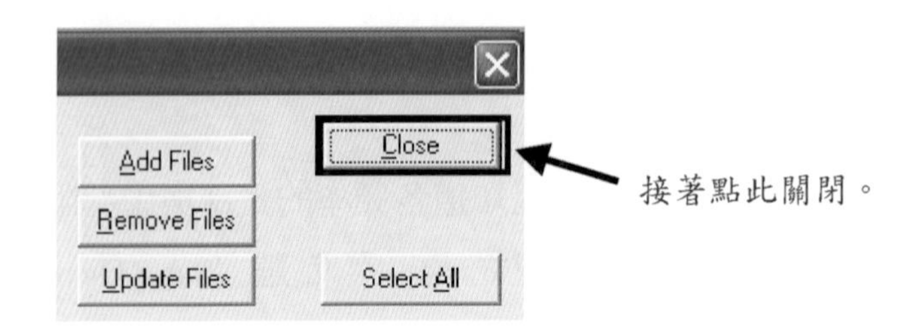

接下來出現以下關係圖，或選擇

“Window” → “Display S-Parameters Graphs” → “Polt_x (VSWR Display)”

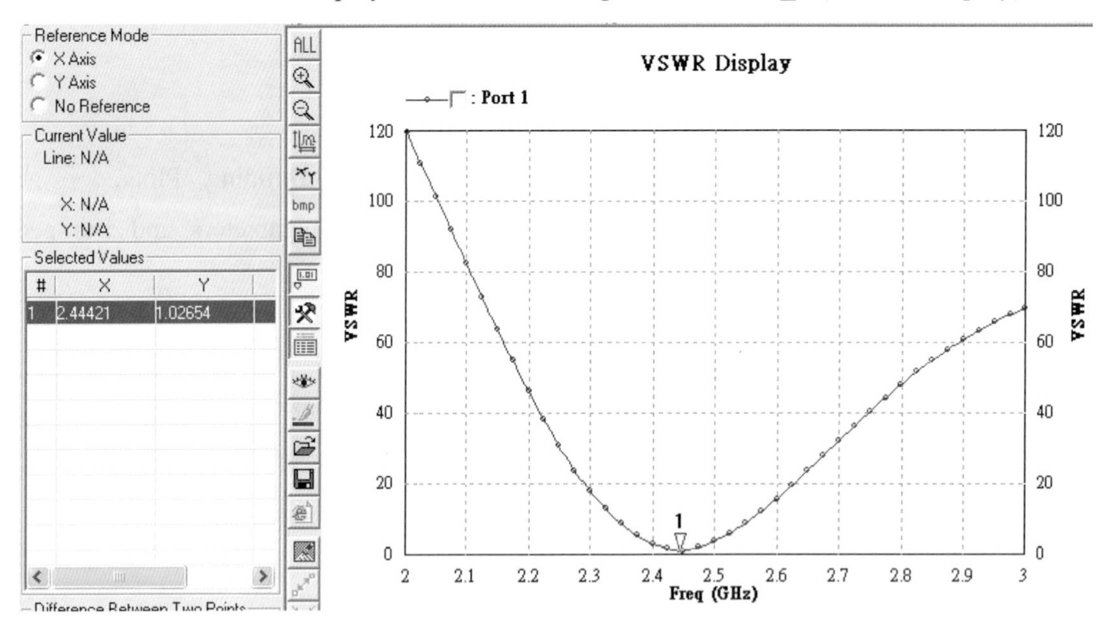

方法 2：

參考步驟 1-12-1 之方法 2

於出現以下畫面選取“Define Display Graph”：

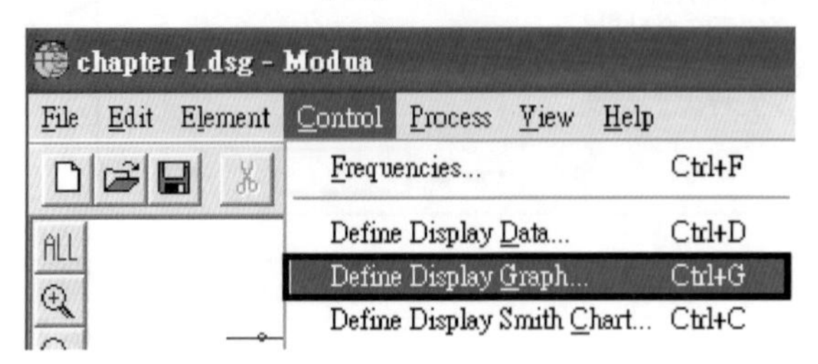

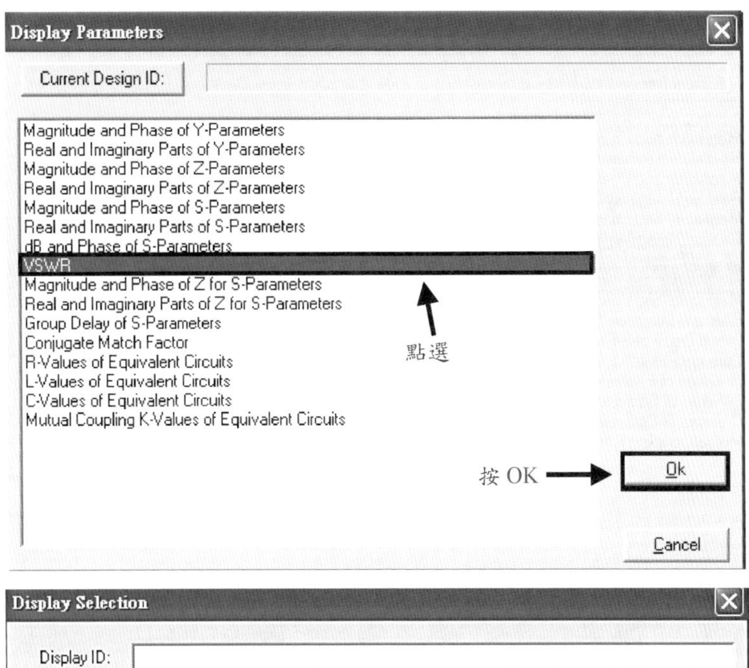

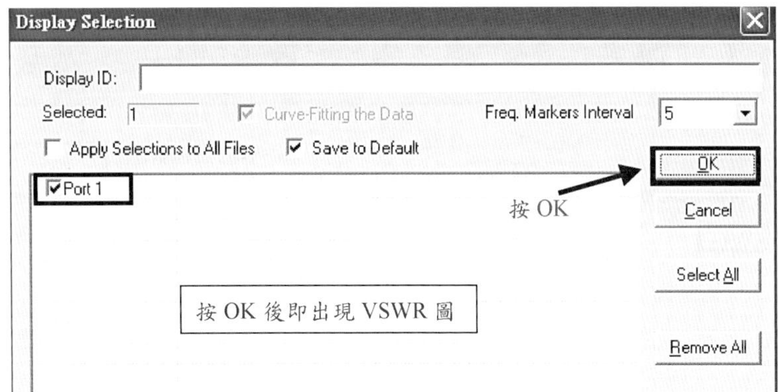

步驟 1-12-7：取得 VSWR 的 Data 值

方法 1：

參考步驟 1-12-2 方法 1

方法 2：

參考步驟 1-12-2 方法 2

於出現以下畫面選取“Define Display data”：

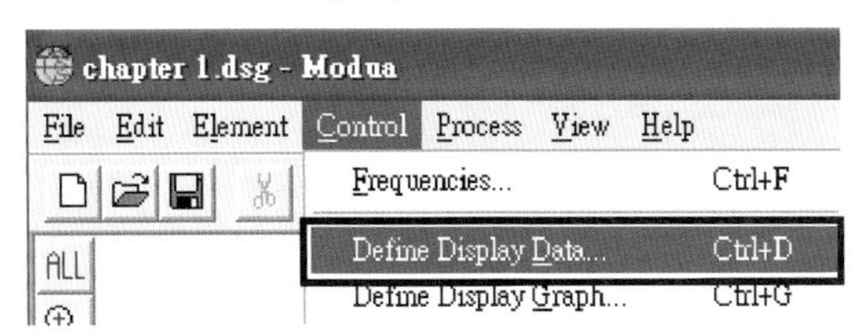

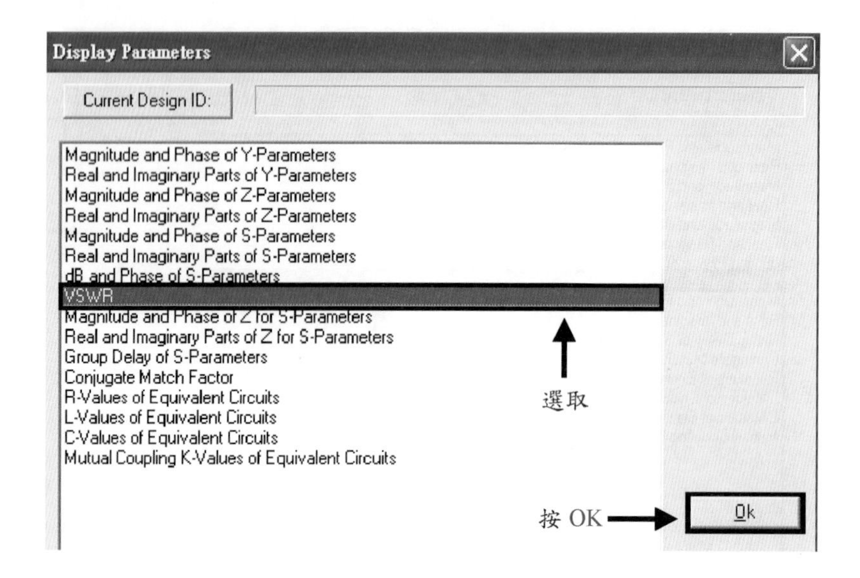

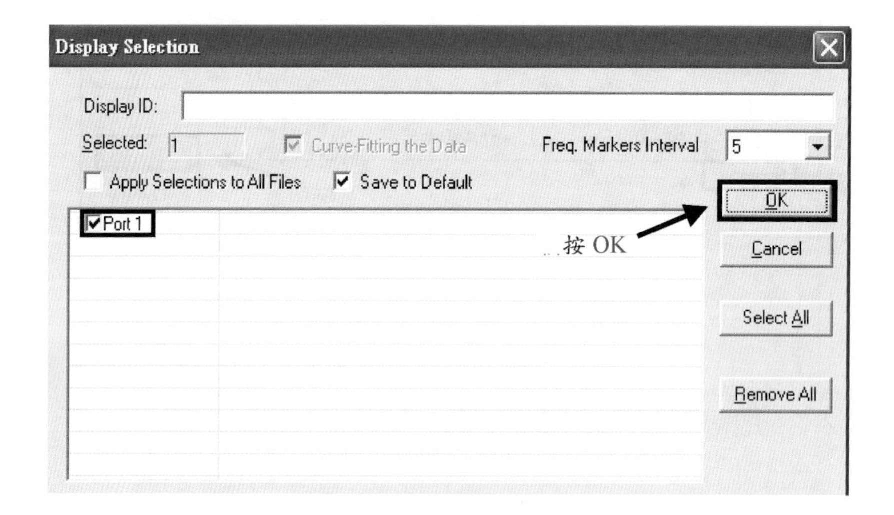

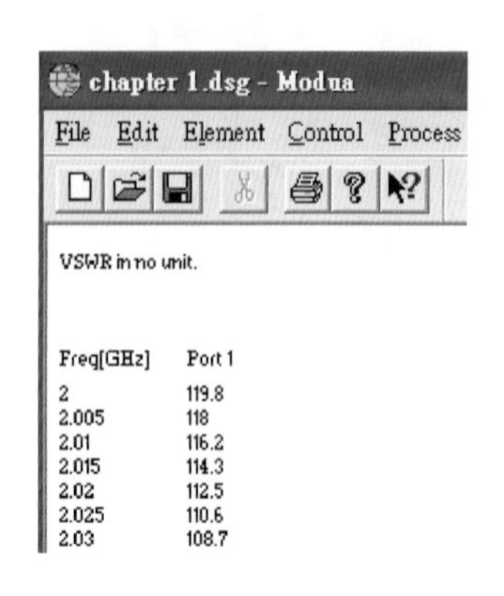

此時便可以知道各頻率的 VSWR 阻抗值。

要儲存此檔從“File”點選“Save Displayed Data”。

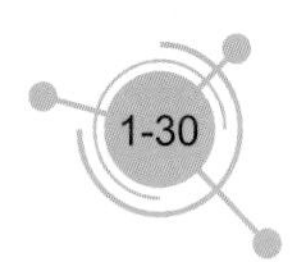

步驟 1-13：取得輻射場型

從(過程)“**Process**”中選取(模擬)“**Simulate**”或是在畫面中點選藍色小人 進入模擬設定畫面。

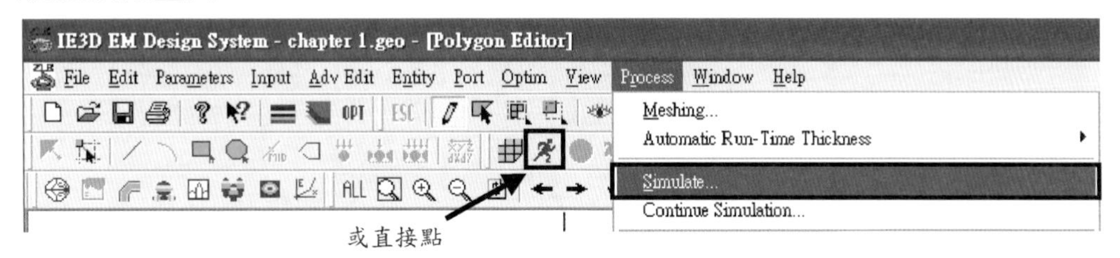

會出現下列視窗：請根據步驟(I)，(II)，(III)執行。

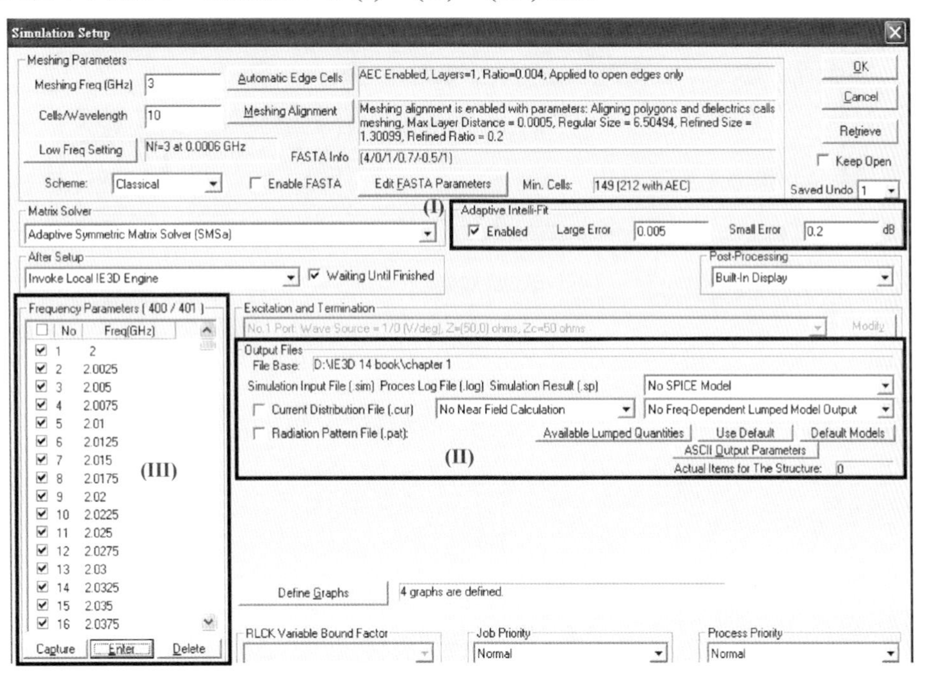

(I)

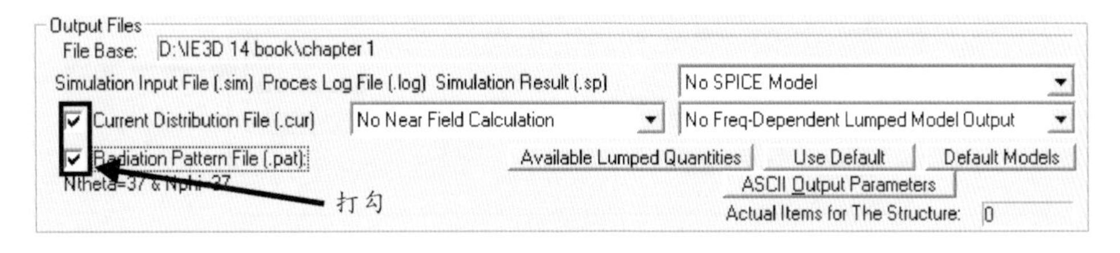

(II)

Output Files
File Base: D:\IE3D 14 book\chapter 1
Simulation Input File (.sim) Proces Log File (.log) Simulation Result (.sp)
Current Distribution File (.cur)
Radiation Pattern File (.pat):
打勾

Radiation Pattern File 打勾後會出現以下畫面：

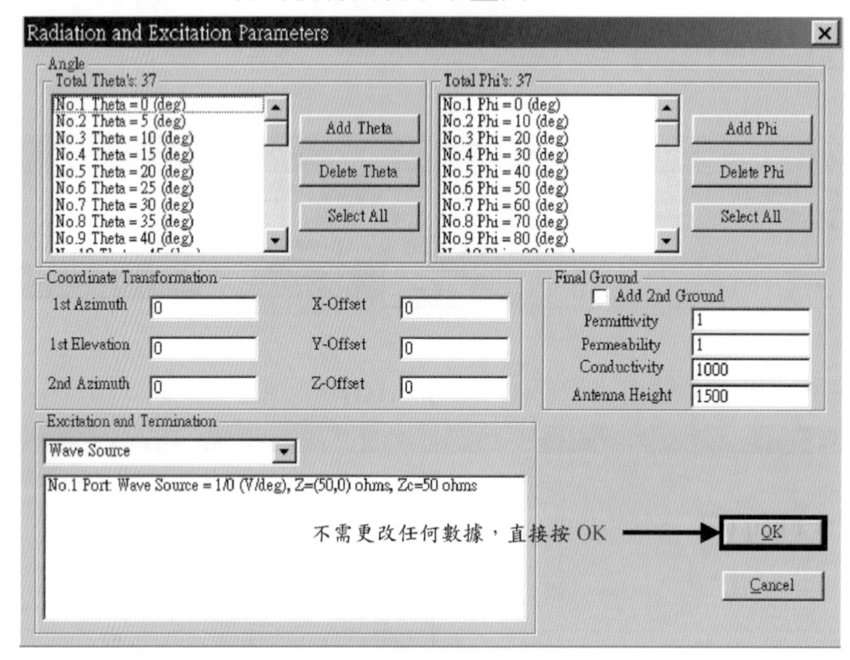

若是用 10 或以下的版本，以上的視窗會不一樣，不過，只要點 OK 即可。

(III)

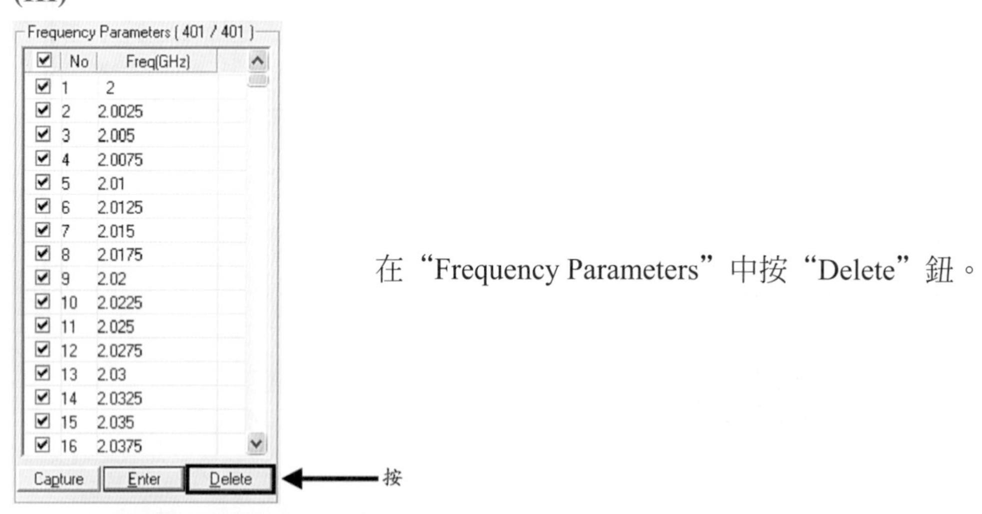

在“Frequency Parameters”中按“Delete”鈕。

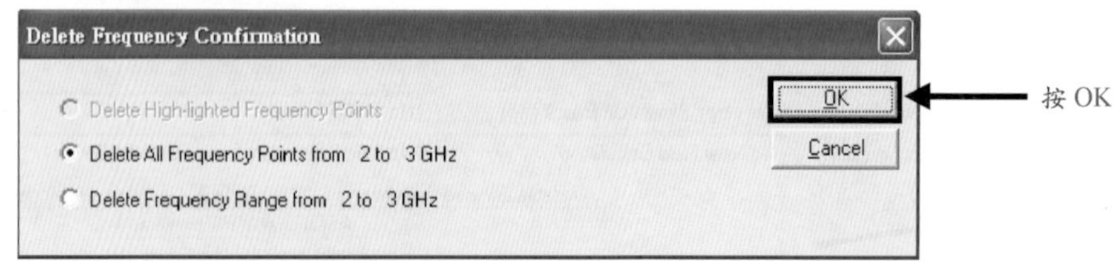

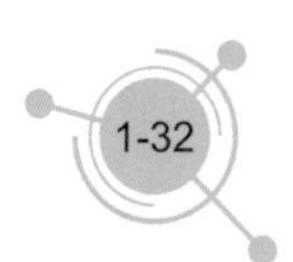

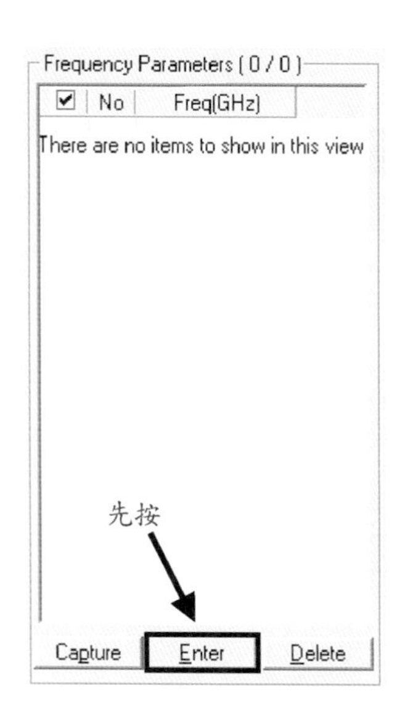

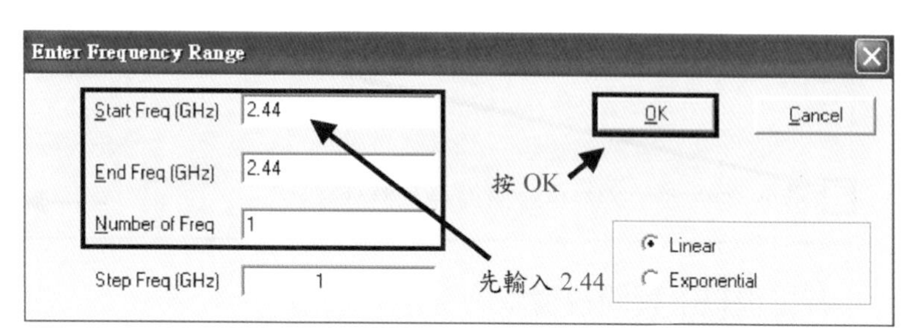

"Start Freq (GHz)"內輸入『2.44』，**"End Freq(GHz)"**會自動填入 2.44 這個數值。

註(12)：由於共振頻率在 2.44 GHz，所以選擇輸入 2.44。

完成**(I)**，**(II)**，**(III)**後會出現以下畫面：

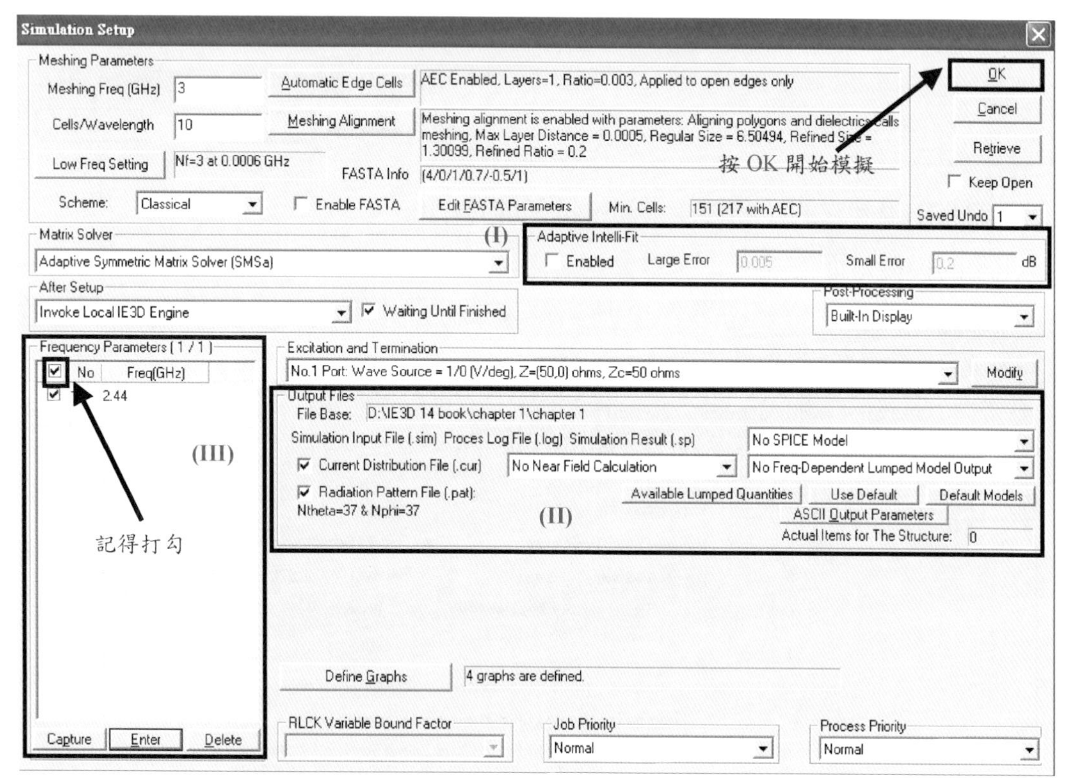

若出現以下疑問視窗：

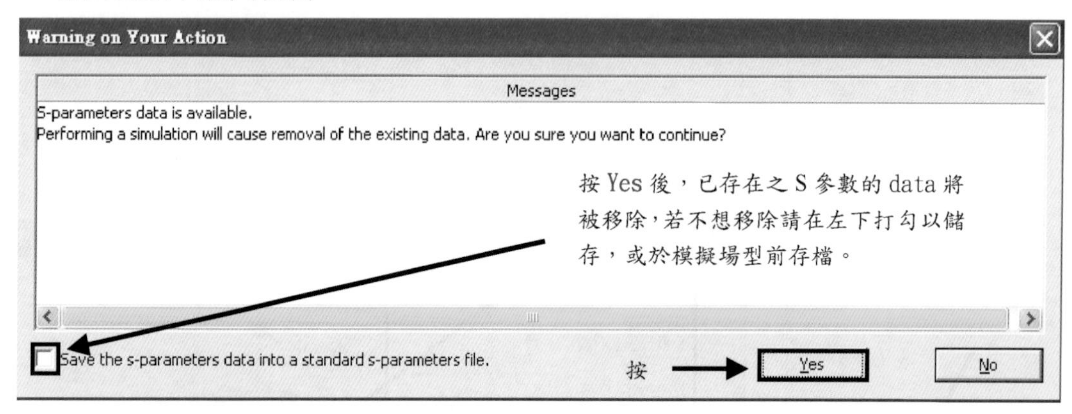

若出現以下疑問視窗：

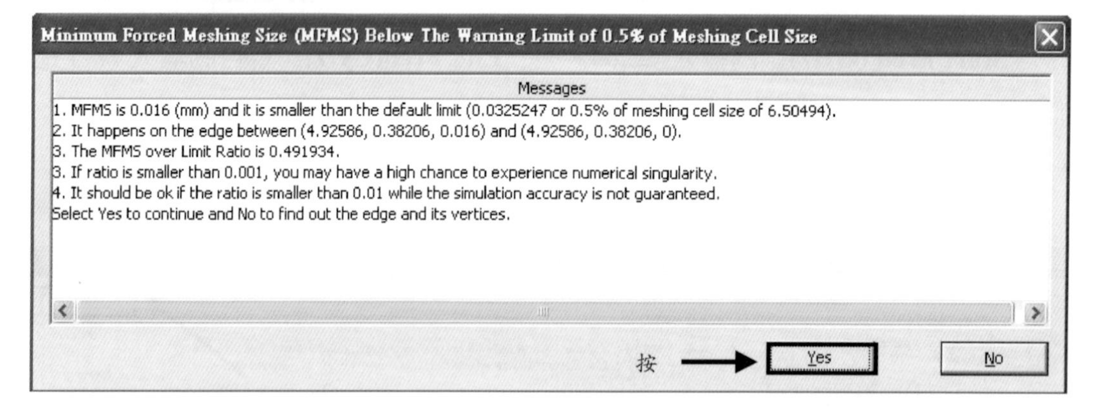

若還有出現其它的疑問視窗畫面，按是**(Y)**鈕即可。

出現的模擬畫面：

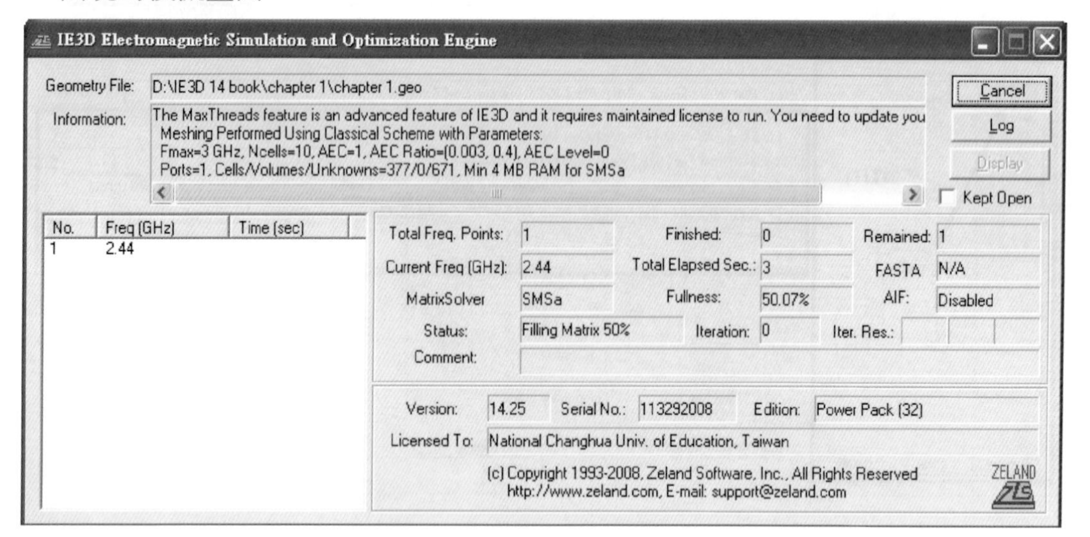

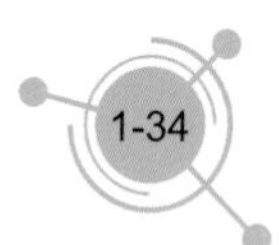

步驟 1-13-1：模擬輻射場形

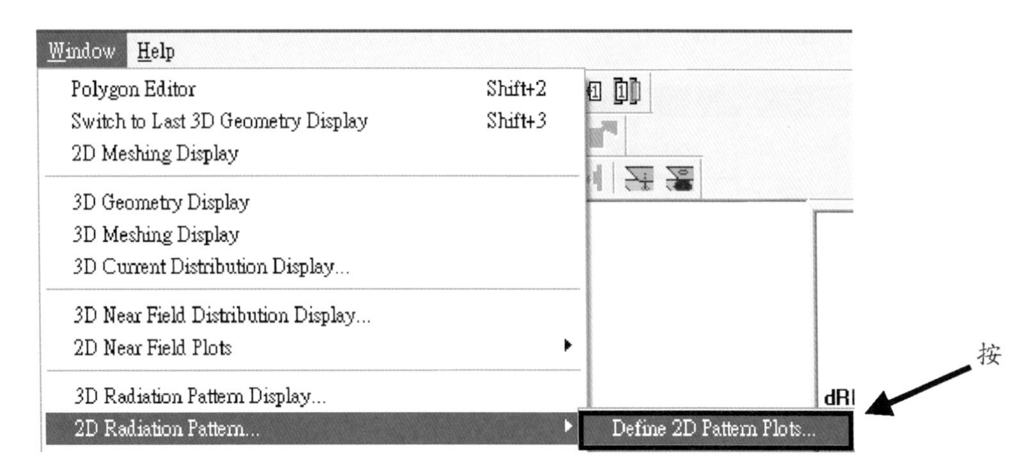

或點選

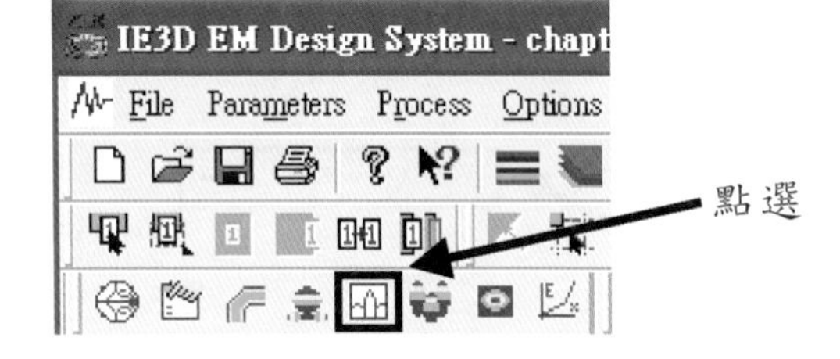

進入以下畫面：

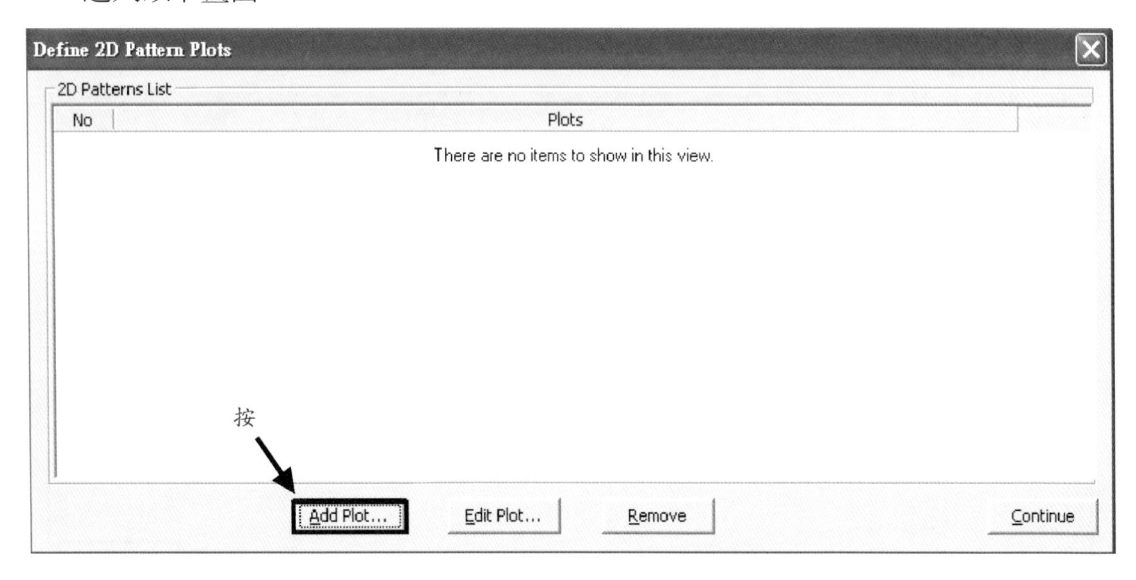

之後會進入以下“2D Pattern Display”的畫面：

在 E-theta 及 E-phi 的 Phi 之 0° 與 90° 打勾，Plot Style 改成 Polar Plot。

2D Pattern Display

Current Freq Selected: 4　　Total Selected: 4　　Apply All Freq　　Apply All

D:\IE3D 14 book\chapter 1\output\chapter 1.mpa　　2.44　(GHz)　　Clear Current Freq　　Clear All

選擇 2.44

File	Freq (GHz)	Phi	E-Total	E-theta	E-phi	E-left	E-right
chapter 1.mpa	All	All	☐	☐	☐	☐	☐
chapter 1.mpa	2.44	All	☐	☐	☐	☐	☐
chapter 1.mpa		0	☐	☑	☑	☐	☐
chapter 1.mpa		10	☐	☐	☐	☐	☐
chapter 1.mpa		20	☐	☐	☐	☐	☐
chapter 1.mpa		30	☐	☐	☐	☐	☐
chapter 1.mpa		40	☐	☐	☐	☐	☐
chapter 1.mpa		50	☐	☐	☐	☐	☐
chapter 1.mpa		60	☐	☐	☐	☐	☐
chapter 1.mpa		70	☐	☐	☐	☐	☐
chapter 1.mpa		80	☐	☐	☐	☐	☐
chapter 1.mpa		90	☐	☑	☑	☐	☐
chapter 1.mpa		100	☐	☐	☐	☐	☐
chapter 1.mpa		110	☐	☐	☐	☐	☐
chapter 1.mpa		120	☐	☐	☐	☐	☐
chapter 1.mpa		130	☐	☐	☐	☐	☐
chapter 1.mpa		140	☐	☐	☐	☐	☐
chapter 1.mpa		150	☐	☐	☐	☐	☐

註：打勾此處會產生 E-plane(X-Z plane)之場型

註：打勾此處會產生 H-plane(Y-Z plane)之場型

Additional Data Set　　Total Additional Items: 0

Plot Style: Polar Plot　　Scale Style: dBi (Gain)

改成 Polar Plot

dB (Custom) Base: 0

Option: ◉ 2D Pattern　○ Axial Ratio　○ RCS　○ Normalized RCS

☐ Rotate Vectors By 0

☑ Display Markers on Curves

☐ Display Average Gain & Peak Gain

Direction: ○ Azimuth　◉ Elevation

按 OK

Pattern List...　　OK　　Cancel

Define 2D Pattern Plots

2D Patterns List

No	Plots
1	Elevation Pattern Gain Display

Add Plot...　　Edit Plot...　　Remove　　按 → Continue

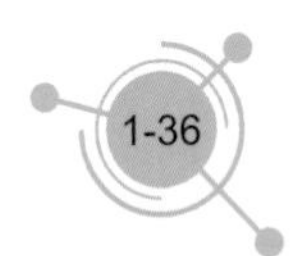

按 OK 後就會顯示 **H** 與 **E** 平面之輻射場形：

註(13)：若要改變場型大小：在畫面中按滑鼠右鍵點選“**Graph Parameter..**”。

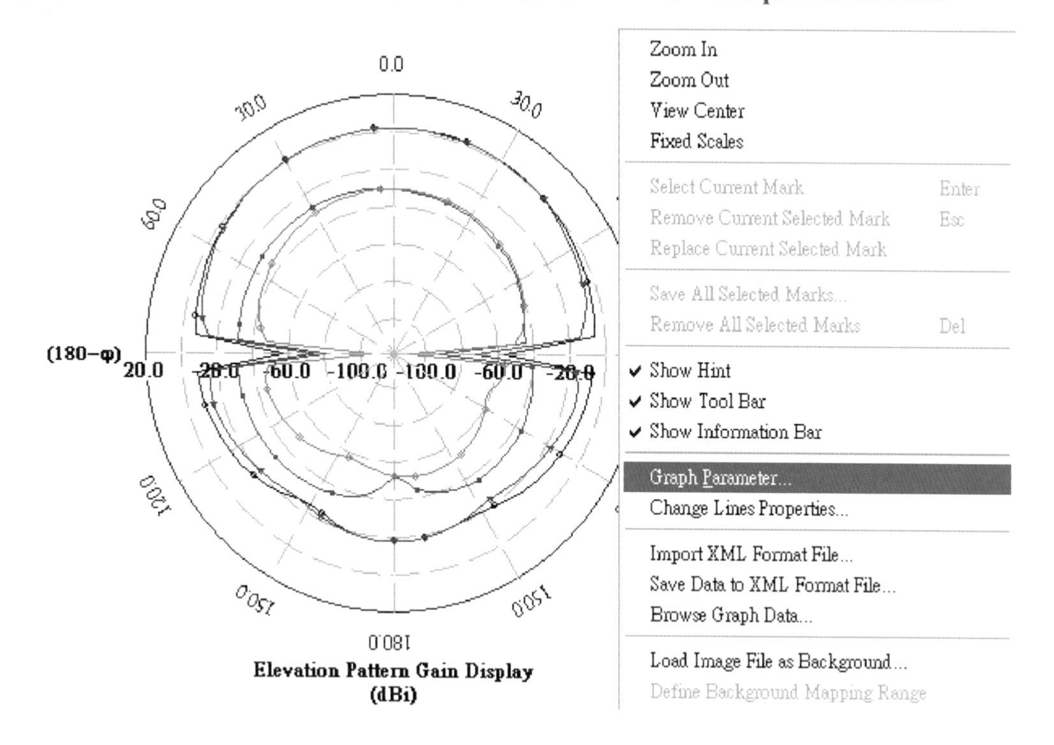

按“**Graph Parameter**”後會出現以下畫面：

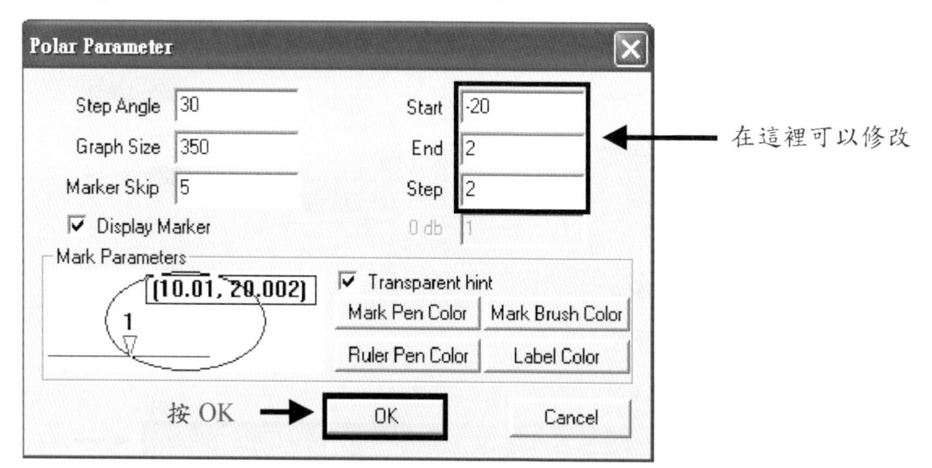

形成下圖：

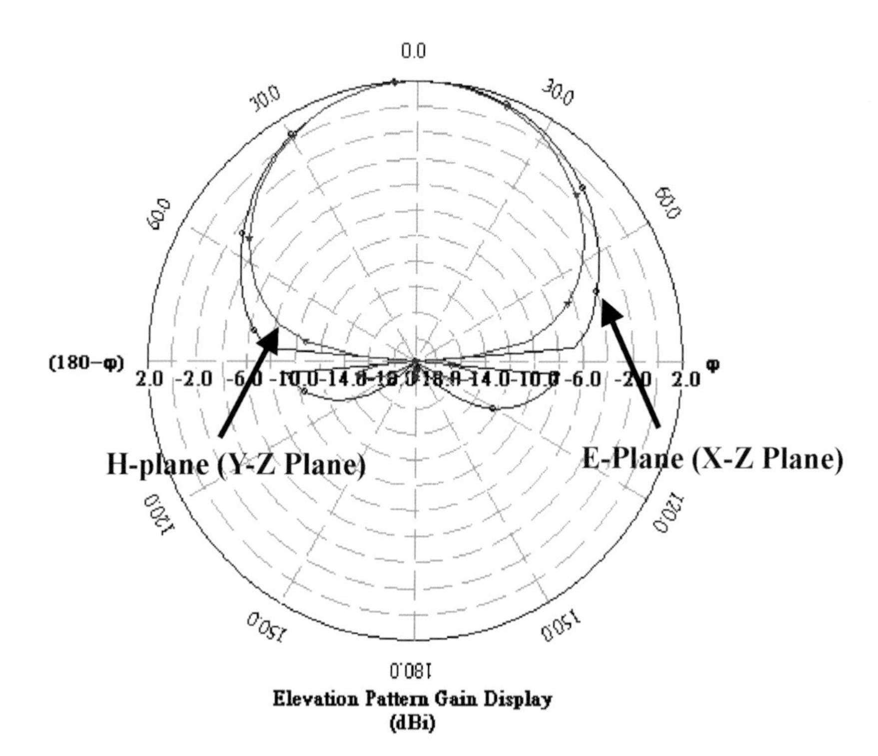

步驟 1-13-2：模擬(X-Y Plane)之場型

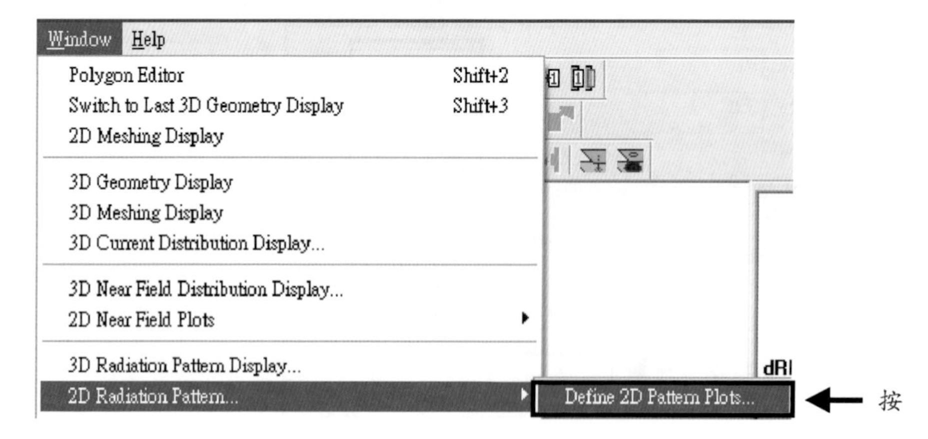

或點選

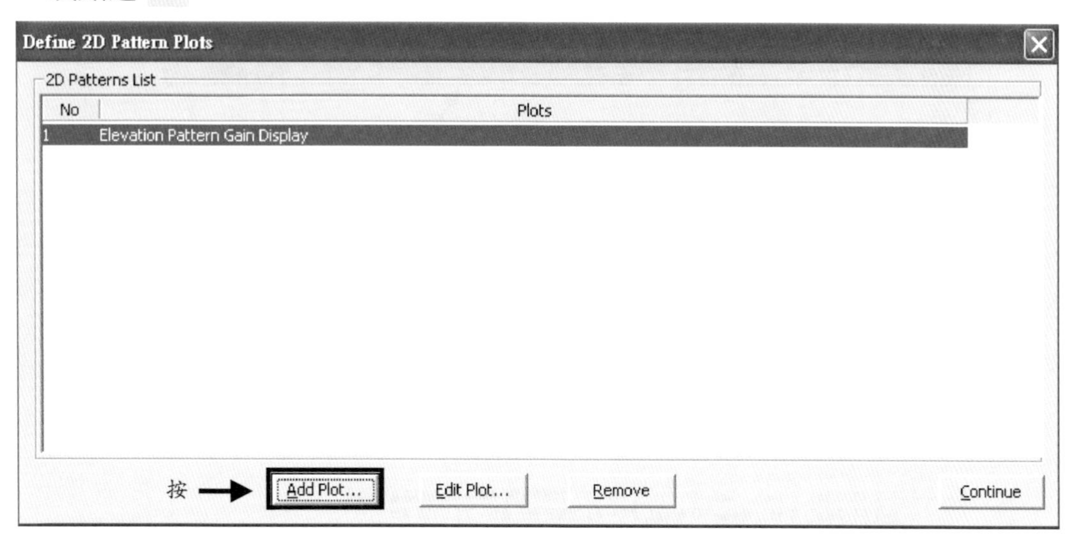

回到 **2D Pattern Display**。

若之前曾觀察其它平面之場型，務必取消先前的打勾。

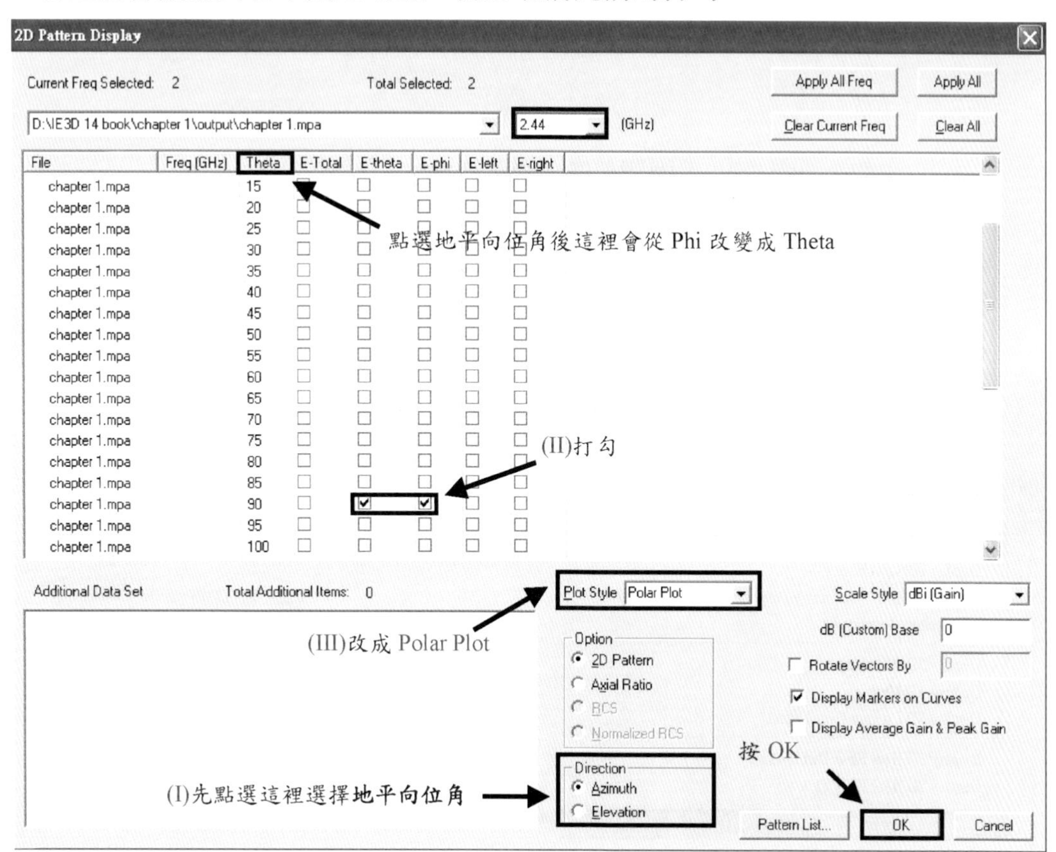

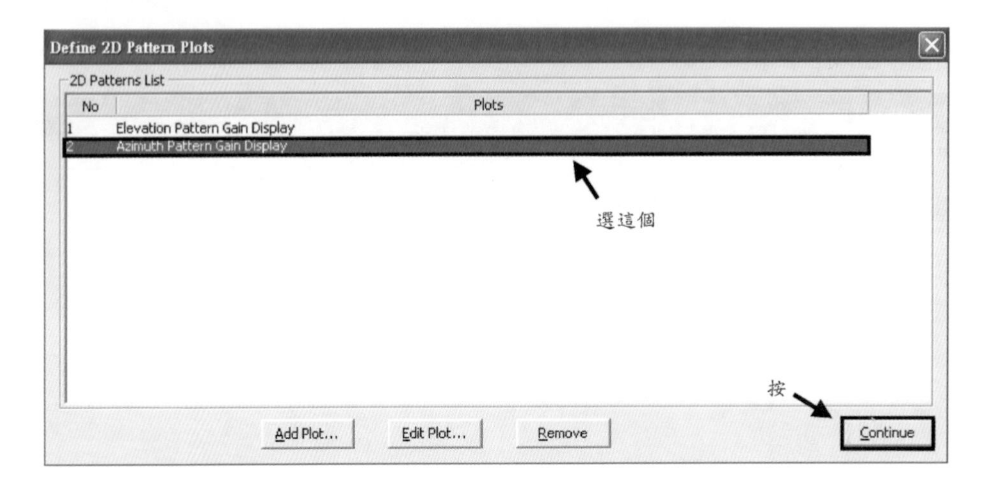

之後出現 X-Y plane 場型：

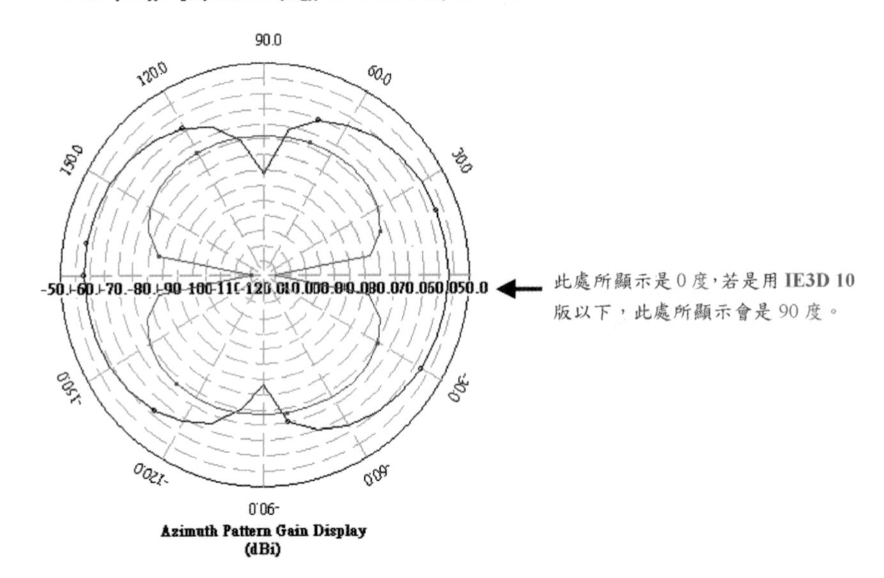

步驟 1-14：模擬 3D 場型圖

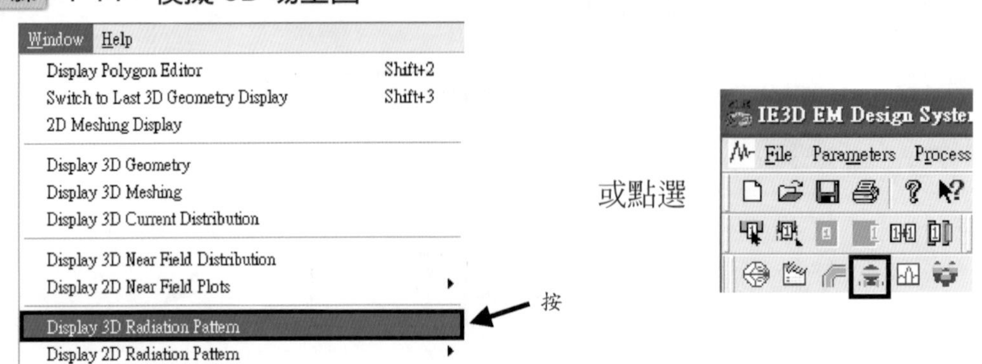

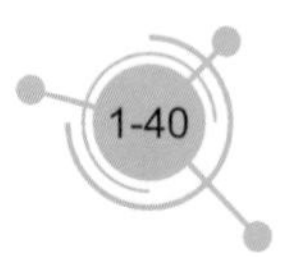

之後會進入以下“**3D Pattern Selection**”的畫面：

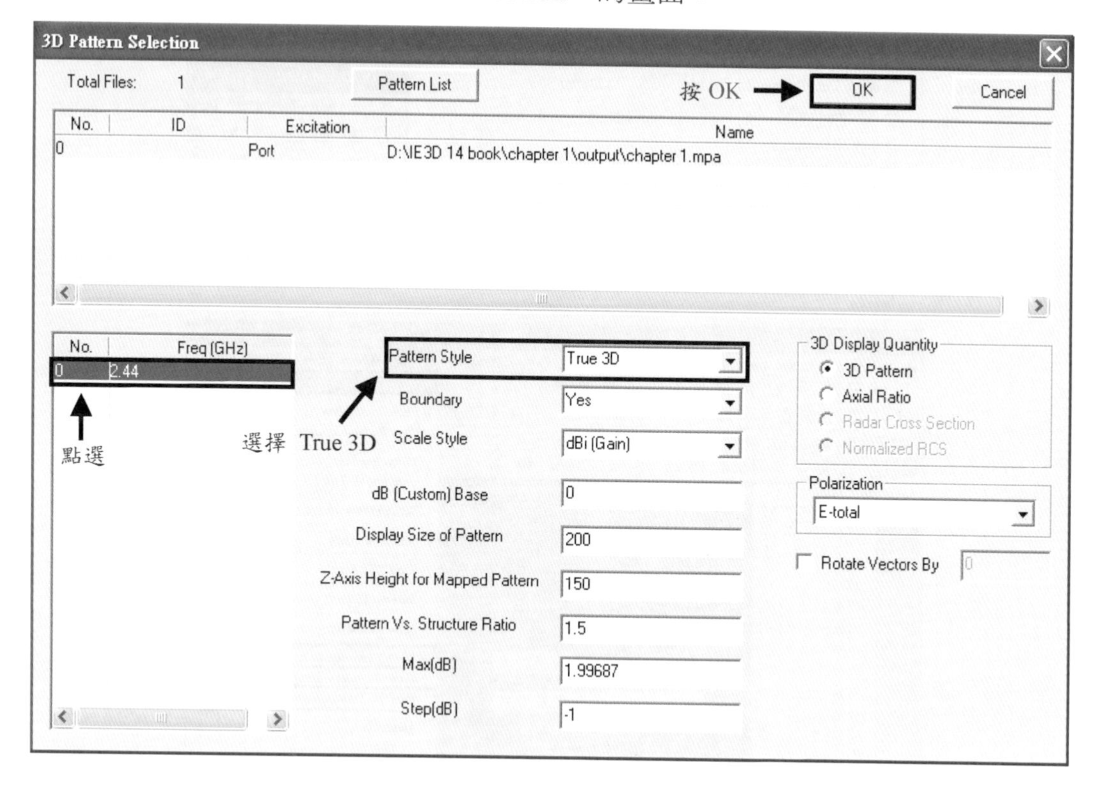

按 OK 後會出現以下視窗：

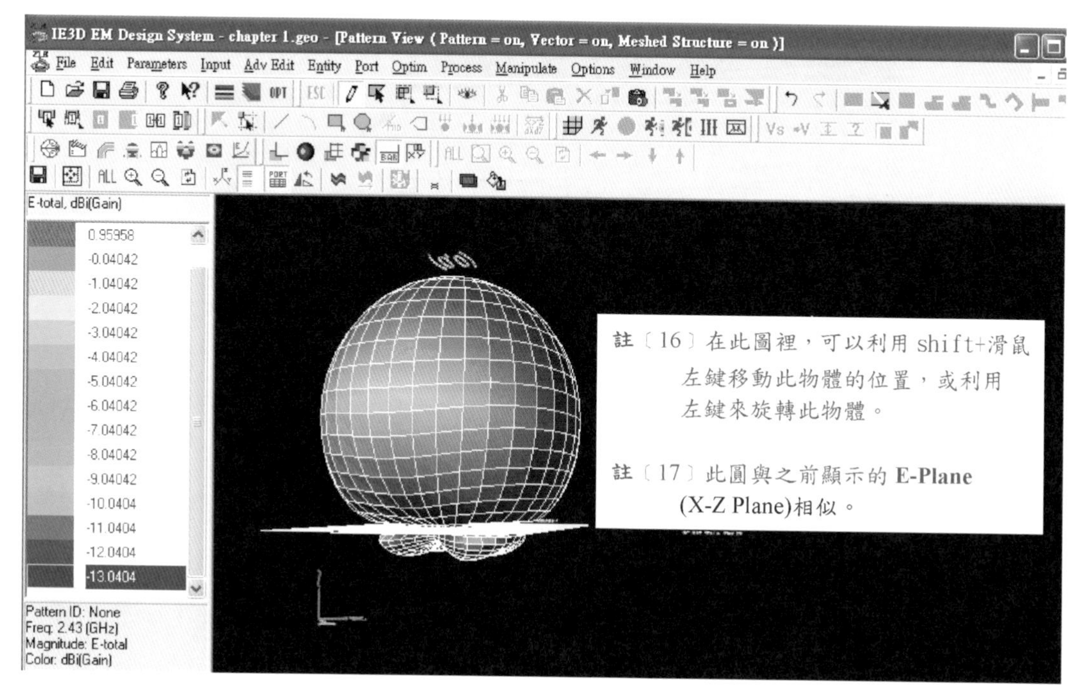

步驟 1-15：模擬電流分佈

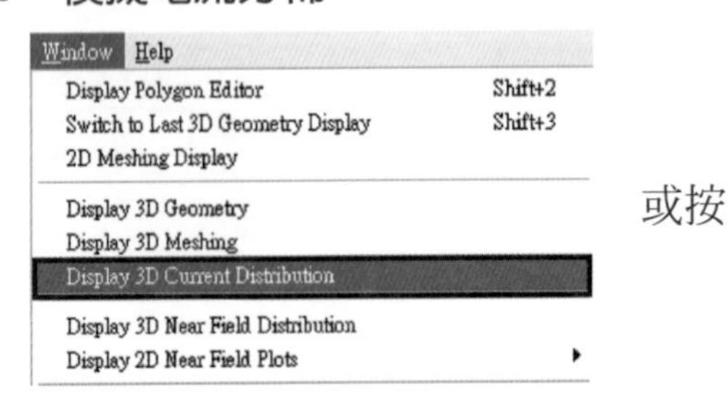

或按

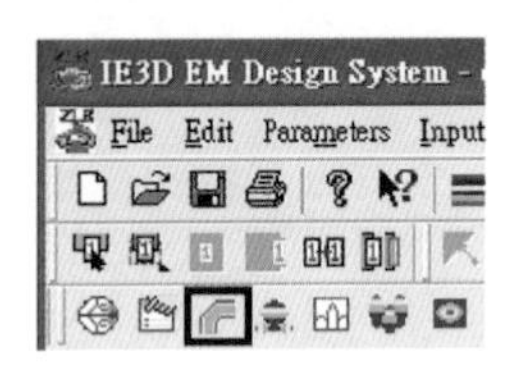

之後出現下圖：

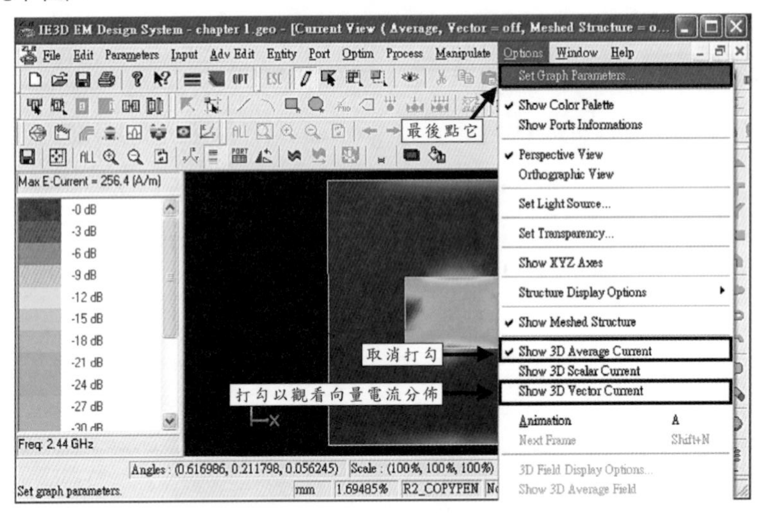

會出現以下視窗：

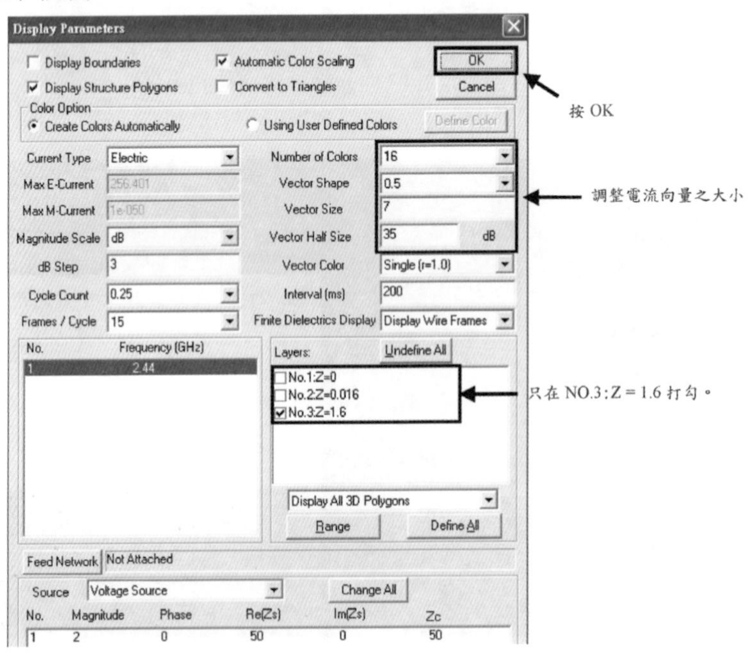

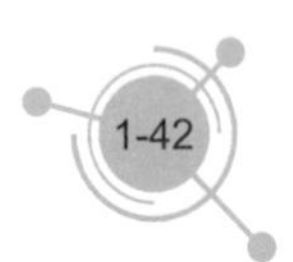

之後出現較清楚的電流向量分布圖，如下：

Current View (Vector = on, Meshed Structure = on)
Max E-Current = 256.4 (A/m)
Current Density Vector View
View
Whole View
Auto Zoom to Whole View
Set Graph Parameters...
Show Color Palette
Show Ports Informations
-39 dB
-45 dB
Freq: 2.44 GHz
Angles : (0.616986, 0.211798, 0.056245)　Scale : (100%, 100%, 100%)　300%

問題與討論：

Q1：這項模擬能在接地面設無窮限大接地面嗎?

Ans：可以。

Q2：無限大接地面跟有限大接地面兩者有差別嗎?

Ans：有。若要設定無限大接地面可以參考以下步驟。

無限大接地面，設定參數如下：

無限大接地面必須在 **Real part of Conductivity(s/m)**欄位裡輸入『4.9e+007』。
也就是;不需要在 **No.0 Substrate Layer** 裡改變任何參數。

Edit No.0 Substrate Layer

Comment				OK	Cancel
Top Surface, Ztop	0	Distance to Previous	N/A	Distance to No.1	1.6
Dielectric Constant, Epsr	1	Type	Normal	Property	Ground
Loss Tangent for Epsr, TanD(E)	-0	CAL Limit	1000000	Factor	880798758.9
Permeability, Mur	1	Enclosure Index	No.0		
Loss Tangent for Mur, TanD(M)	-0	Transparency	0.5		Color
Real Part of Conductivity (s/m)	49000000	Prompt users for merging multiple thin layers for simulation efficiency			
Imag. Part of Conductivity (s/m)	0	Add Freq	Delete	Remove All	Import / Export

Freq (GHz)　Epsr　TanD(E)　Mur　TanD(M)　Re(Sigma)　Im(Sigma)

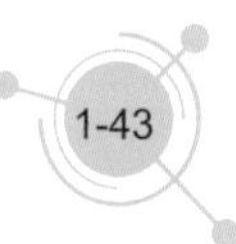

記：一旦設了無窮大接地面，就不可設定有任何大小的接地面。若在無窮大接地面上畫任何結構，IE3D 將會識它爲“槽孔”，請看第七章。

以下是此章節無限大接地面的結構圖：

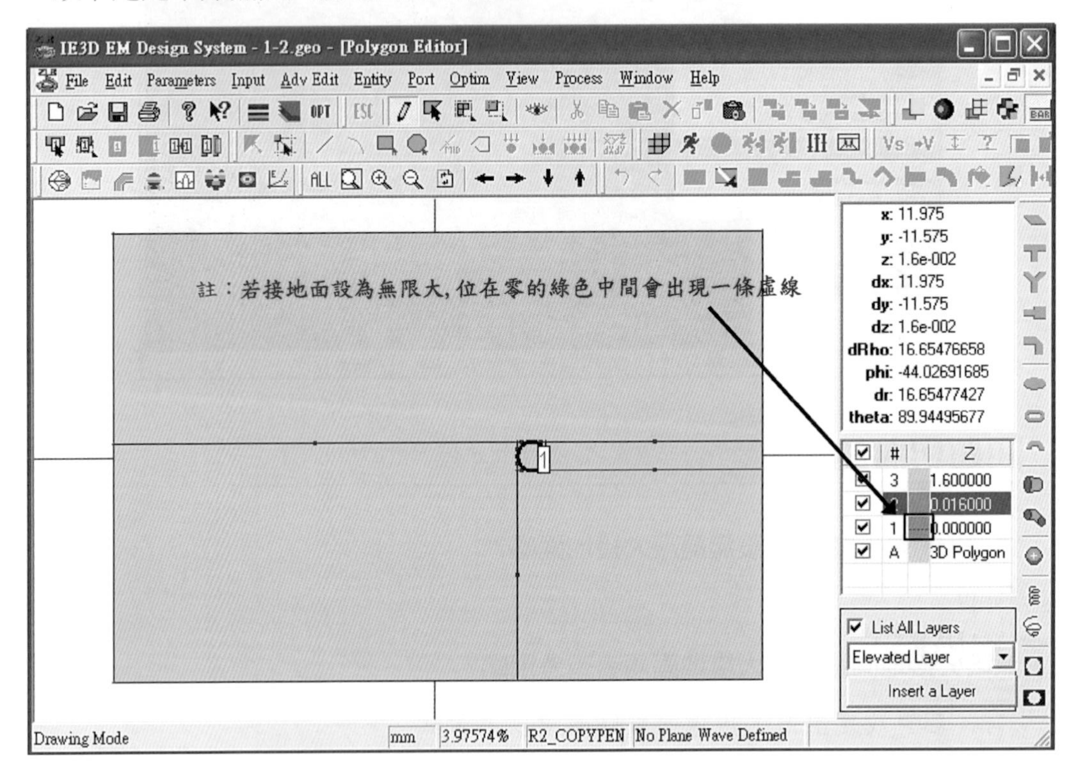

以下是無限大接地面的 **S11** 圖：

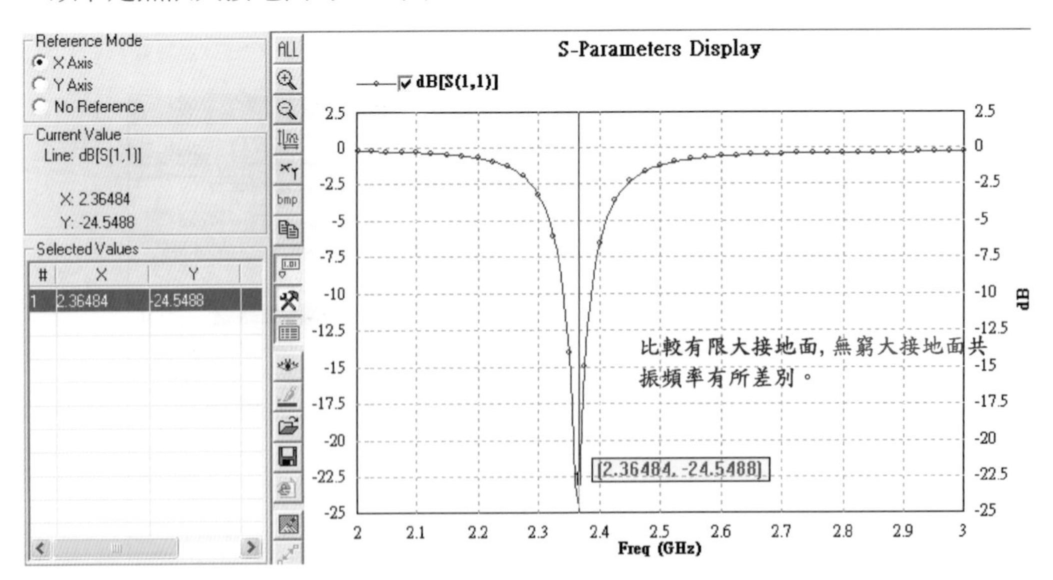

以下是無限大接地面的史密斯圖：

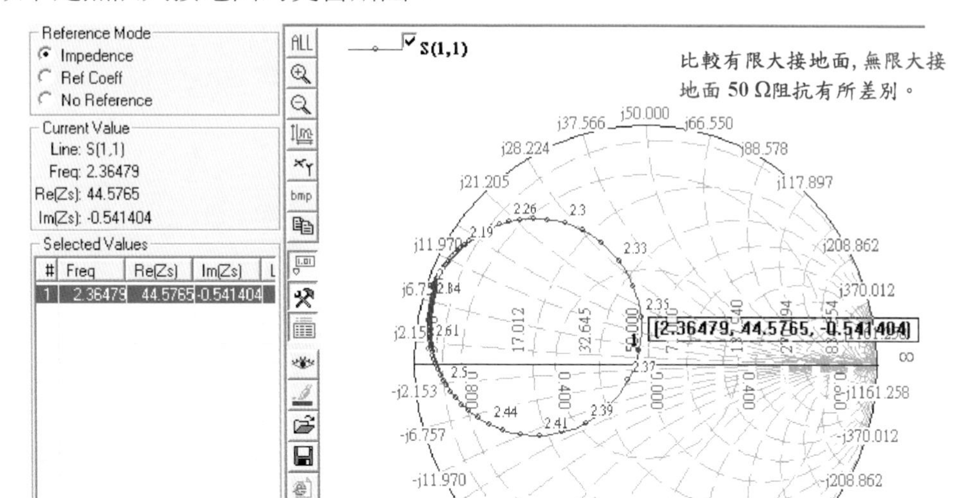

實體與模擬 S11 之比較：

從下圖，可知此矩形結構的無限大接地面會來得比較准確。

但並不是每一種天線結構利用無限大接地面都會比較准。

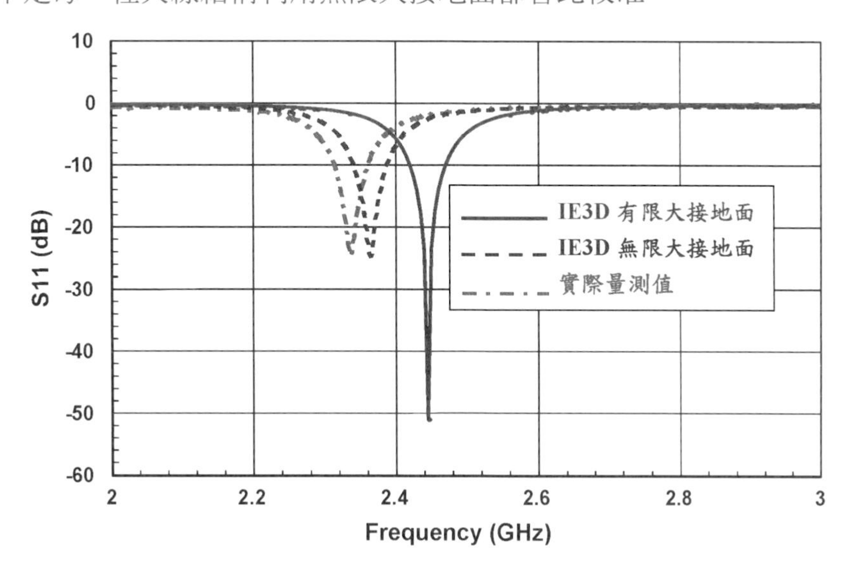

CHAPTER 2

具有單點短路之蛇型微帶天線

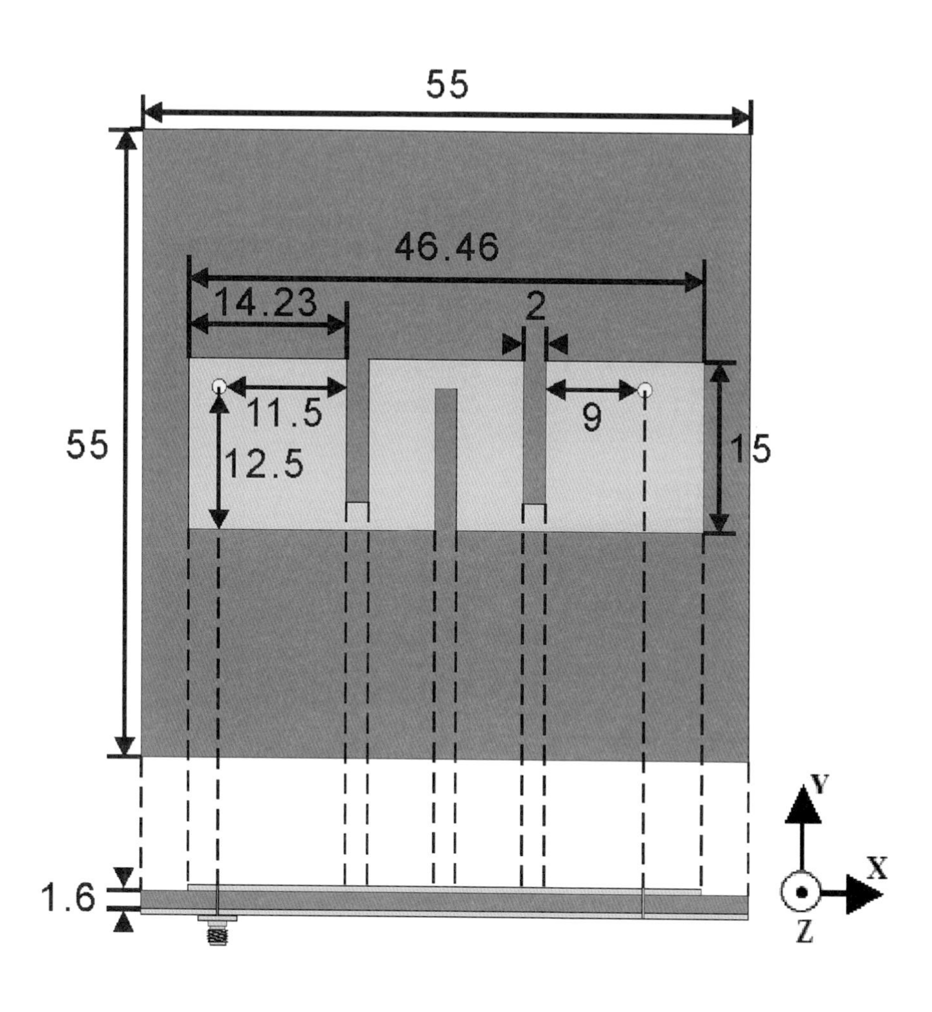

實驗目的

設計一個操作在 **2.4 GHz** 之單點短路蛇型微帶天線。

參　數

使用 FR4 電路板，高度為 1.6 mm，介電係數 =4.4，並將接地面設為有限大接地面。同軸 SMA 接頭和短路點的半徑為 0.65 mm。

模擬步驟

重複第一章步驟之 1-1 到 1-7：

步驟 2-1：開始畫天線結構體

從 **"Entity"** 中選取 **"Rectangle"**，來開啓繪製矩形的視窗。

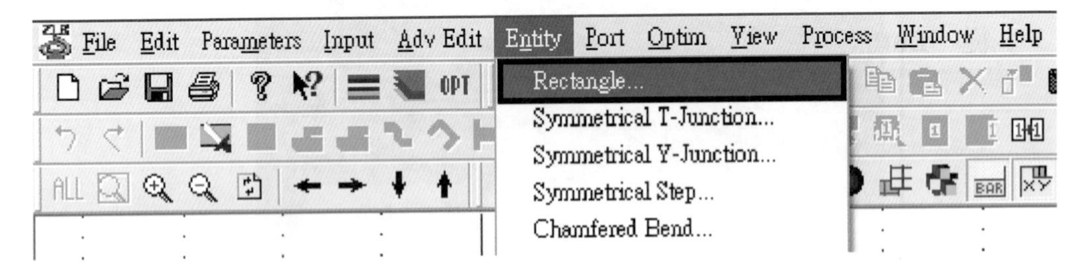

步驟 2-1-1：畫矩形天線

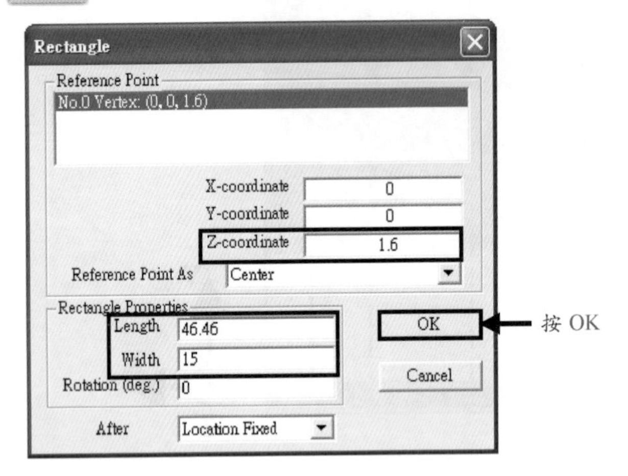

Z-coordinate (Z-軸)為『1.6』。

Length (長)內輸入『46.46』，

Width (寬)內輸入『15』，

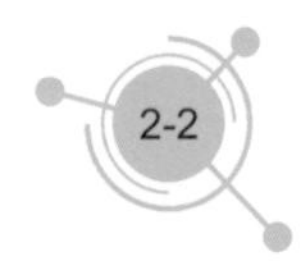

之後會出現以下圖形，可按 ALL 看全圖。

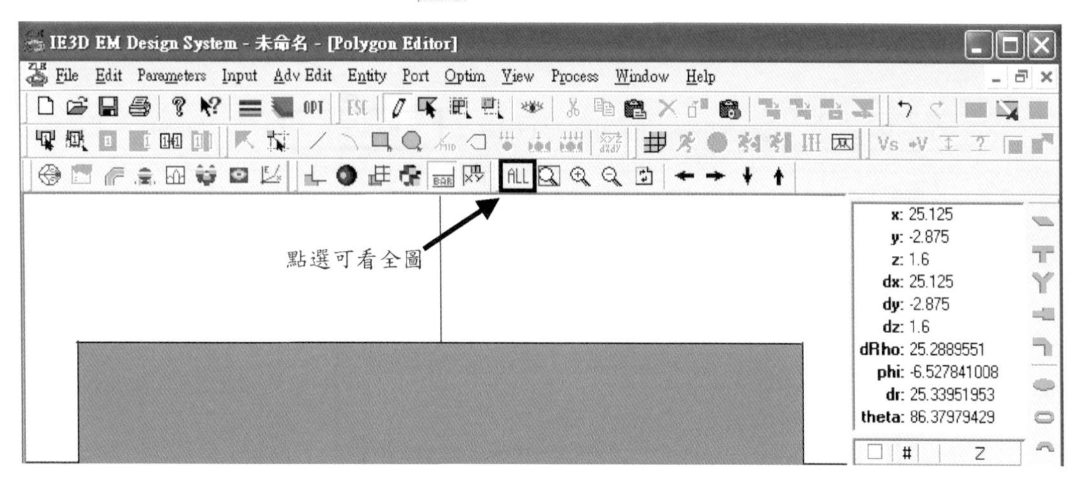

步驟 2-1-2：畫凹槽

接下來要開始畫蛇行矩形凹槽的地方。

註(1)：由於需畫出三個凹槽，所以要重複此步驟 3 次。

(I) 從 "**Entity**" 中選取 "**Rectangle**" 。

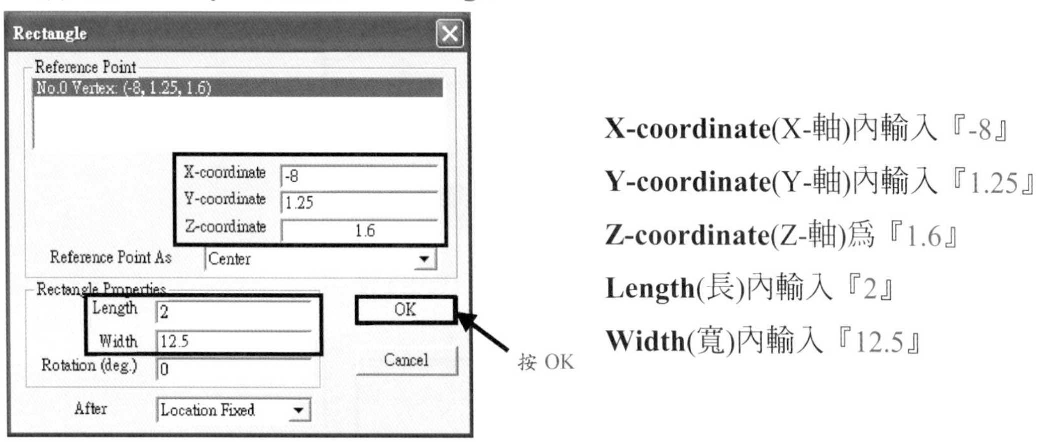

X-coordinate(X-軸)內輸入『-8』

Y-coordinate(Y-軸)內輸入『1.25』

Z-coordinate(Z-軸)爲『1.6』

Length(長)內輸入『2』

Width(寬)內輸入『12.5』

若出現以下疑問視窗：

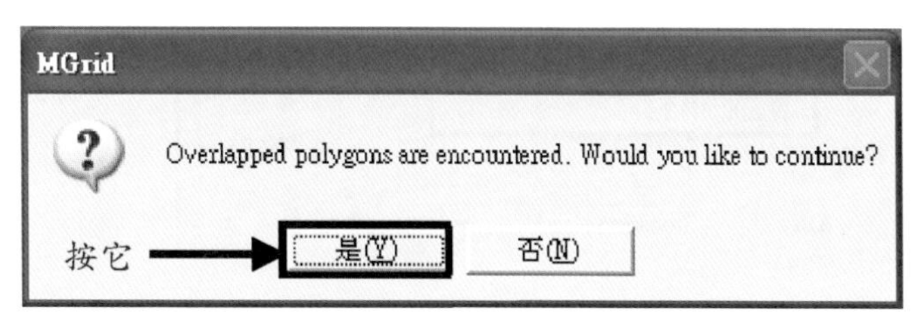

或出現以下疑問視窗：

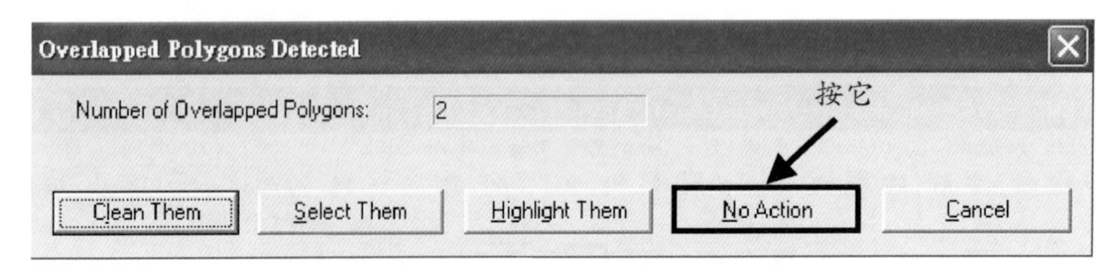

(II) 再一次從 **"Entity"** 中選取 **"Rectangle"** 。

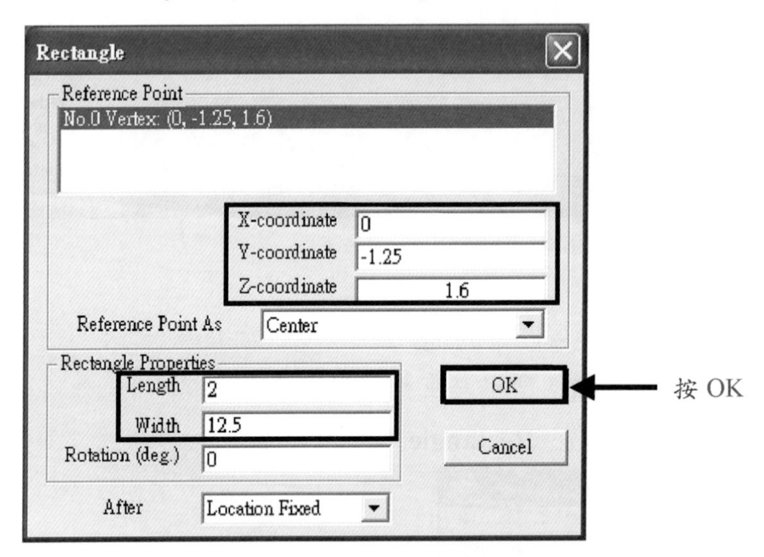

(III) 再一次從 **"Entity"** 中選取 **"Rectangle"** 。

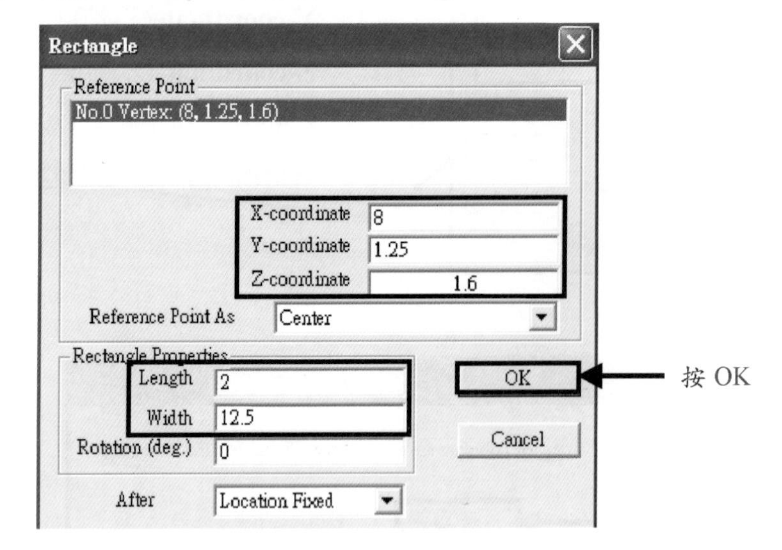

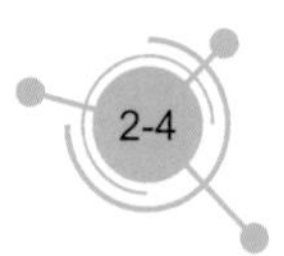

之後會出下列圖示：

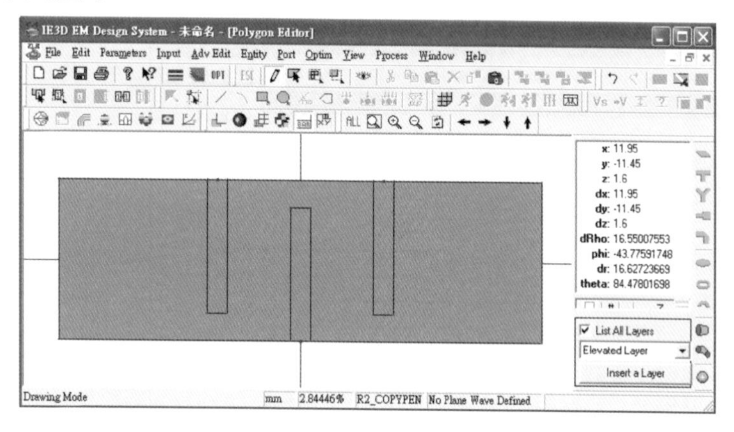

步驟 2-1-3：挖掉凹槽

首先點選"**Select Polygon Group**"，再把要挖掉的部分用滑鼠左鍵拖曳方式框起來。

請根據下圖之步驟：

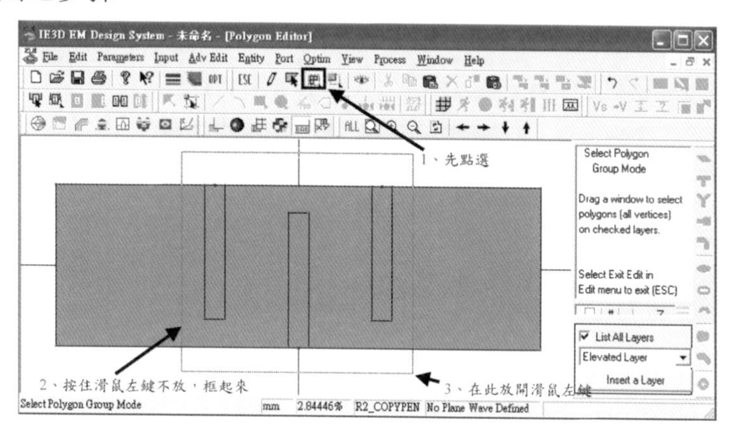

放開滑鼠左鍵後，會出現如以下圖形。然後再點選 "**Build Holes and Vias from Selected Polygons**"。

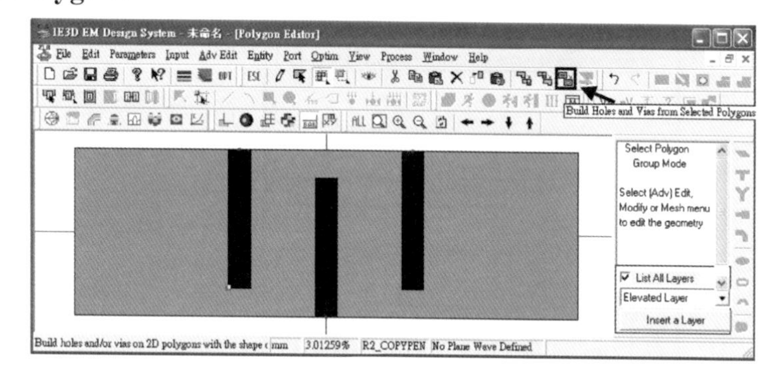

會出現以下視窗：

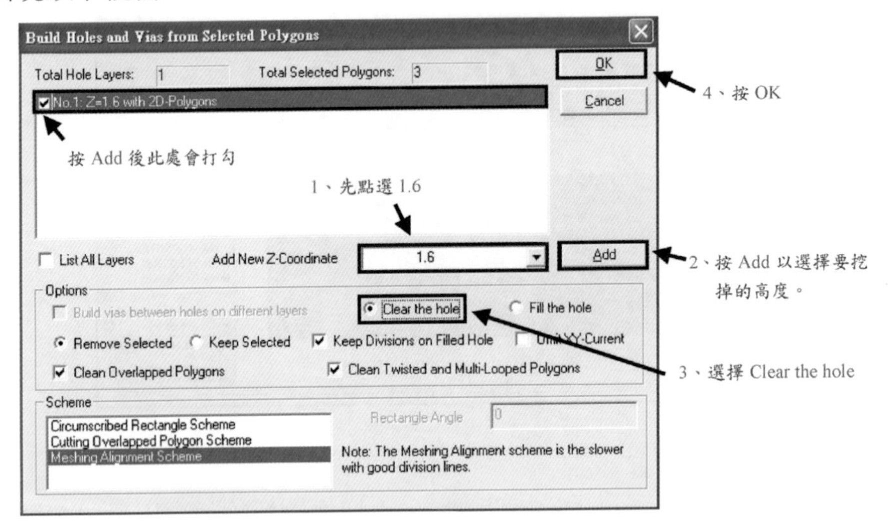

天線的部分就繪製完成如下：

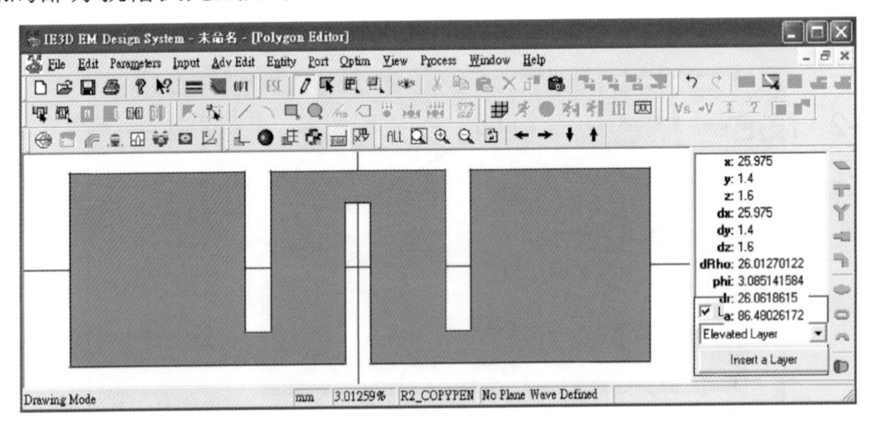

步驟 2-1-4：繪製 ground (有限大接地面)

從“**Entity**”中選取“**Rectangle**”：

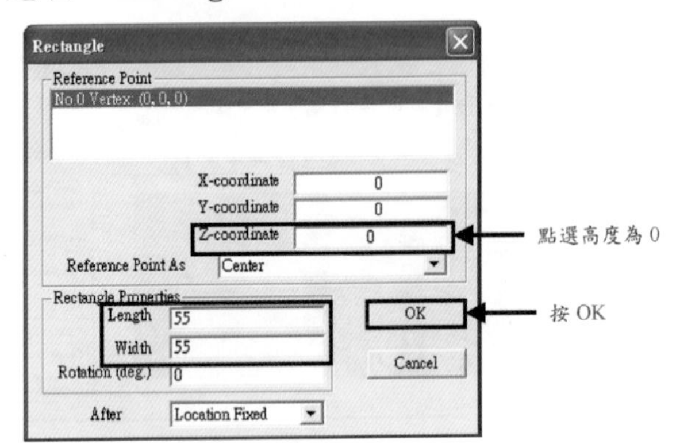

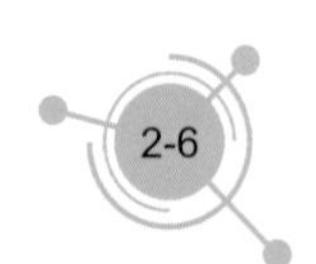

會出現以下畫面：

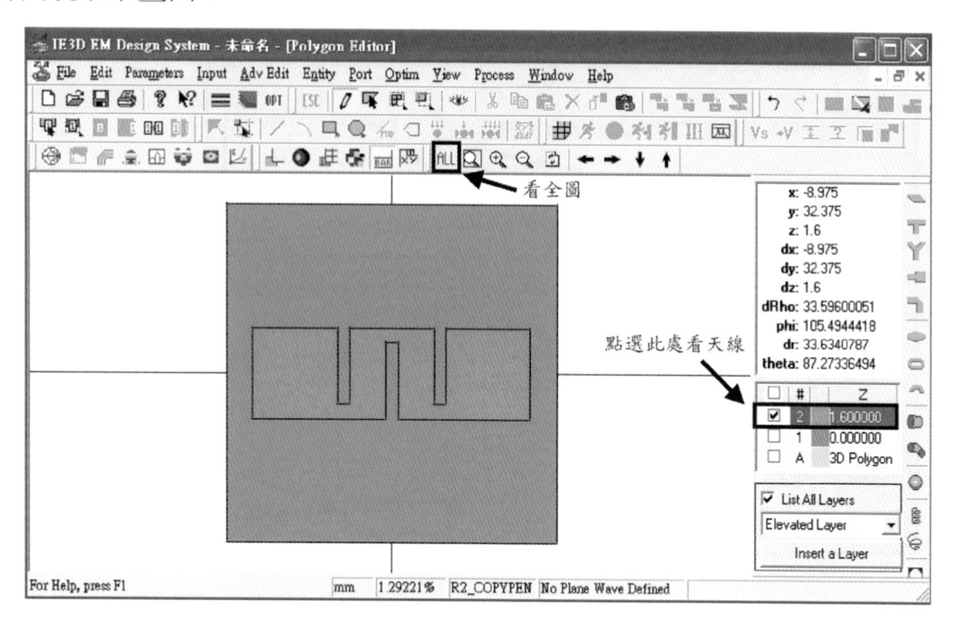

註(3)：不要忘了存檔。

步驟 2-2：設定 shorting pin(短路點)

從“**Entity**”中選取“**Conical Via**”或直接按 ：

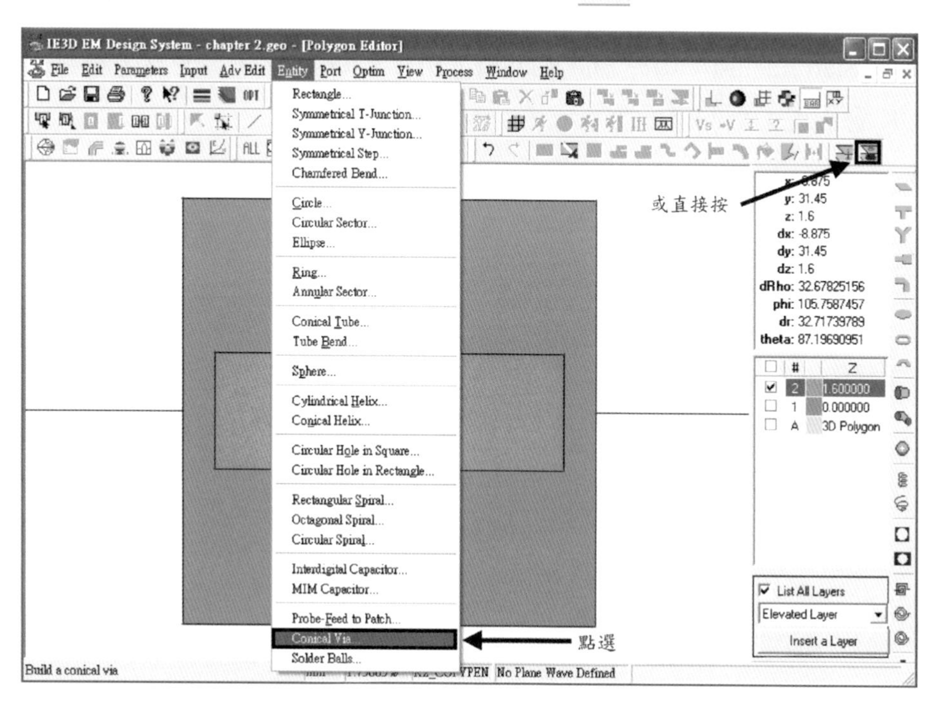

之後會出現以下視窗：

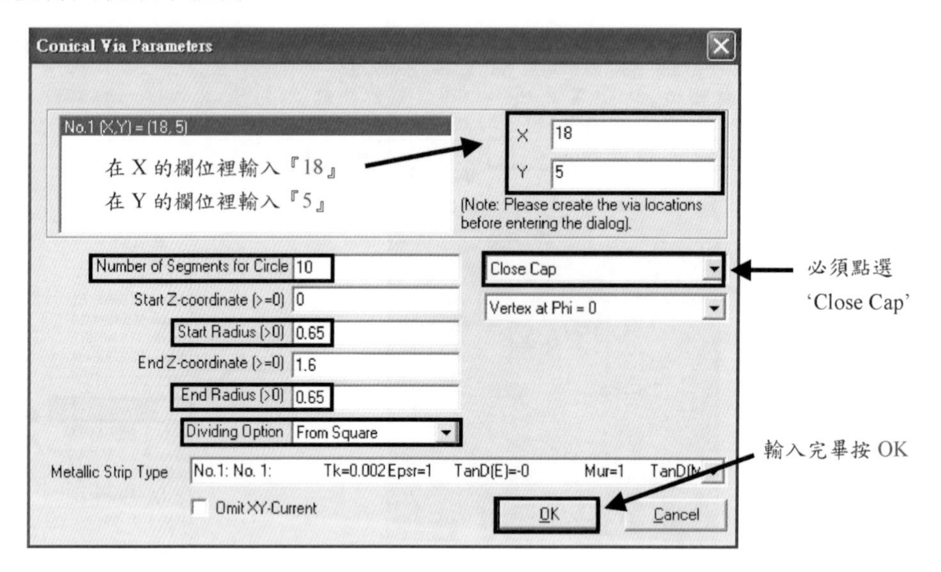

在 **Number of Segments for Circle**(圈的點數)的欄位裡輸入『10』。

Start Radius(> 0)的欄位裡輸入『0.65』。

End Radius(> 0)的欄位裡輸入『0.65』。

註(4)：在 Number of Segments for Circle 的欄位裡輸入 1 是表示短路點爲正方形，輸入 2 是顯示爲一個平面，輸入 3 顯示爲三角形，輸入 10 是顯示圓形。

至於 Start Radius(> 0)和 End Radius(> 0)的意思是:開始點和結束點的半徑大小。

按 OK 會出現下列的畫面：

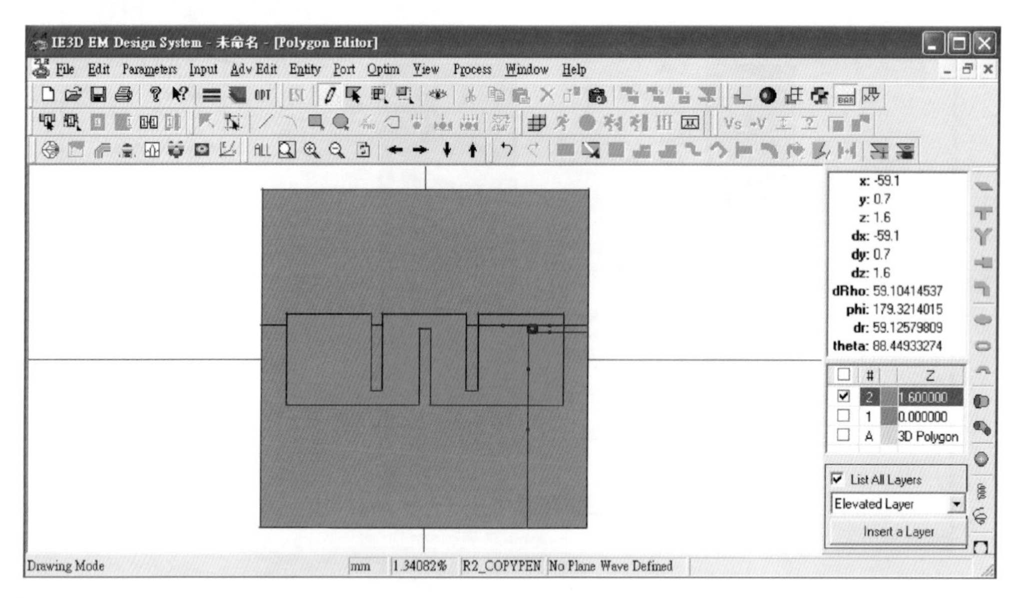

步驟 2-3：設定 Probe(饋入點)

開始設定探針的位置可參考步驟 1-9。

從“**Entity**”中選取“**Probe-Feed to Patch**”或直接按 ：

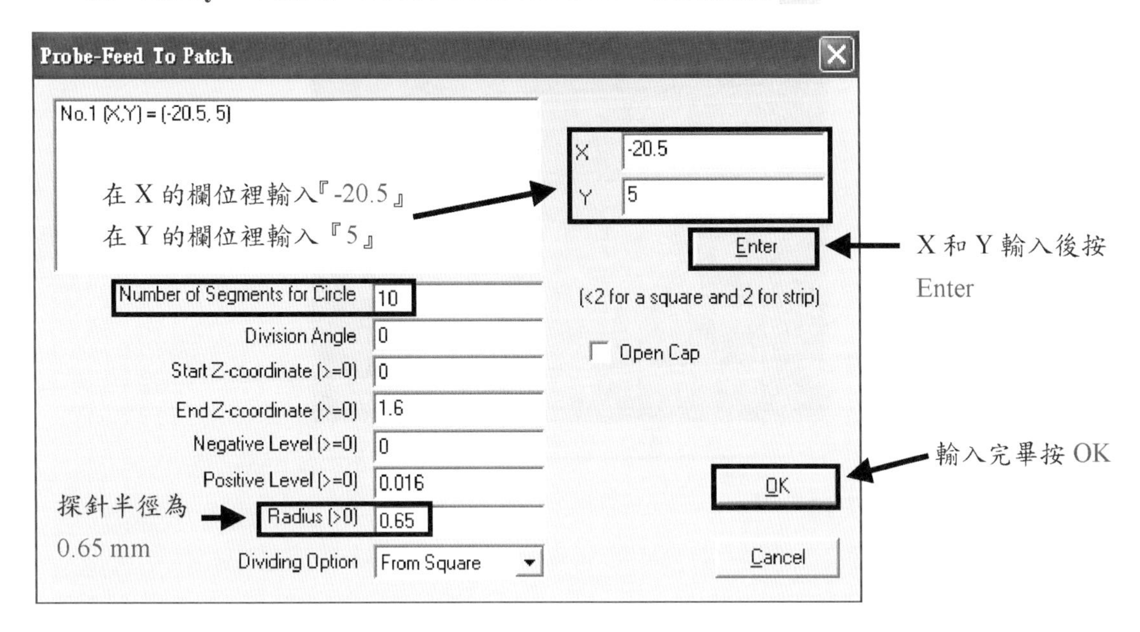

輸入完畢後會出現以下畫面：

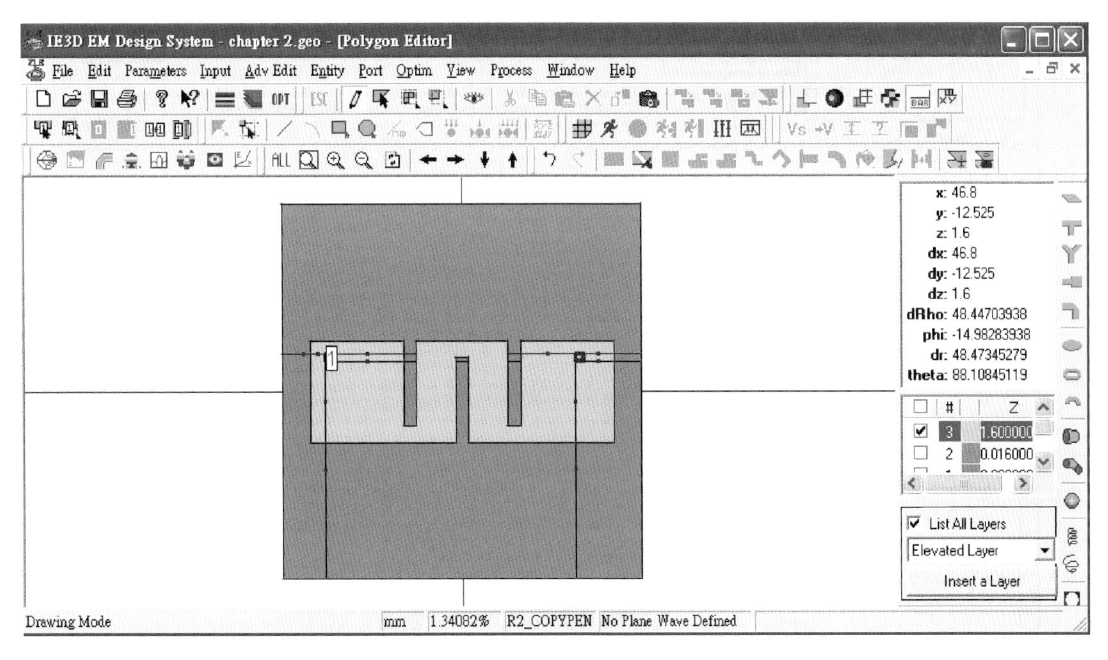

註(5)：記得另存新檔。

步驟 2-4：觀看 3D View

參考步驟 1-10

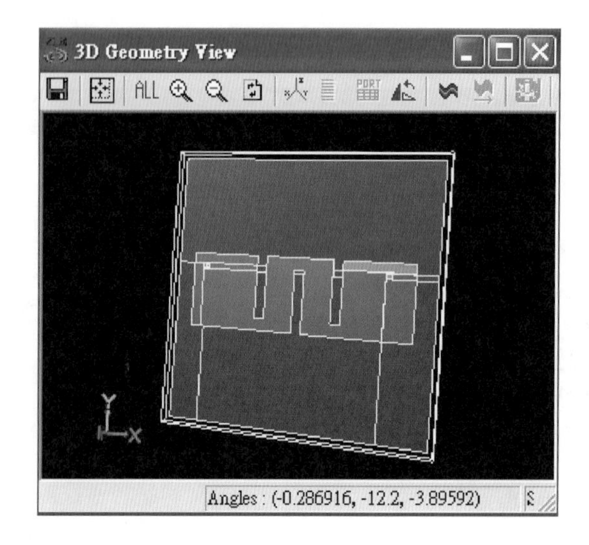

步驟 2-5：模擬天線

參考步驟 1-11

在畫面中點選藍色小人 。

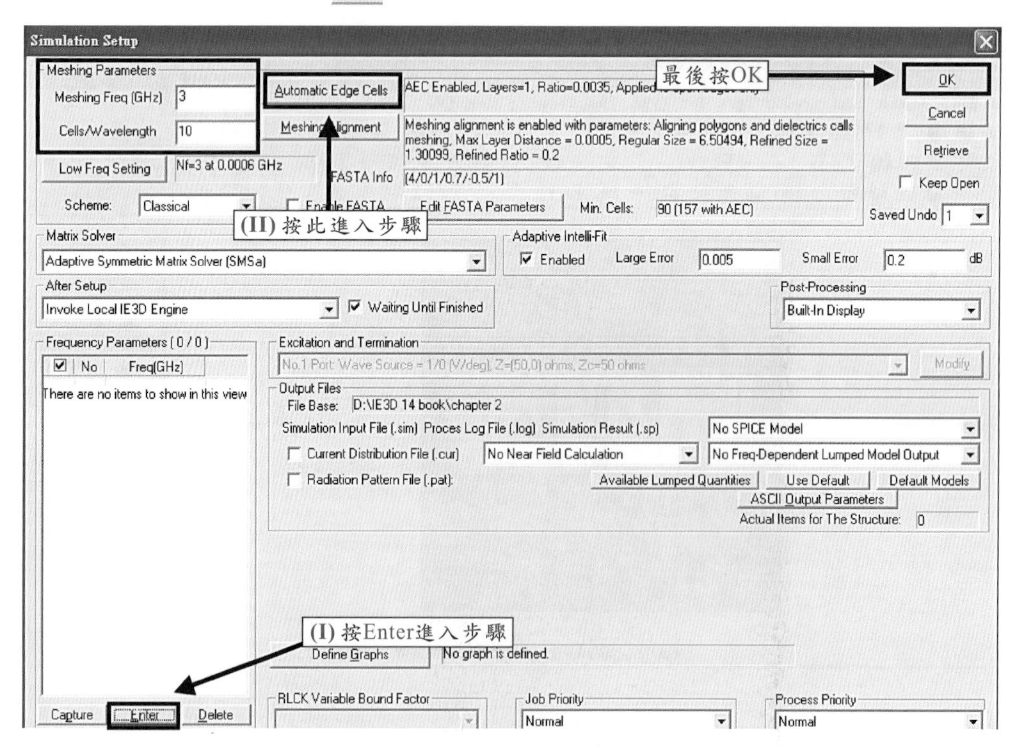

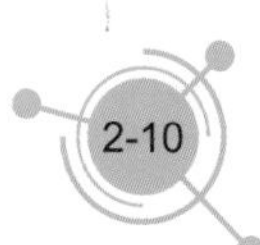

(I) 輸入頻率與點數，按 OK 之後請將所有點數選取。

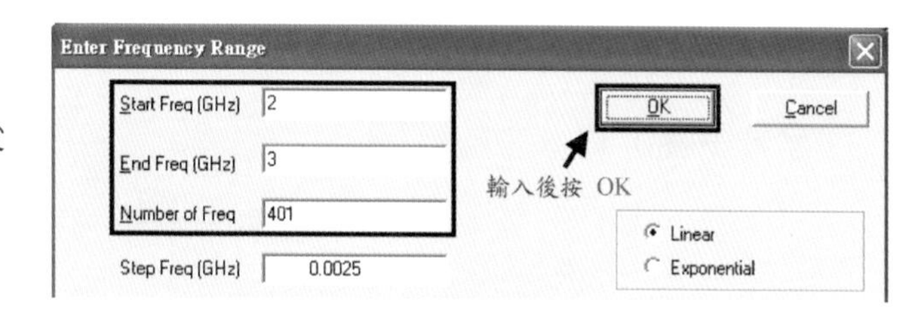

(II) 檢查 Width 是否接近 0.02。

Automatic Meshing Parameters
Basic Parameters
Highest Frequency (GHz): 3
Cells per Wavelength 10
Estimated Max Cell Size 6.50494
Low Freq Setting Nf=3 at 0.0006 GHz
Meshing Scheme Classical
Rectanglizations 3 Times
Enable FASTA Edit FASTA Parameters
FASTA Info (4/0/1/0.7/-0.5/1)
FASTA (Full-wave Accelerated Simulation Technology Algorithm) allows you to efficiently get results with slightly lower accuracy.
Meshing Optimization Merge Polygons
Remove Vertices on Curvature
Warning Limit 5000 Not Exceeded!
Automatic Edge Cells Parameters
AEC Layers 1 Multi-Layer Ratio 0.4
AEC Ratio 0.003 Width 0.0195148
AEC Level Applied to open edges only

步驟 2-6：顯示 S11 圖

參考步驟 1-12-1

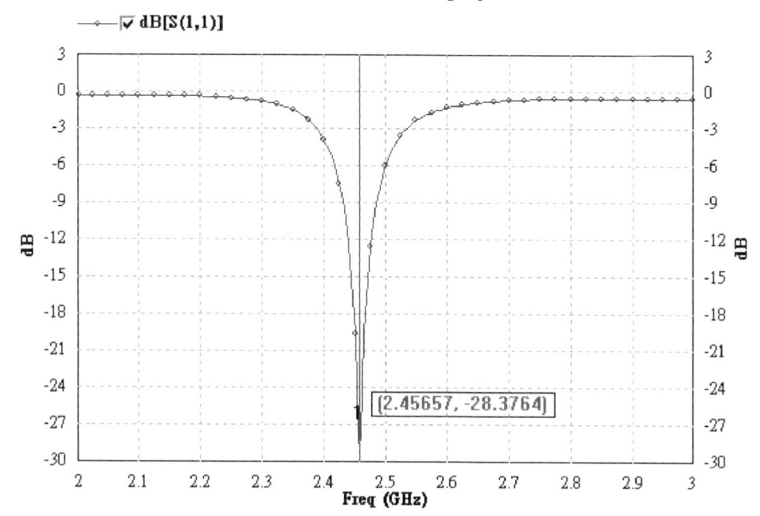

步驟 2-7：顯示史密斯圖(Smith Chart)

參考步驟 1-12-3

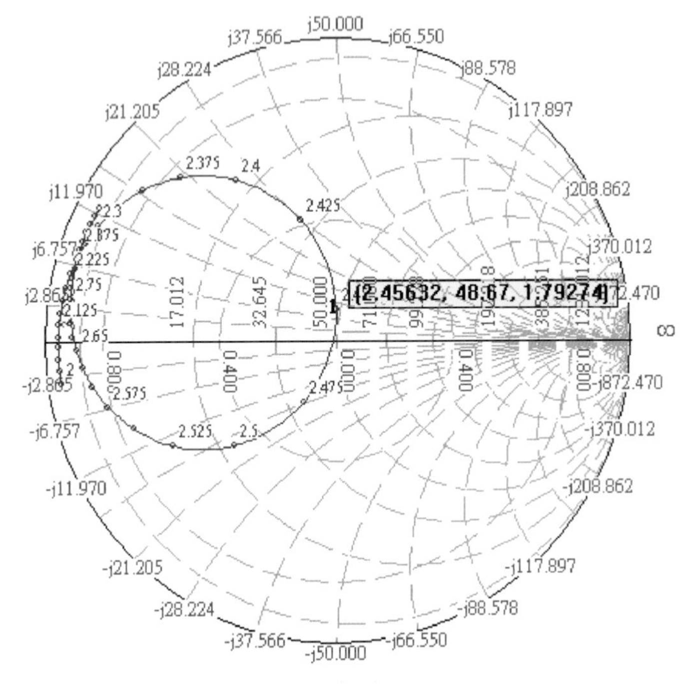

步驟 2-8：顯示阻抗關係圖

參考步驟 1-12-4

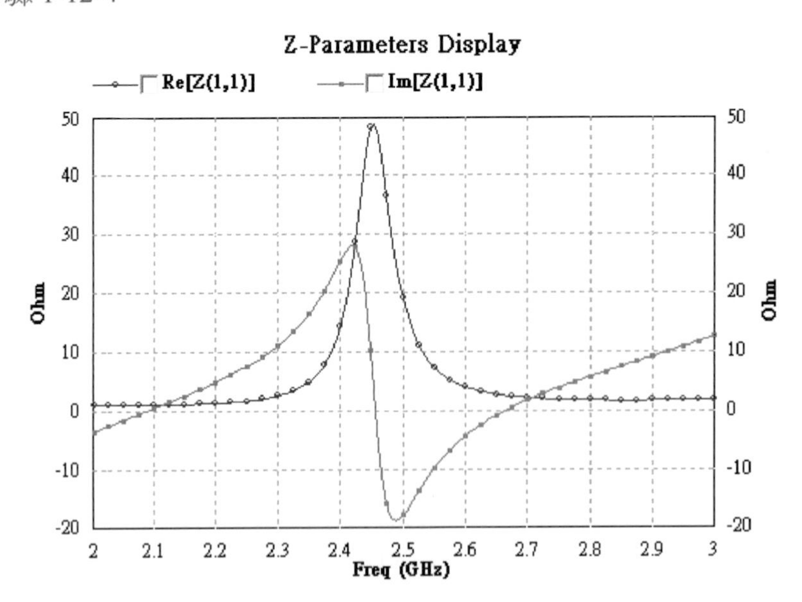

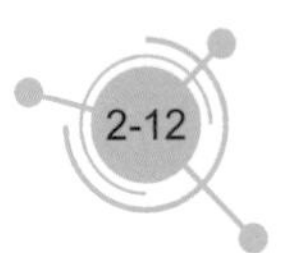

步驟 2-9：顯示 VSWR 的關係圖

參考步驟 1-12-6

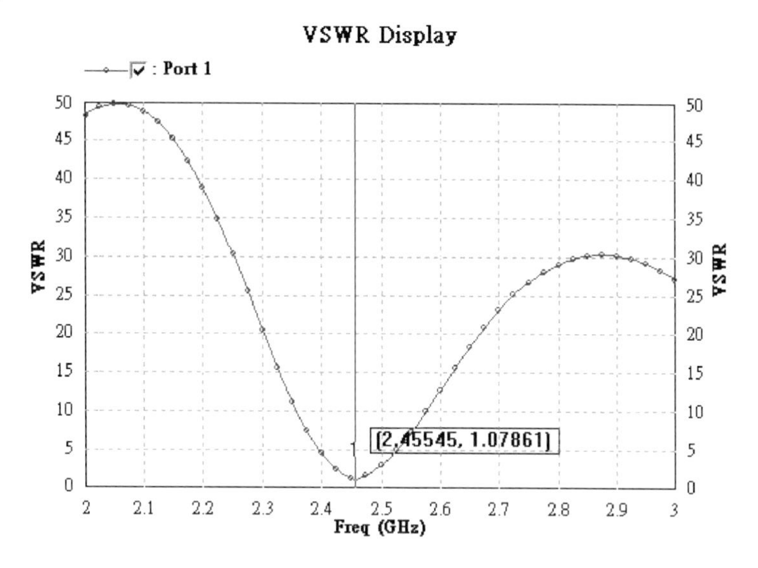

步驟 2-10：取得輻射場型

參考步驟 1-13

註(6)：E-plane 與 H-plane 是分別取得，共振頻率是 2.45 GHz。

E-plane (X-Z Plane)

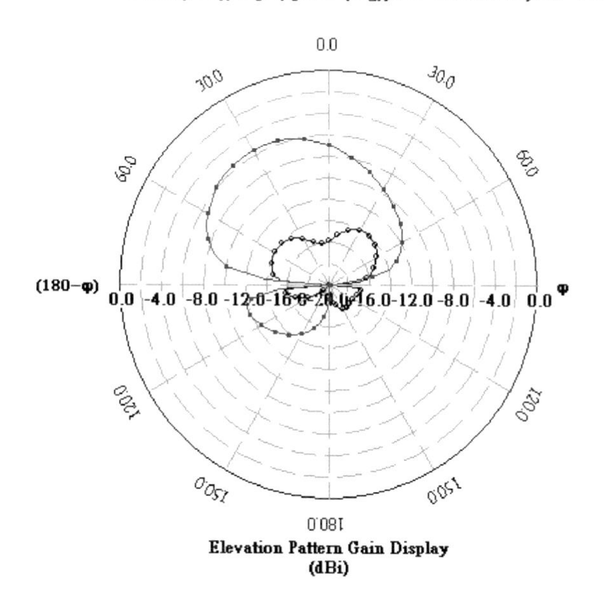

H-plane (Y-Z Plane)

f=2.45(GHz), E-theta, phi=90 (deg), PG=-6.73553 dB, AG=-11.7785 dB
f=2.45(GHz), E-phi, phi=90 (deg), PG=-9.68578 dB, AG=-13.3543 dB

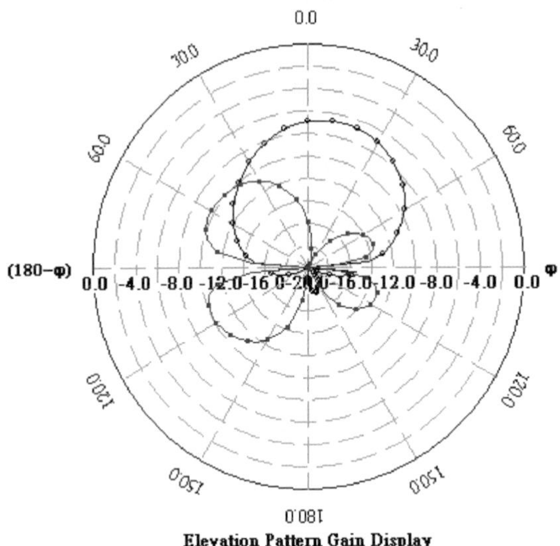

(X-Y Plane)

f=2.45(GHz), E-theta, theta=90 (deg), PG=-63.5323 dB, AG=-65.1911 dB
f=2.45(GHz), E-phi, theta=90 (deg), PG=-71.4771 dB, AG=-75.2187 dB

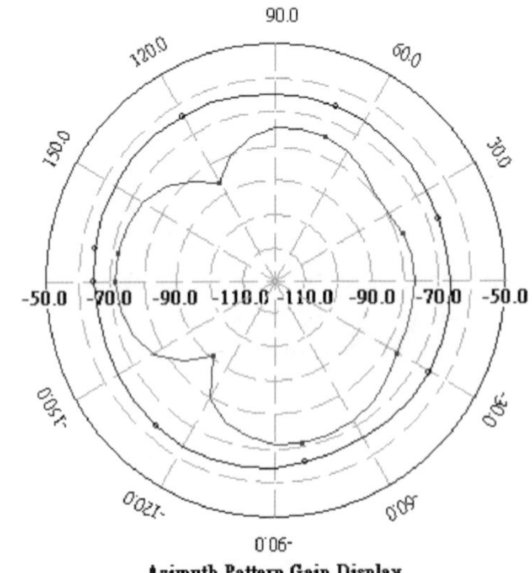

步驟 2-11：模擬 3D 場型圖

參考步驟 1-14

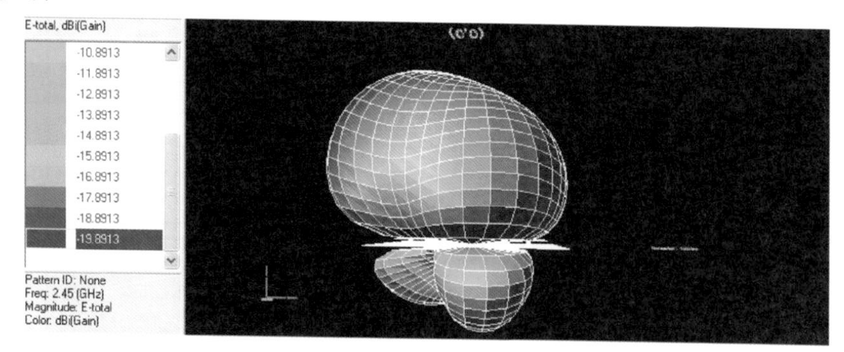

步驟 2-12：模擬電流分布

參考步驟 1-15

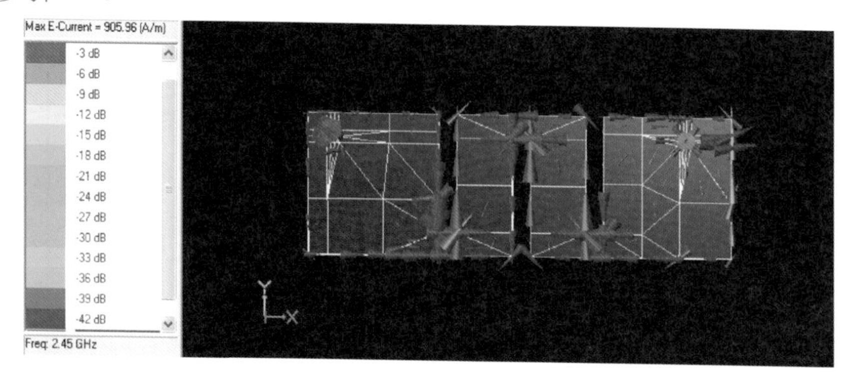

問題與討論：

Q1：如何查看座標與修改座標?

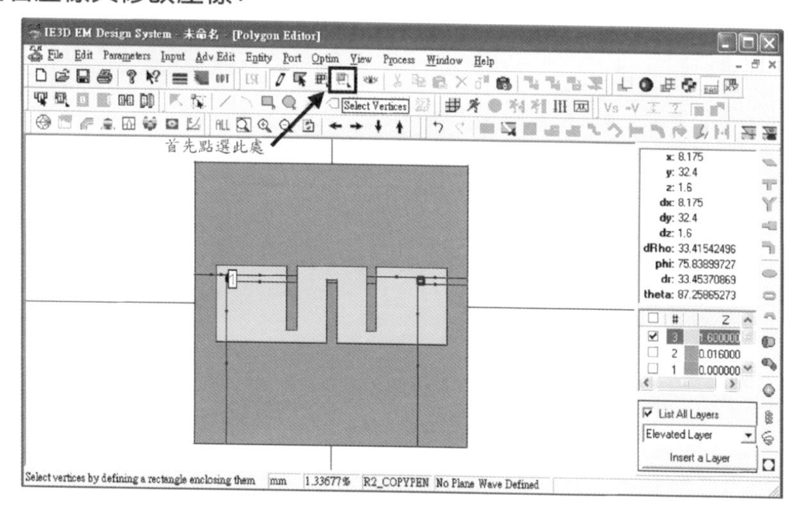

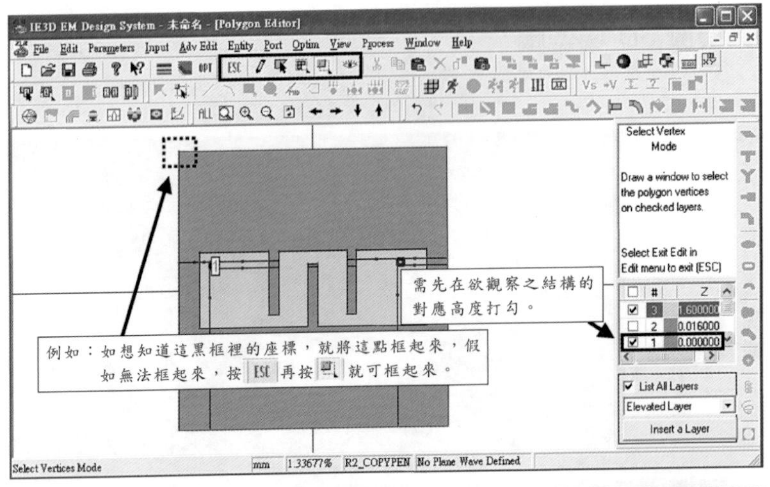
IE3D EM Design System - 未命名 - [Polygon Editor]
Select Vertex Mode
Draw a window to select the polygon vertices on checked layers.
Select Exit Edit in Edit menu to exit (ESC)
需先在欲觀察之結構的對應高度打勾。
例如：如想知道這黑框裡的座標，就將這點框起來，假如無法框起來，按 ESC 再按 就可框起來。
List All Layers
Elevated Layer
Insert a Layer
Select Vertices Mode

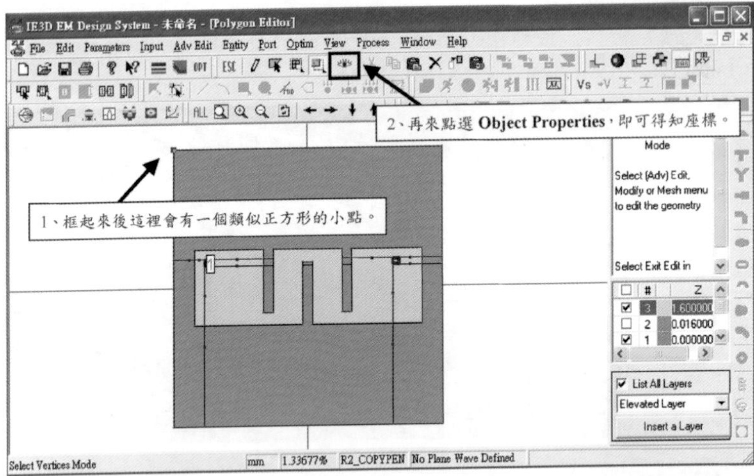
IE3D EM Design System - 未命名 - [Polygon Editor]
2、再來點選 Object Properties，即可得知座標。
1、框起來後這裡會有一個類似正方形的小點。
Select (Adv) Edit, Modify or Mesh menu to edit the geometry
List All Layers
Elevated Layer
Insert a Layer
Select Vertices Mode

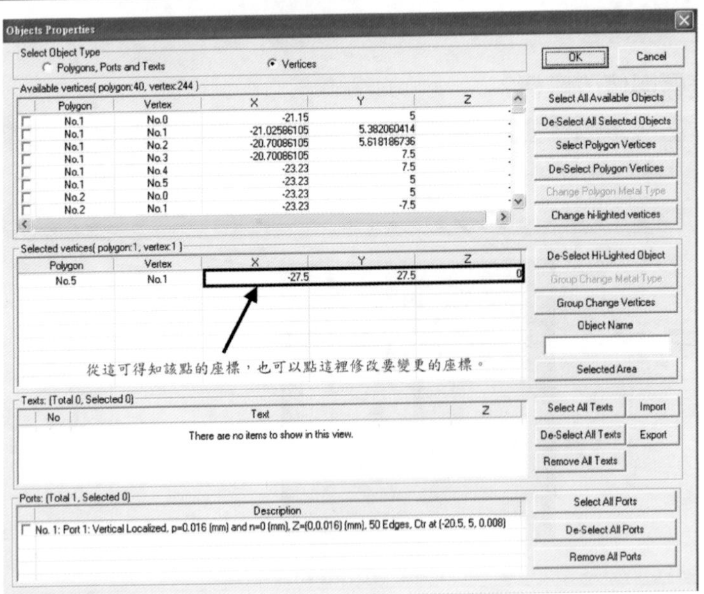
Objects Properties
Select Object Type
Polygons, Ports and Texts
Vertices
OK
Cancel
Available vertices(polygon:40, vertex:244)
Selected vertices(polygon:1, vertex:1)
Polygon No.5 Vertex No.1 X -27.5 Y 27.5 Z 0
從這可得知該點的座標，也可以點這裡修改要變更的座標。
Texts: (Total 0, Selected 0)
There are no items to show in this view.
Ports: (Total 1, Selected 0)
No. 1: Port 1: Vertical Localized, p=0.016 (mm) and n=0 (mm), Z=(0,0.016) (mm), 50 Edges, Ctr at (-20.5, 5, 0.008)

可以在以下圖示裡變更座標：

Change Coordinates for 1 Vertices

X-Coordinate -27.5
Y-Coordinate 27.5
Z-Coordinate 0
OK
Cancel

Q2：**如何移動(Move)座標?**

註：要先按 ESC 鍵，再按 。

將所要移動的座標點圈起來：

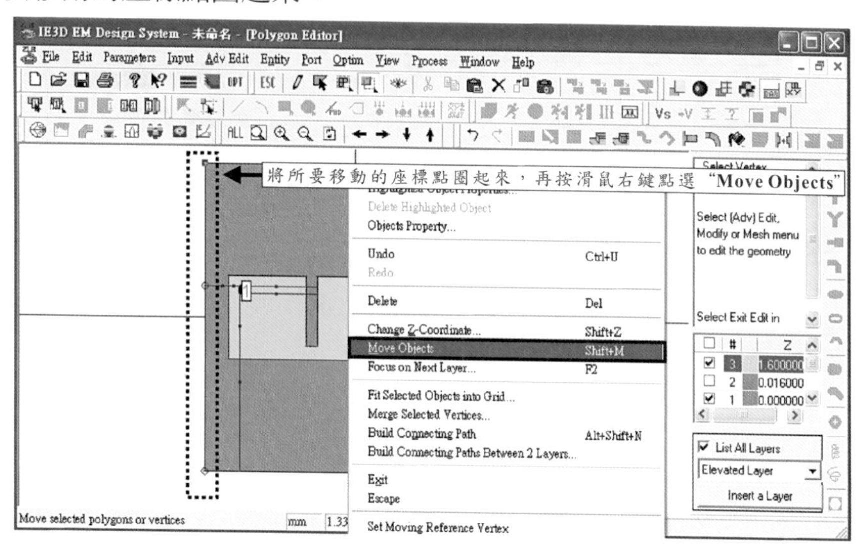

之後便可隨意點選某處來做修改：

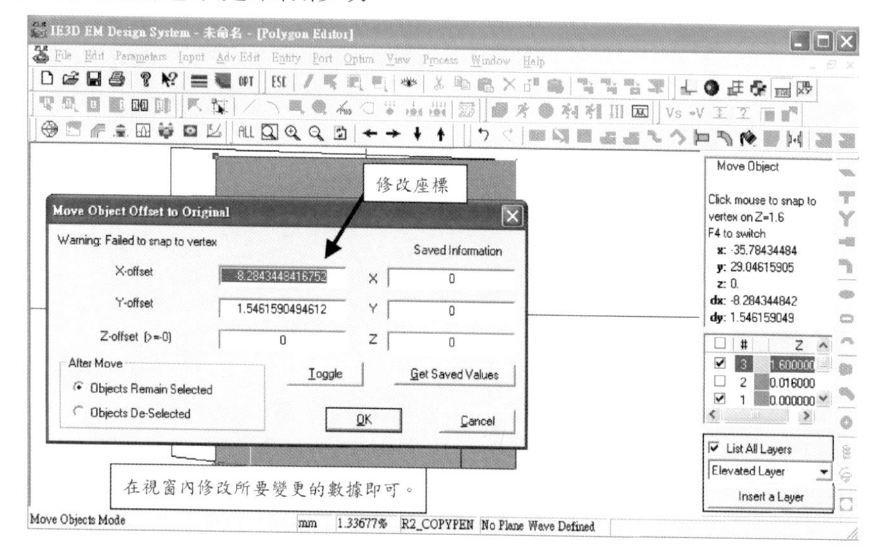

實體與模擬 S11 之比較：

從下圖，可知此結構的無限大接地面跟實際量測值幾乎完全吻合。

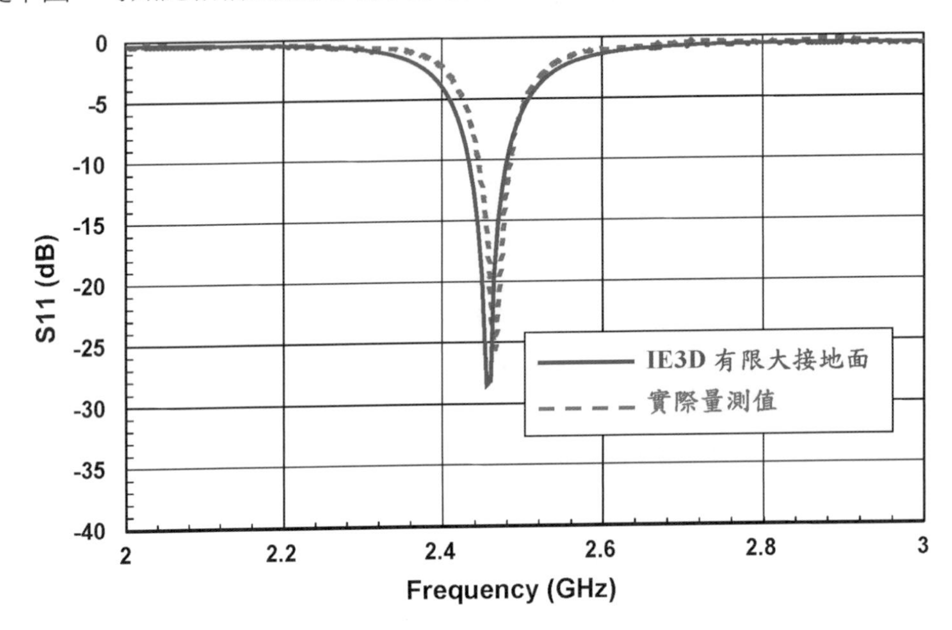

CHAPTER 3

雙頻單偶極天線

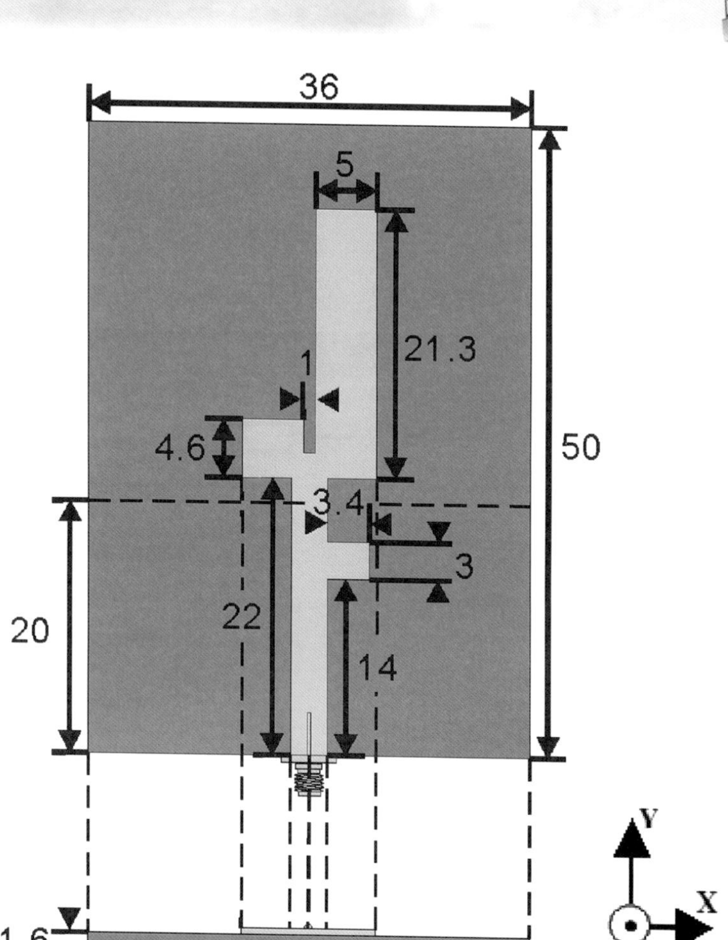

參考：Hua-Ming Chen, Yi-Fang Lin, Chin-Chun Kuo and Kuang-Chih Huang, "A compact dual-band microstrip-fed monopole antenna," AP Society Int. Symp., Vol. 2, pp. 124-127, July (2001).

實驗目的

設計一個操作在 2.4 與 5.2 GHz 之雙頻單偶極微帶天線。

參　數

使用 FR4 電路板，高度為 1.6 mm，介電係數 =4.4，並將接地面設為有限大接地面 20×36 mm^2；同軸 SMA 接頭半徑為 0.65 mm，模擬時此天線離地面 5 mm。

註：學生版不可離地。

模擬步驟

重複第一章步驟之 1-1 到 1-3：

步驟 3-1：設定繪製版面之每格大小

到 **Layouts and Grids** 改變 **Grids** 大小 (從 0.025 改為 1)

步驟 3-2：設定模擬參數

Meshing Parameters 格子中，

在 **Meshing Freq (GHz)**欄位裡輸入『6』

在 **Cells per Wavelength** 欄位裡輸入『10』

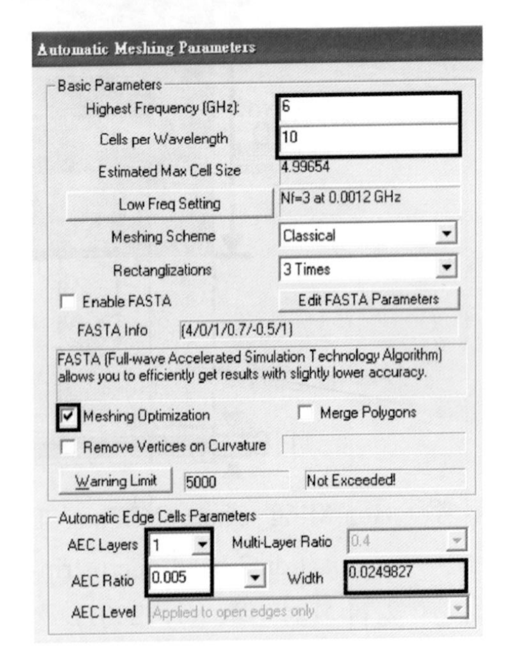

步驟 3-3：設介質參數

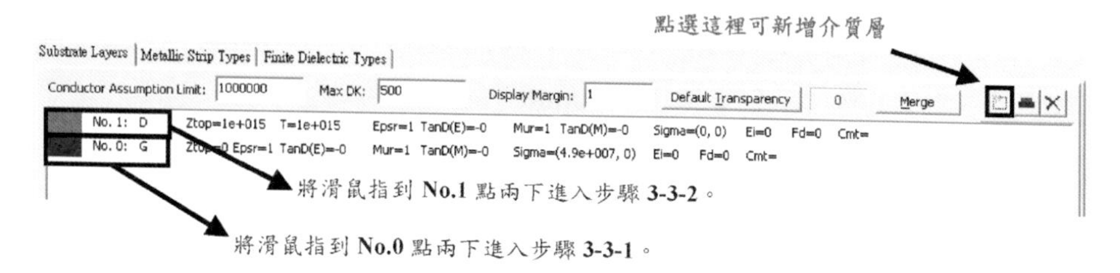

步驟 3-3-1：將 Layer 0 設為空氣

將滑鼠指到 **No. 0**；這個欄位裡，點兩下進入以下畫面，開始設定參數：

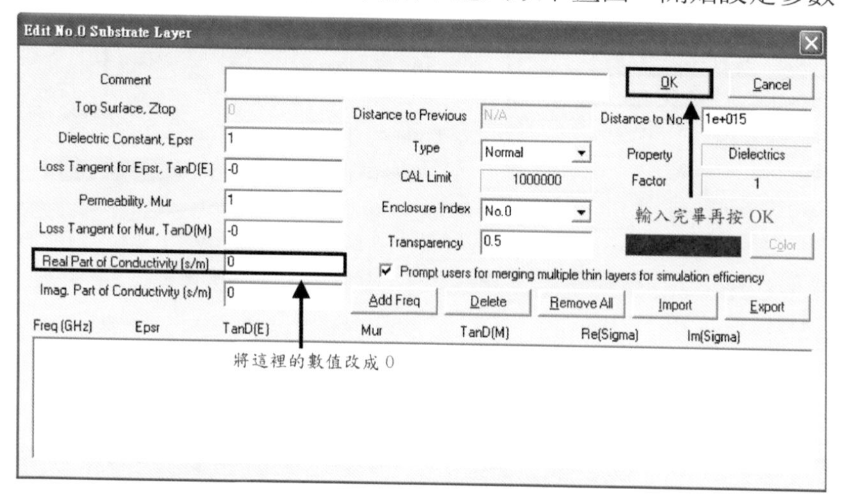

步驟 3-3-2：將有限大接地面(Ground)高度提升 5 mm

將滑鼠指到 **No. 1**；這個欄位裡，點兩下進入以下畫面，開始設定參數：

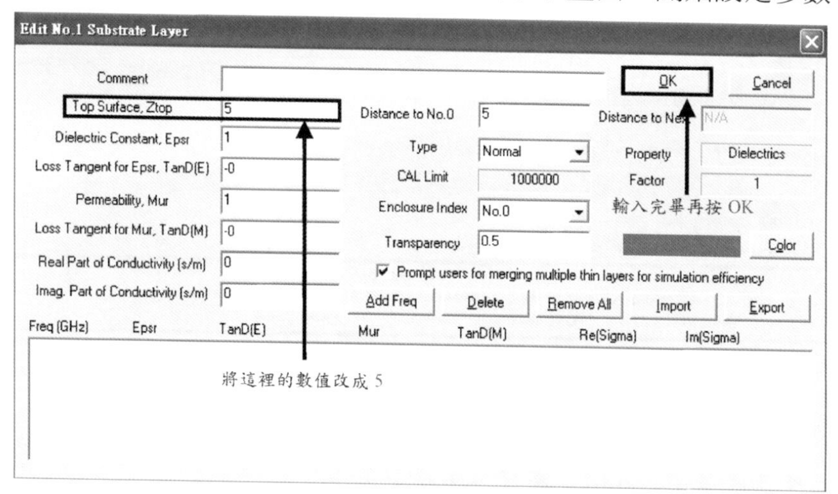

註(1)：若在接地面挖槽孔或作任何變化，通常將天線離地面為佳。但以此天線來說，可以不將天線離地。

(若是用 IE3D 學生版，就不可將有限大接地面(Ground)高度提升 5 mm － 請遵照步驟：1-7-1 與 1-7-2 來設定 Ground 與 FR4。)

步驟 3-3-3：設定 FR4

點選 來新增介質層參數。(參考步驟 3-3 新增介質層參數)

Insert New Substrate Layer by Top Surface Z-Coordinate

Comment

OK

Cancel

Top Surface, Ztop 6.6

Distance to No.1 1.6

Distance to Nex N/A

Dielectric Constant, Epsr 4.4

Type Normal

Property Dielectrics

Loss Tangent for Epsr, TanD(E) 0.02

CAL Limit 1000000

Factor 4.400879912

輸入完畢再按 OK

Permeability, Mur 1

Enclosure Index No.0

Loss Tangent for Mur, TanD(M) -0

Transparency 0

Color

Real Part of Conductivity (s/m) 0

Prompt users for merging multiple thin layers for simulation efficiency

Imag. Part of Conductivity (s/m) 0

Add Freq Delete Remove All Import Export

Freq (GHz) Epsr TanD(E) Mur TanD(M) Re(Sigma) Im(Sigma)

參數設定完畢後會出現下圖：

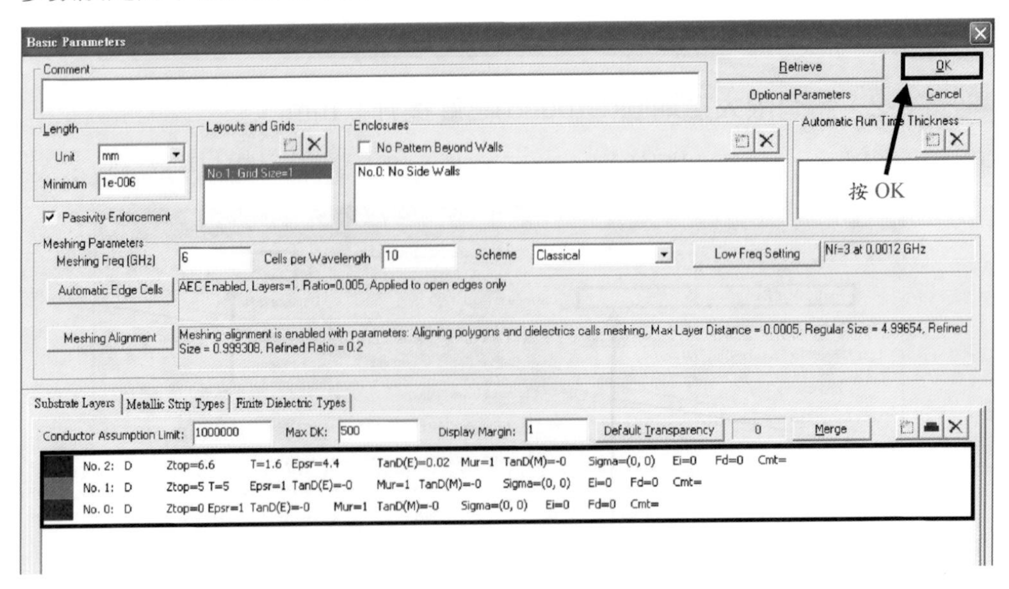

註(2)：從 No.0 到 No.1 為空氣，No.1 到 No.2 為 FR4 介質。

在高度為 **5** 是 **Ground**，高度為 **6.6** 是天線。

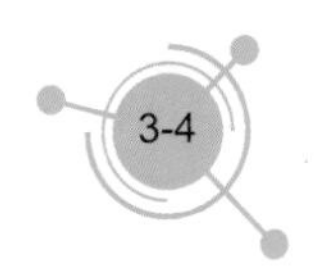

步驟 3-4：開始畫單偶極天線結構體

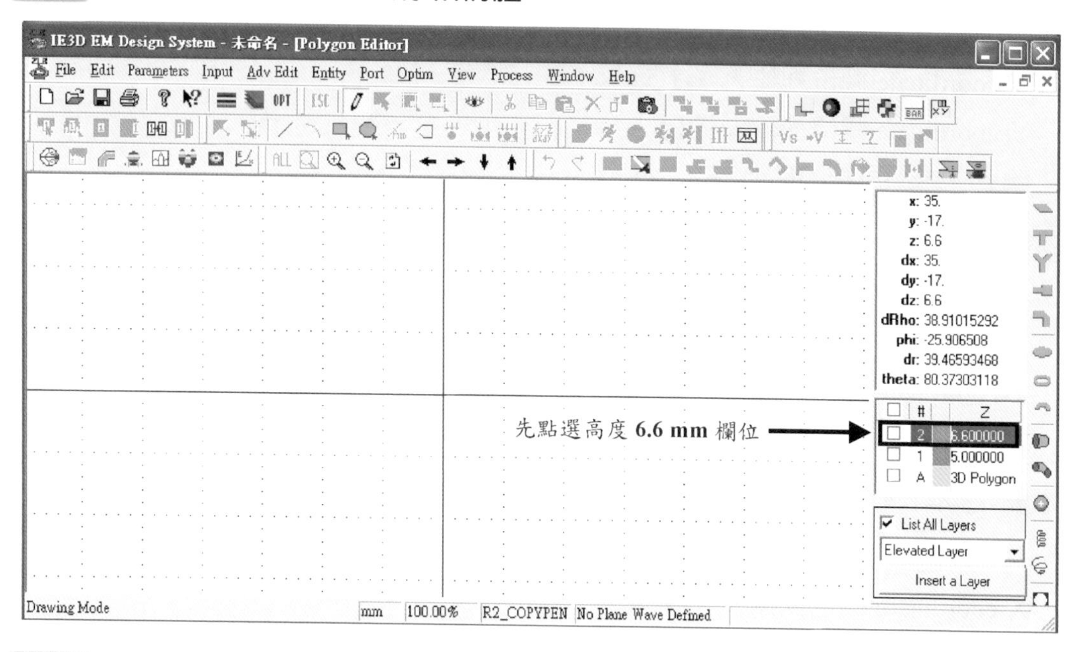

步驟 3-4-1：利用座標表示法繪畫

此天線結構利用座標表示法繪畫，會較爲簡單。

首先將滑鼠點到高度 **6.6 mm** 的地方再按鍵盤的『**Shift+A**』會出現以下畫面：

Keyboard Input Absolute Location

Saved Information

X-coordinate: -1.5 (mm) Get Saved X 0

Y-coordinate: -20 (mm) Get Saved Y 0

Edit Saved Point　OK　Cancel

步驟 3-4-1-1：

在 Keyboard Input Absolute Location 視窗：

X-coordinate 欄位裡輸入『-1.5』

Y-coordinate 欄位裡輸入『-20』

輸入完後即可按 OK。

步驟 3-4-1-2：

再一次進入 Keyboard Input Absolute Location 視窗：
X-coordinate 欄位裡輸入『-1.5』
Y-coordinate 欄位裡輸入『2』
輸入完後即可按 OK。

步驟 3-4-1-3：

再一次進入 Keyboard Input Absolute Location 視窗：
X-coordinate 欄位裡輸入『-5.5』
Y-coordinate 欄位裡輸入『2』
輸入完後即可按 OK。

步驟 3-4-1-4：

再一次進入 Keyboard Input Absolute Location 視窗：
X-coordinate 欄位裡輸入『-5.5』
Y-coordinate 欄位裡輸入『6.6』
輸入完後即可按 OK。

步驟 3-4-1-5：

再一次進入 Keyboard Input Absolute Location 視窗：
X-coordinate 欄位裡輸入『-0.5』
Y-coordinate 欄位裡輸入『6.6』
輸入完後即可按 OK。

步驟 3-4-1-6：

再一次進入 Keyboard Input Absolute Location 視窗：
X-coordinate 欄位裡輸入『-0.5』
Y-coordinate 欄位裡輸入『4』
輸入完後即可按 OK。

步驟 3-4-1-7：

再一次進入 Keyboard Input Absolute Location 視窗：
X-coordinate 欄位裡輸入『0.5』
Y-coordinate 欄位裡輸入『4』
輸入完後即可按 OK。

步驟 3-4-1-8：

再一次進入 Keyboard Input Absolute Location 視窗：
X-coordinate 欄位裡輸入『0.5』
Y-coordinate 欄位裡輸入『23.3』
輸入完後即可按 OK。

步驟 3-4-1-9：

再一次進入 Keyboard Input Absolute Location 視窗：
X-coordinate 欄位裡輸入『5.5』
Y-coordinate 欄位裡輸入『23.3』
輸入完後即可按 OK。

步驟 3-4-1-10：

再一次進入 Keyboard Input Absolute Location 視窗：
X-coordinate 欄位裡輸入『5.5』
Y-coordinate 欄位裡輸入『2』
輸入完後即可按 OK。

步驟 3-4-1-11：

再一次進入 Keyboard Input Absolute Location 視窗：
X-coordinate 欄位裡輸入『1.5』
Y-coordinate 欄位裡輸入『2』
輸入完後即可按 OK。

步驟 3-4-1-12：

再一次進入 Keyboard Input Absolute Location 視窗：
X-coordinate 欄位裡輸入『1.5』
Y-coordinate 欄位裡輸入『-3』
輸入完後即可按 OK。

步驟 3-4-1-13：

再一次進入 Keyboard Input Absolute Location 視窗：
X-coordinate 欄位裡輸入『4.9』
Y-coordinate 欄位裡輸入『-3』
輸入完後即可按 OK。

步驟 3-4-1-14：

再一次進入 Keyboard Input Absolute Location 視窗：
X-coordinate 欄位裡輸入『4.9』
Y-coordinate 欄位裡輸入『-6』
輸入完後即可按 OK。

步驟 3-4-1-15：

再一次進入 Keyboard Input Absolute Location 視窗：
X-coordinate 欄位裡輸入『1.5』
Y-coordinate 欄位裡輸入『-6』
輸入完後即可按 OK。

步驟 3-4-1-16：

再一次進入 Keyboard Input Absolute Location 視窗：
X-coordinate 欄位裡輸入『1.5』
Y-coordinate 欄位裡輸入『-20』
輸入完後即可按 OK。

步驟 3-4-1-17：

再一次進入 Keyboard Input Absolute Location 視窗：
X-coordinate 欄位裡輸入『-1.5』
Y-coordinate 欄位裡輸入『-20』
輸入完後即可按 OK。

若出現以下疑問視窗，問是否要將它連接起來，請按『是(Y)』將它連接起來。

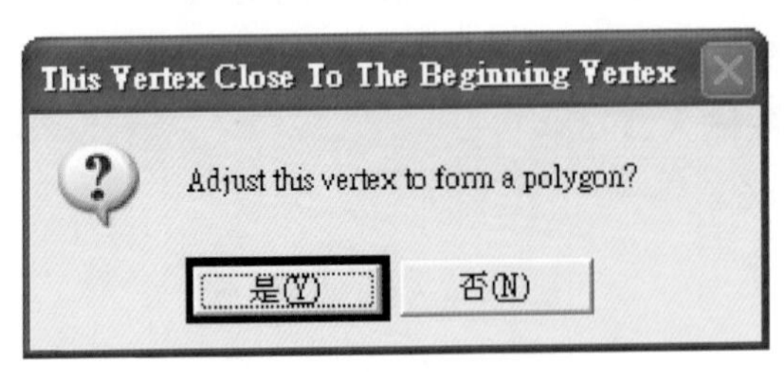

之後會出現以下圖形。按畫面中的 ALL 按鈕可以看全圖。

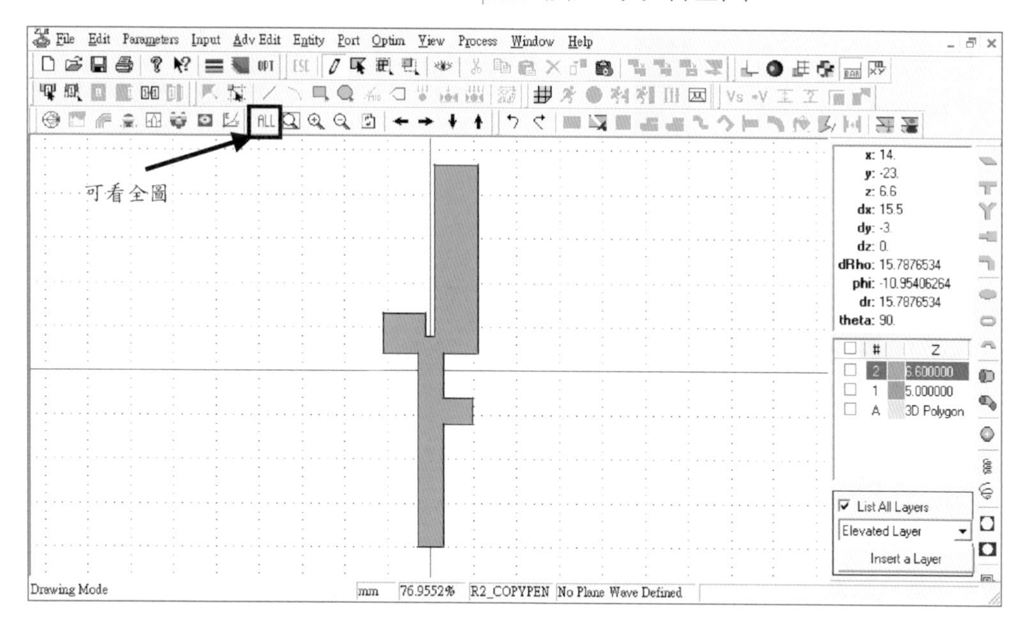

步驟 3-4-2：**開始畫有限大接地(ground)**

將滑鼠移到

☐	#	Z
☐	2	6.600000
☐	1	5.000000
☐	A	3D Polygon

點選綠色的部份將它反藍。

開始繪製接地 **ground** 之部分，從“**Entity**”中選取“**Rectangle**”視窗：

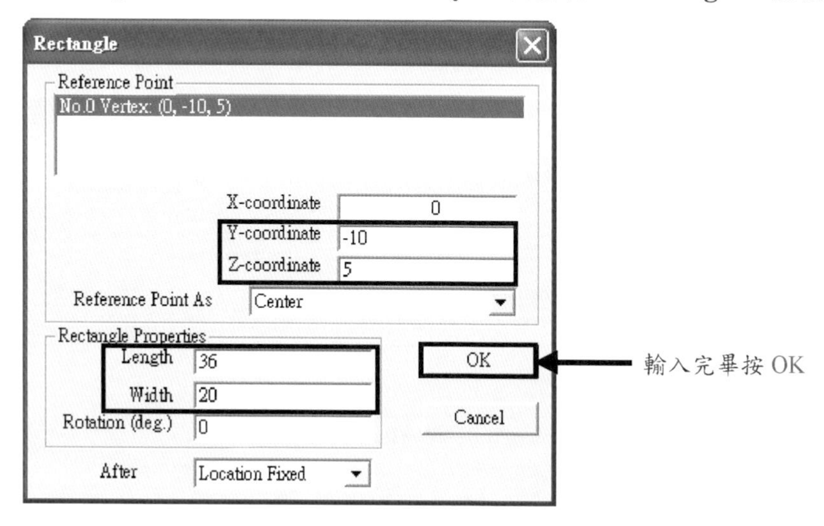

之後會出現以下畫面：

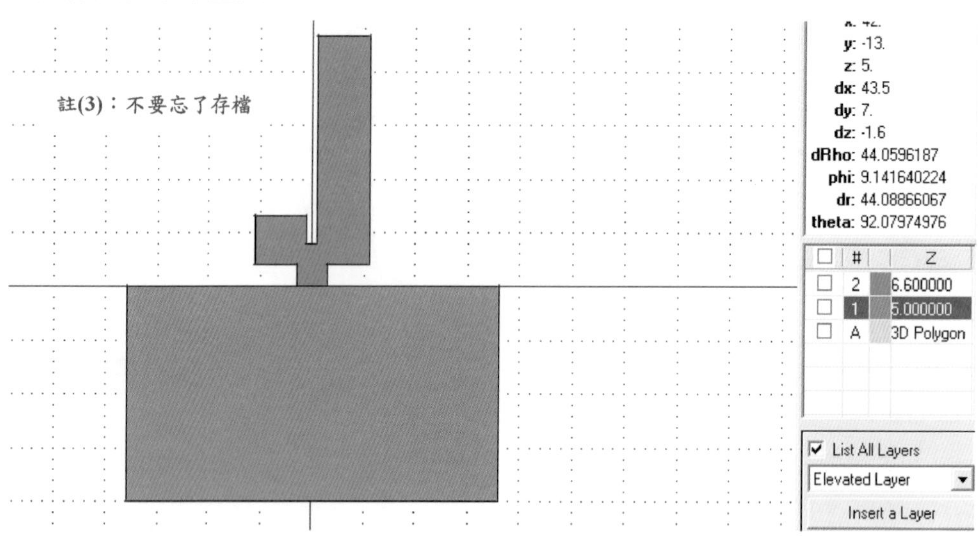

步驟 3-5：設定 Probe(饋入點)

這次模擬所設定的饋入點與之前不同，是使用(微帶線饋入)，請依照以下步驟即可完成。

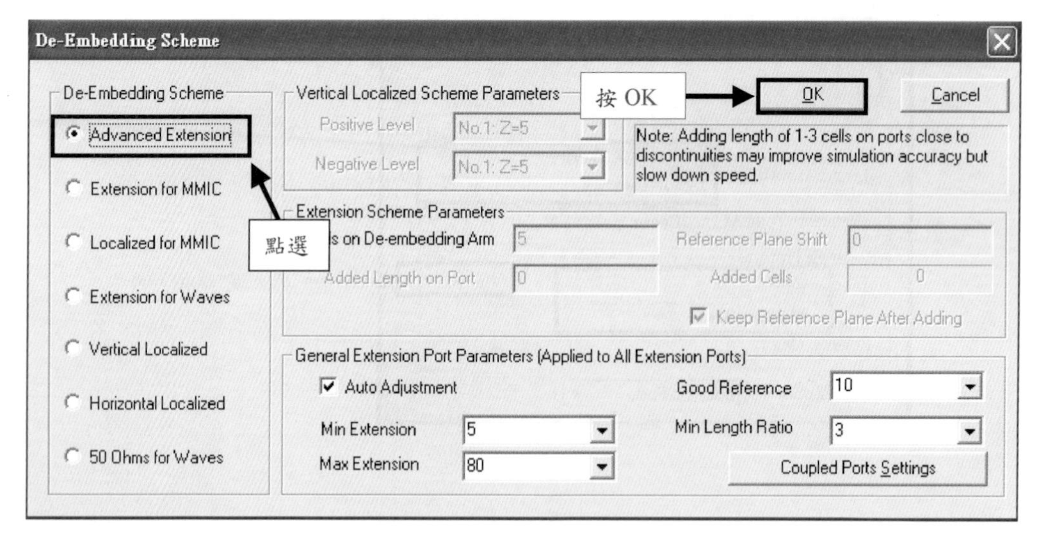

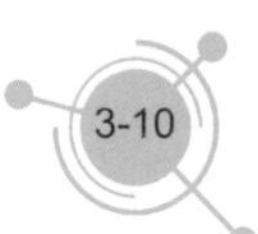

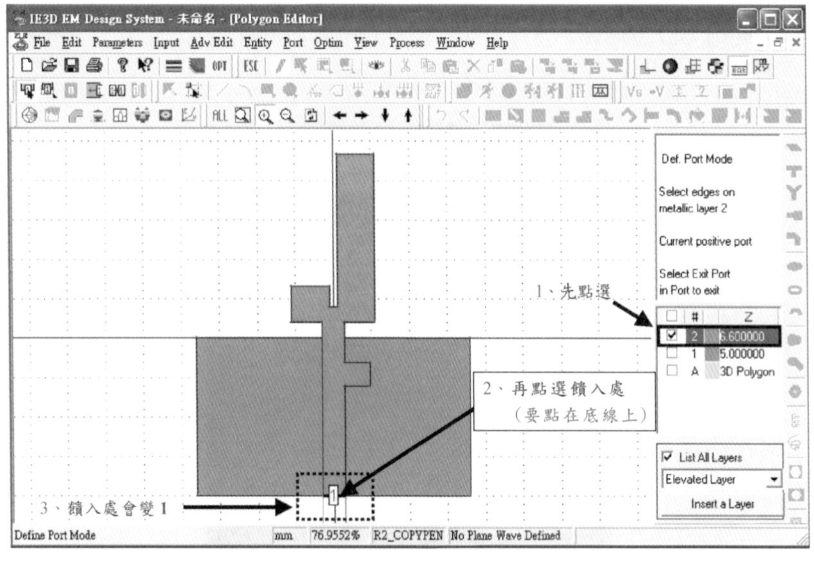
IE3D EM Design System - 未命名 - [Polygon Editor]
File Edit Parameters Input Adv Edit Entity Port Optim View Process Window Help
Def. Port Mode
Select edges on metallic layer 2
Current positive port
Select Exit Port in Port to exit
1、先點選
2、再點選饋入處
（要點在底線上）
3、饋入處會變1
List All Layers
Elevated Layer
Insert a Layer
Define Port Mode

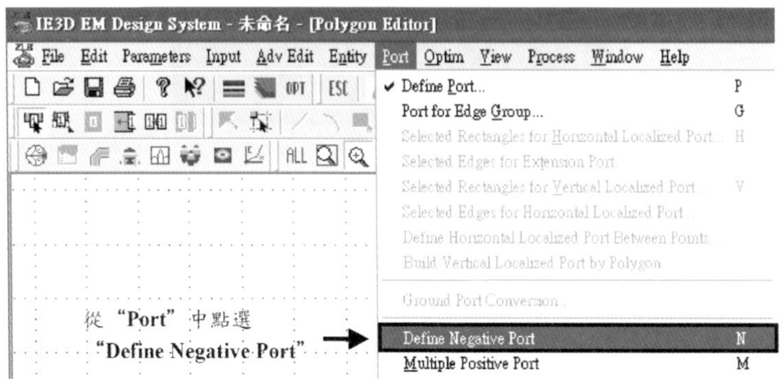
IE3D EM Design System - 未命名 - [Polygon Editor]
Define Port...
Port for Edge Group...
從"Port"中點選
"Define Negative Port"
Define Negative Port
Multiple Positive Port

依照以下圖示步驟：

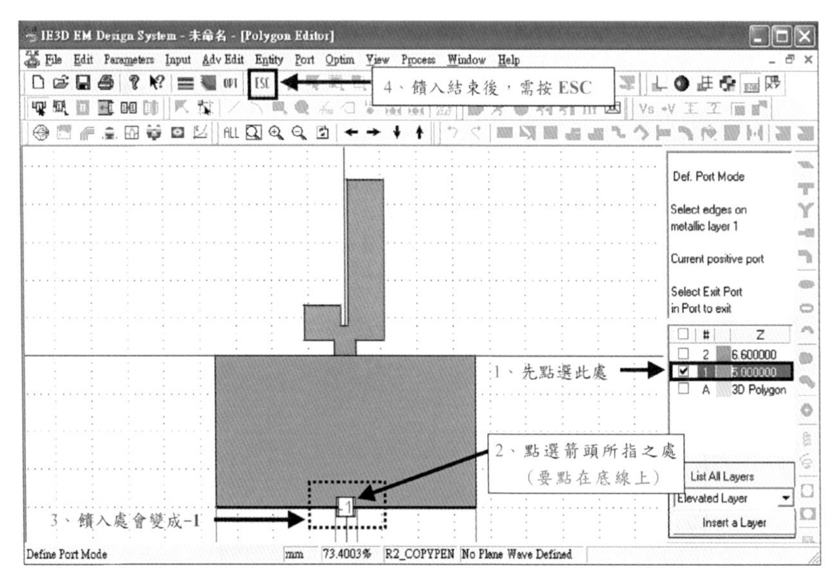
IE3D EM Design System - 未命名 - [Polygon Editor]
4、饋入結束後，需按 ESC
Def. Port Mode
Select edges on metallic layer 1
Current positive port
Select Exit Port in Port to exit
1、先點選此處
2、點選箭頭所指之處
（要點在底線上）
3、饋入處會變成-1
List All Layers
Elevated Layer
Insert a Layer
Define Port Mode

步驟 3-6：觀看 3D View

參考步驟 1-10

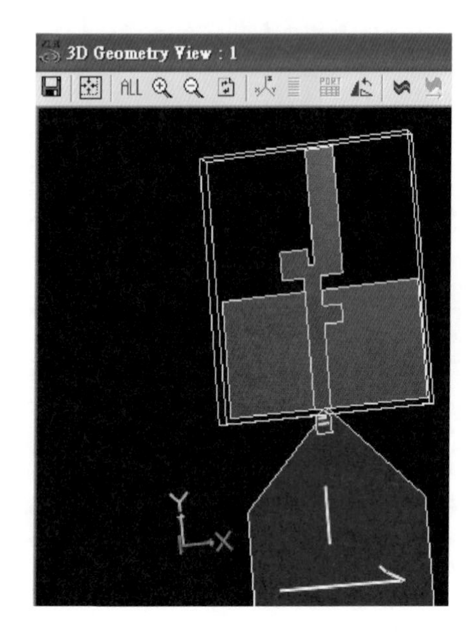

步驟 3-7：模擬天線

參考步驟 1-11

在點入 [icon] 後，若出現以下疑問視窗，點“**No Change**”便可進入“**Simulation Setup**”。

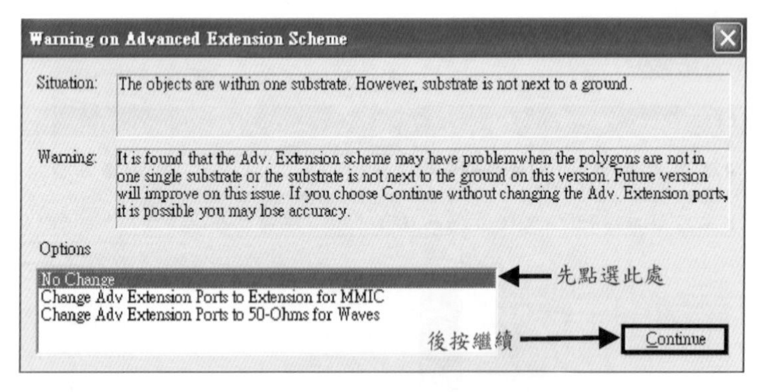

(I) 輸入頻率與點數，按 OK 之後請將所有點數選取。

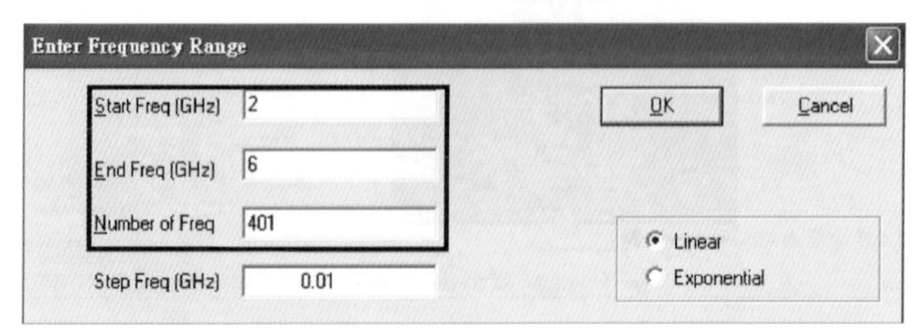

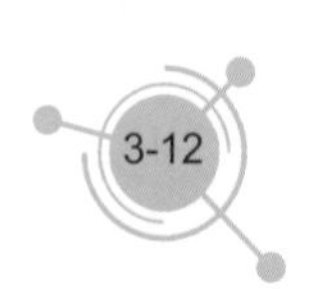

(II) 檢查 Width 是否接近 0.02，結束後按 OK。

Automatic Meshing Parameters
Basic Parameters
Highest Frequency (GHz): 6
Cells per Wavelength 10
Estimated Max Cell Size 3.37635
Low Freq Setting Nf=3 at 0.0012 GHz
Meshing Scheme Classical
Rectanglizations 3 Times
Enable FASTA Edit FASTA Parameters
FASTA Info (4/0/1/0.7/-0.5/1)
FASTA (Full-wave Accelerated Simulation Technology Algorithm) allows you to efficiently get results with slightly lower accuracy.
Meshing Optimization Merge Polygons
Remove Vertices on Curvature
Warning Limit 5000 Not Exceeded!
Automatic Edge Cells Parameters
AEC Layers 1 Multi-Layer Ratio 0.4
AEC Ratio 0.006 Width 0.0202581
AEC Level Applied to open edges only

都設定完後回到 **Simulation Setup** 視窗並開始模擬。

若出現以下視窗，按 **Continue**。

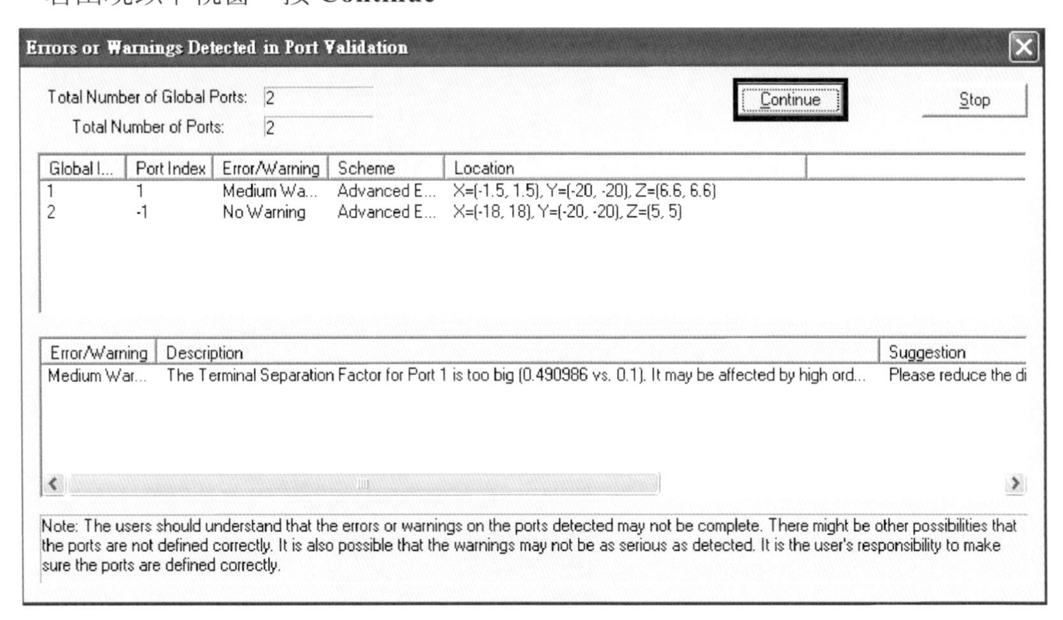

步驟 3-8：顯示 S11 圖

參考步驟 1-12-1

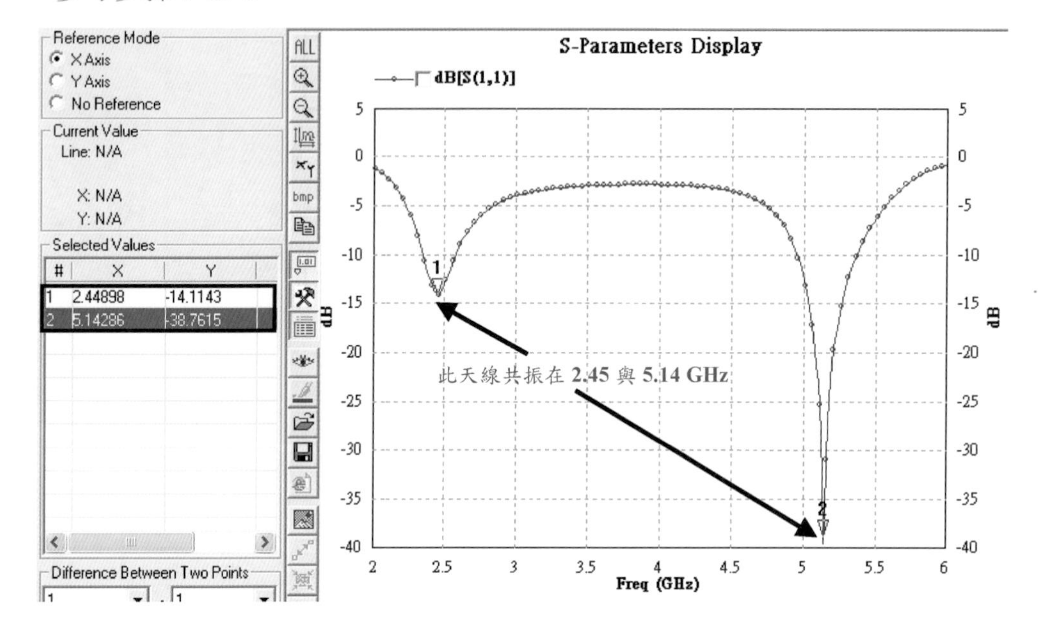

步驟 3-9：顯示史密斯圖

參考步驟 1-12-3

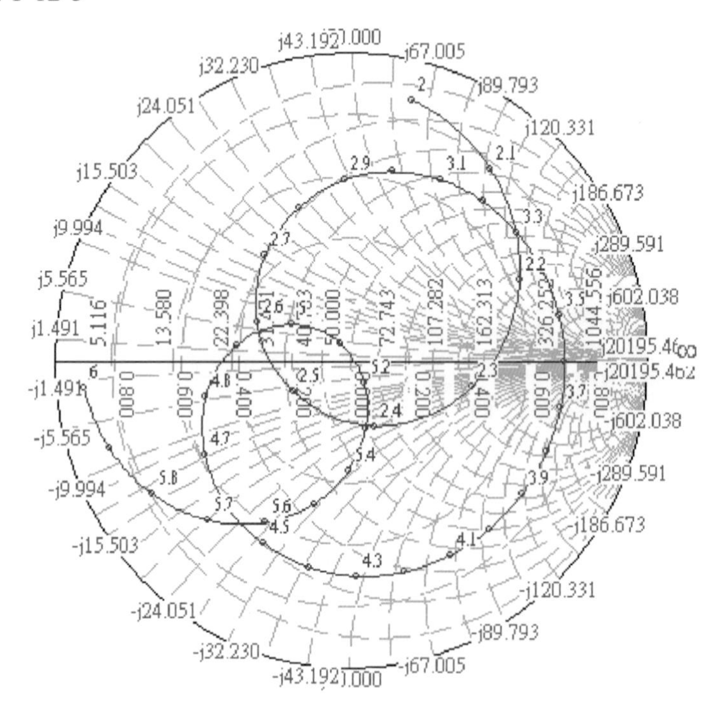

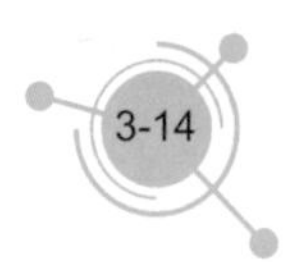

步驟 3-10：顯示阻抗關係圖

參考步驟 1-12-4

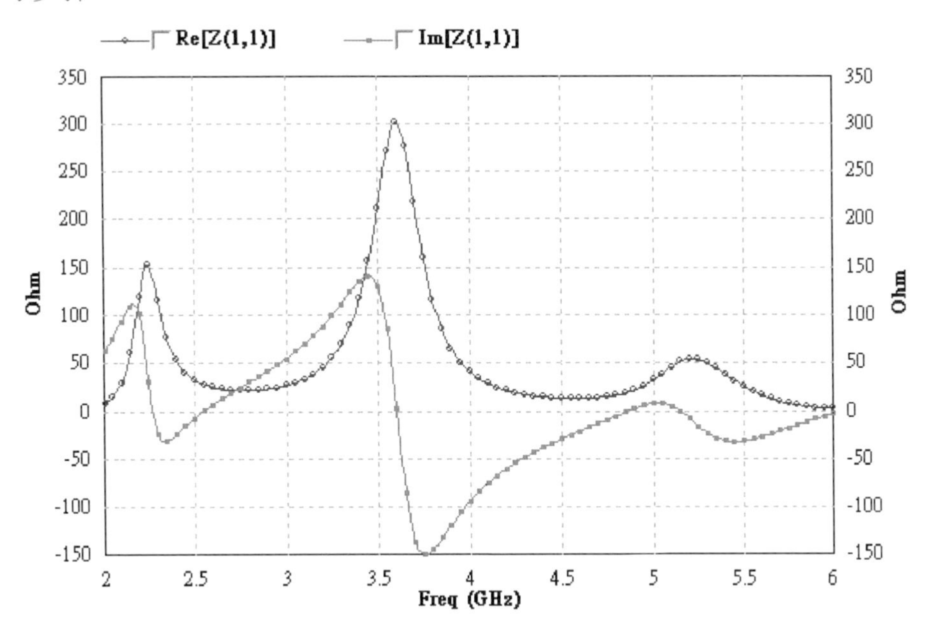

步驟 3-11：顯示 VSWR 的關係圖

參考步驟 1-12-6

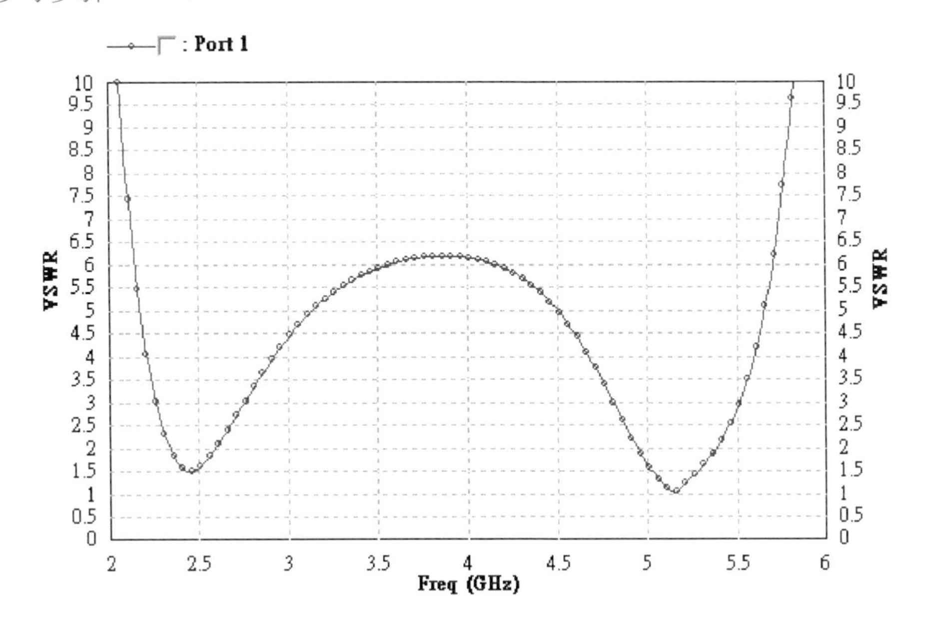

進入下一個步驟(參考步驟 1-13)，可將兩個所要模擬的頻率放在一起，如下圖：

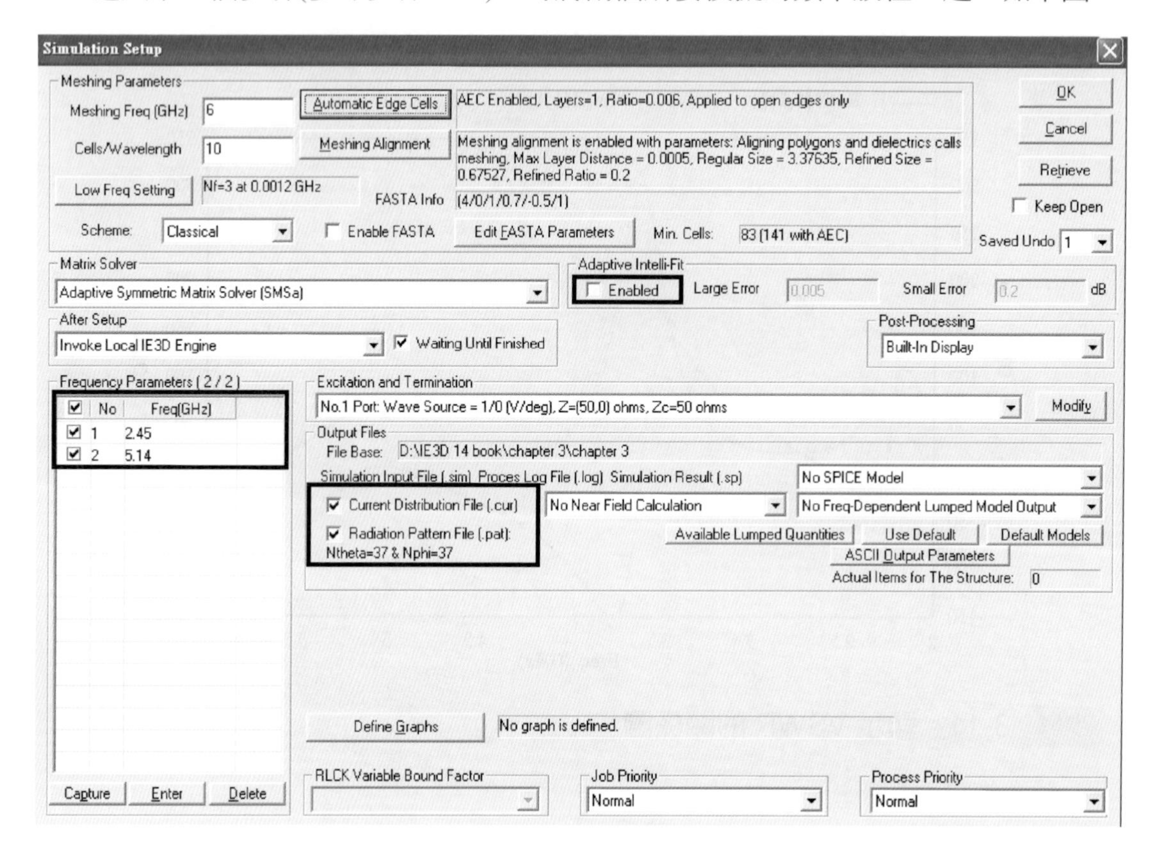

步驟 3-12：取得輻射場型

參考步驟 1-13

註(4)：E-plane 與 H-plane 是分別取得。

E-plane (X-Z Plane)　(上圖爲 2.45 GHz，下圖爲 5.14 GHz)

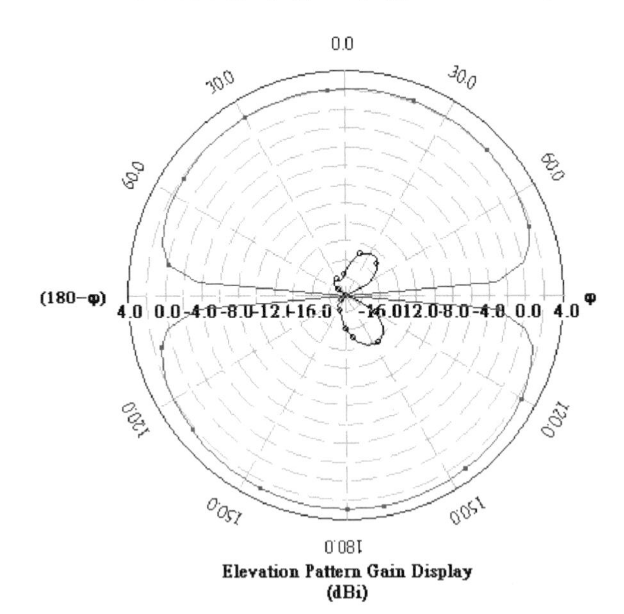

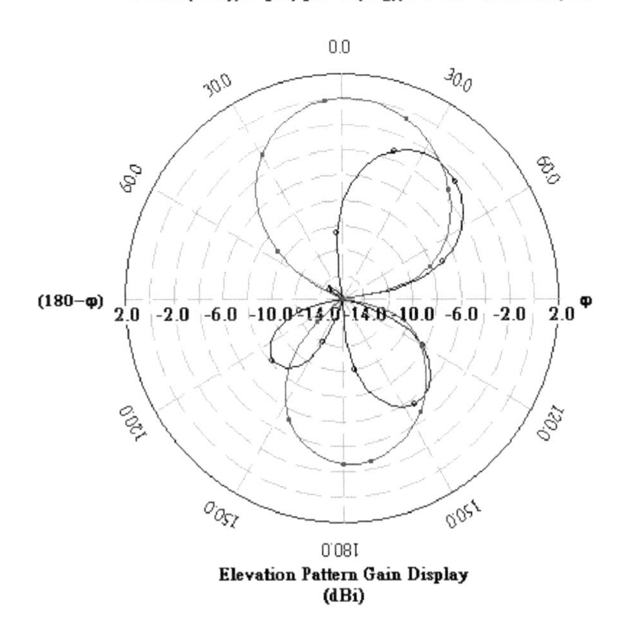

H-plane (Y-Z Plane)　(上圖為 2.45 GHz，下圖為 5.14 GHz)

f=2.45(GHz), E-theta, phi=90 (deg), PG=2.71155 dB, AG=-0.661477 dB
f=2.45(GHz), E-phi, phi=90 (deg), PG=-15.6831 dB, AG=-17.475 dB

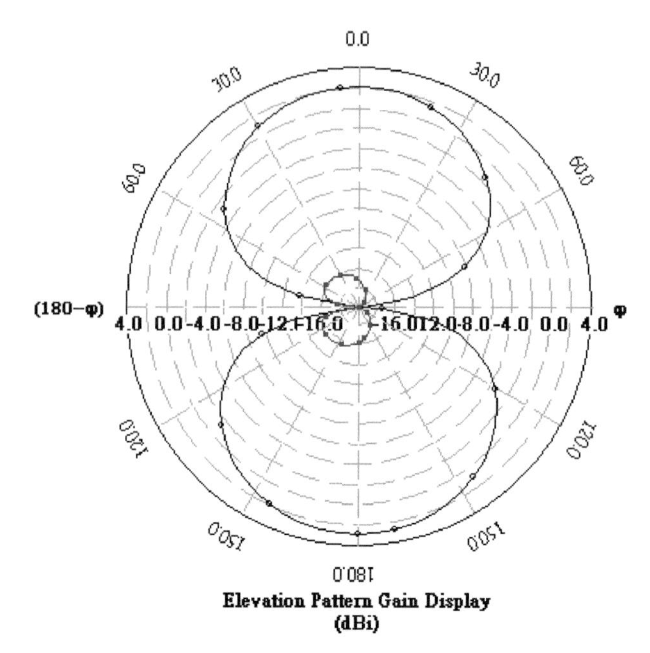

Elevation Pattern Gain Display
(dBi)

f=5.14(GHz), E-theta, phi=90 (deg), PG=2.69943 dB, AG=-1.86568 dB
f=5.14(GHz), E-phi, phi=90 (deg), PG=-6.2636 dB, AG=-11.1255 dB

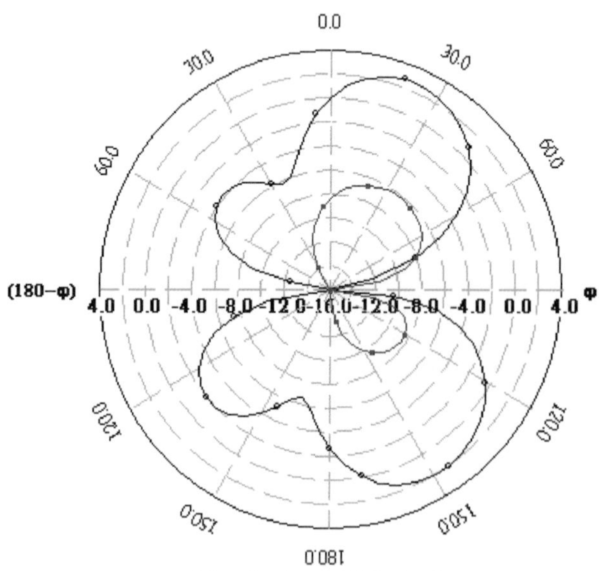

Elevation Pattern Gain Display
(dBi)

(X-Y Plane)　　(上圖爲 2.45 GHz，下圖爲 5.14 GHz)

f=2.45(GHz), E-theta, theta=90 (deg), PG=-70.3484 dB, AG=-75.3485 dB
f=2.45(GHz), E-phi, theta=90 (deg), PG=-60.6548 dB, AG=-63.6263 dB

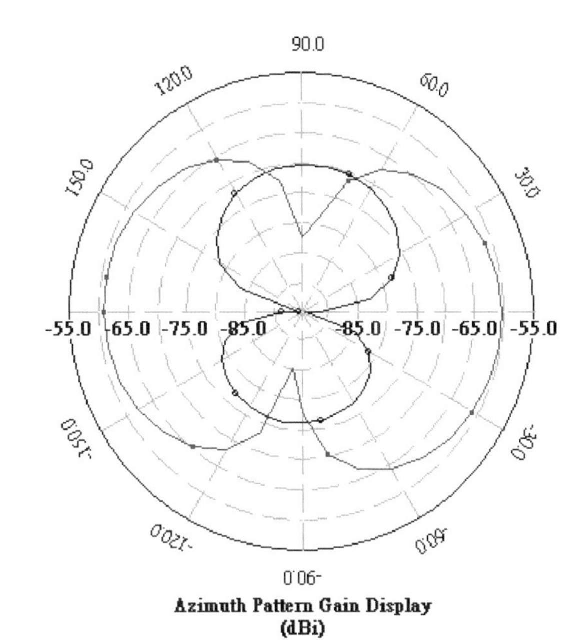

f=5.14(GHz), E-theta, theta=90 (deg), PG=-71.6095 dB, AG=-76.0285 dB
f=5.14(GHz), E-phi, theta=90 (deg), PG=-69.4559 dB, AG=-73.8769 dB

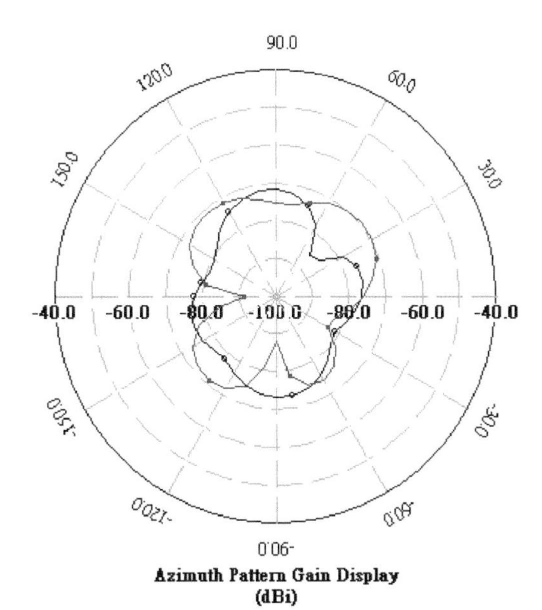

步驟 3-13：模擬 3D 場型圖

參考步驟 1-14

(上圖為 2.45 GHz，下圖為 5.14 GHz)

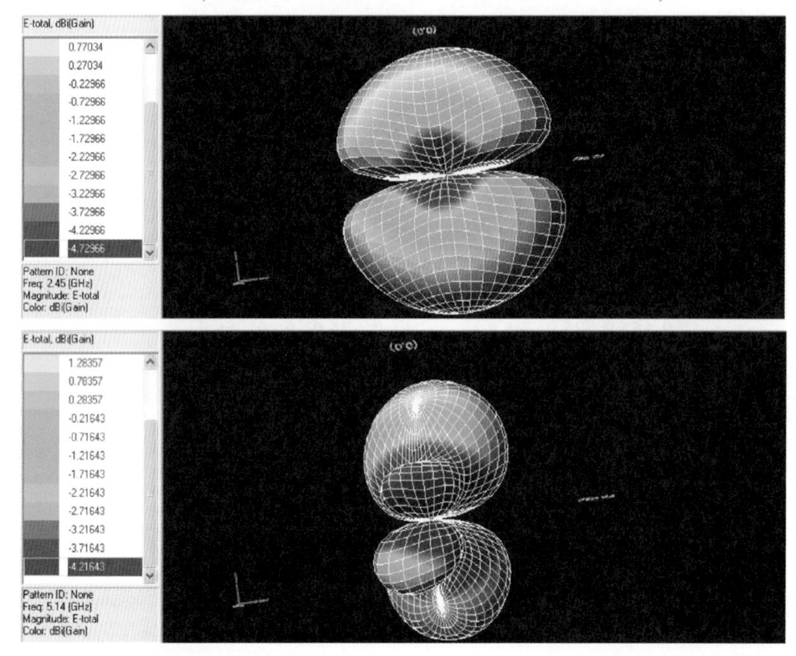

步驟 3-14：模擬電流分布

參考步驟 1-15

(上圖為 2.45 GHz，下圖為 5.17 GHz)

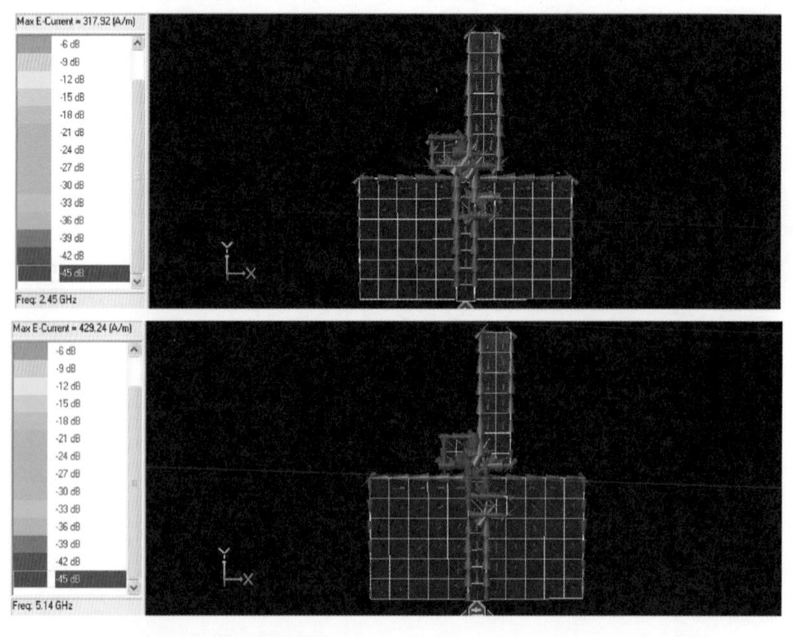

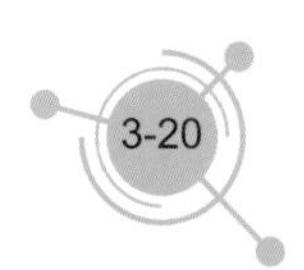

 問題與討論：

Q1：要如何將所模擬的天線在不同的參數下呈現在一起？尤其是 S11 與 Smith Chart？

Ans：請看以下範例：

(I) 首先，我們將右邊的單偶極天線作修改如下：

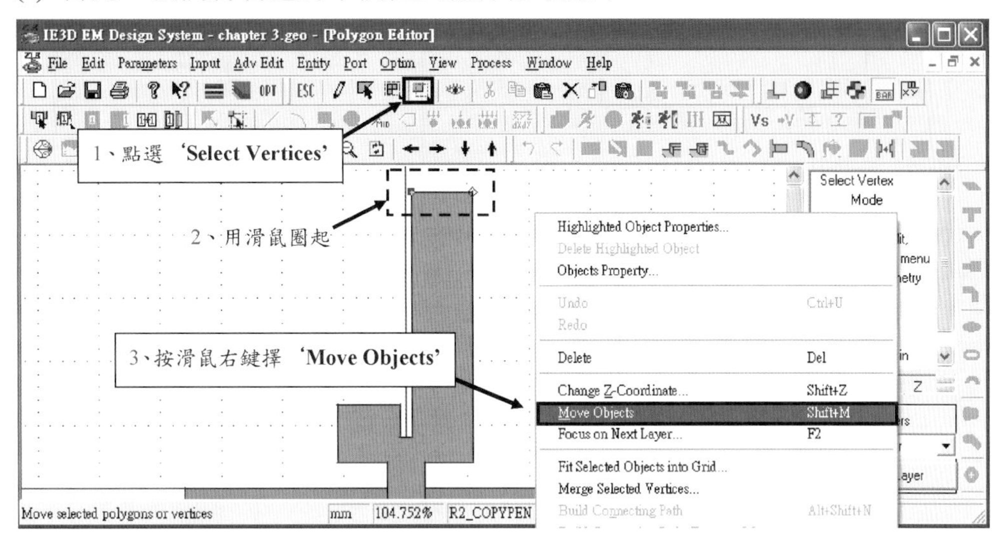

關於"Move Objects"，請看第二章的問題與討論。

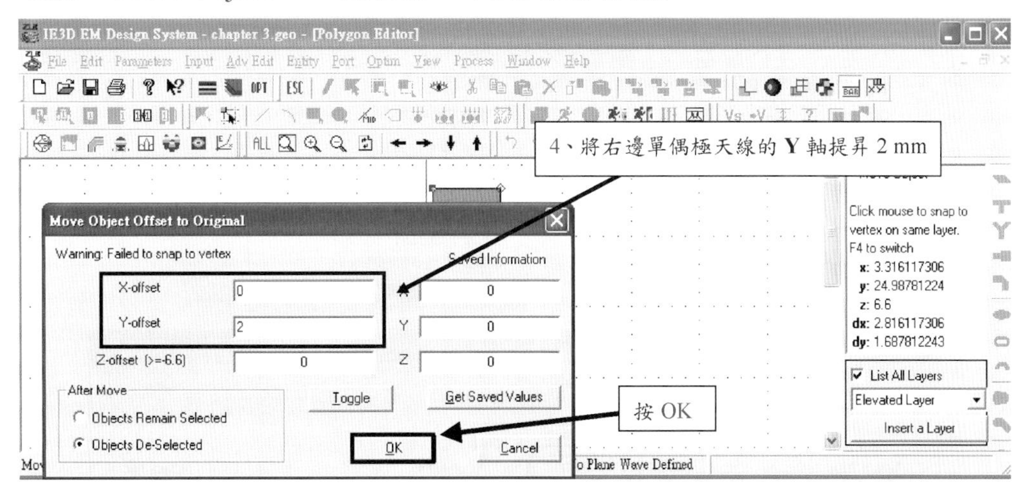

(II) 將檔案存爲 **"chapter3-Yplus2"**，再重新按 ，模擬從 **2** 到 **6** GHz，**401** 點。

註：可能要重複步驟 3-7。

(III) 重新利用 **"Move Objects"**，這次將右邊單偶極天線(增加 2 mm 後)的 **Y** 軸降低 4 mm。

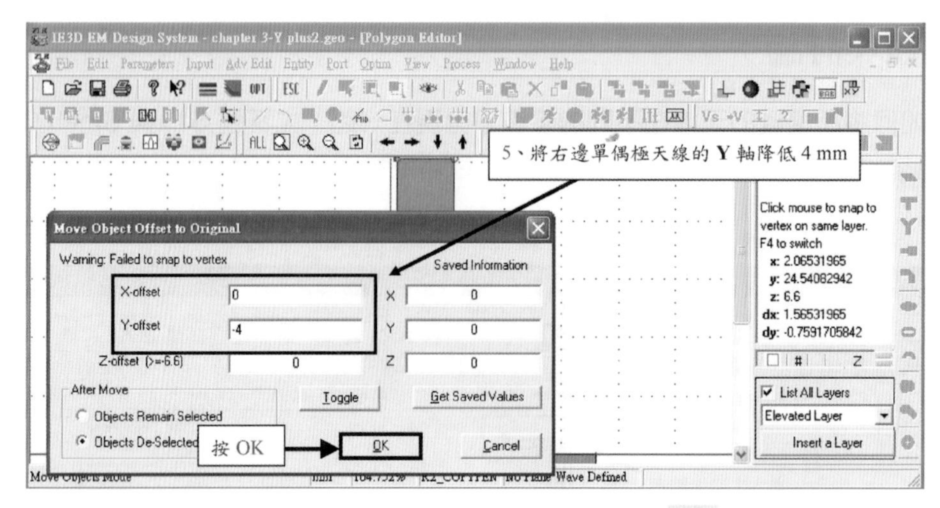

(IV) 將檔案存爲“**chapter3-Yminus2**”，再重新按 ，模擬從 2 到 6 GHz，401 點。

(V) 此刻，已經有三個.sp 檔案分別爲“chapter3-Yminus2”，“chapter3”與“chapter3-Yplus2”。

然後從“**View**”中點選“**Display Queue Items**”。(可以在以上的任何檔案中作以下的 **Queue** 動作)

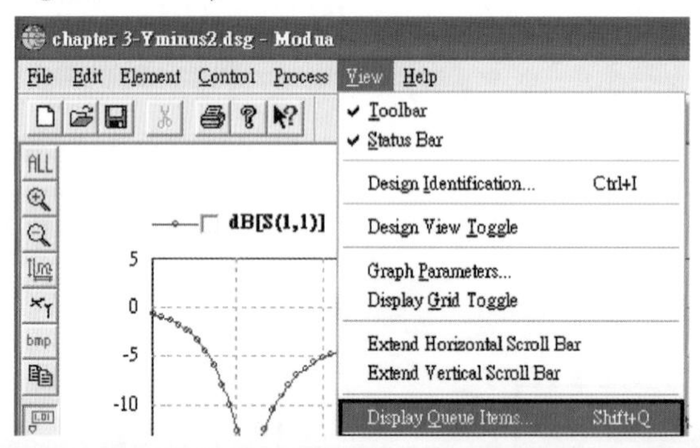

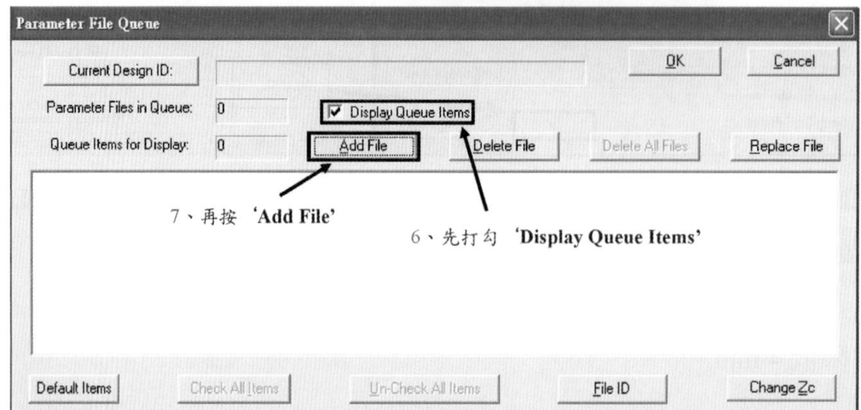

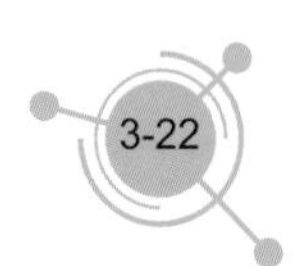

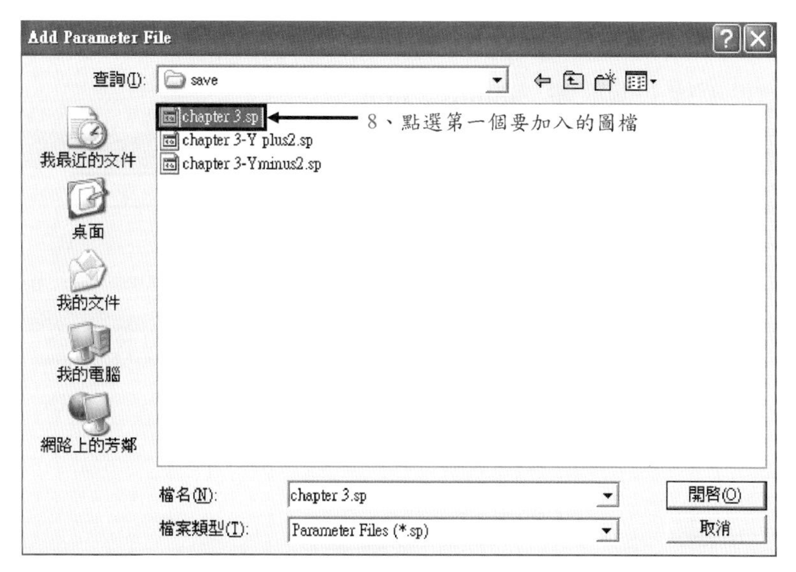

Parameter File Queue

Current Design ID:　　OK　　Cancel

Parameter Files in Queue: 1　　Display Queue Items

Queue Items for Display: 1　　Add File　　Delete File　　Delete All Files　　Replace File

No.1 (1 Items), File=D:\IE3D 14 book\chapter 3\save\chapter 3.sp (ID: chapter 3), Nport=1, 50-Ohm Norm.

表示已加了一個新圖檔

Default Items　　Check All Items　　Un-Check All Items　　File ID　　Change Zc

(VI) 重複步驟(V)之 7-8，點選第二個要加入的圖檔“chapter3-Yplus2.sp”。

Parameter File Queue

Current Design ID:　　OK　　Cancel

Parameter Files in Queue: 2　　Display Queue Items

Queue Items for Display: 2　　Add File　　Delete File　　Delete All Files　　Replace File

No.1 (1 Items), File=D:\IE3D 14 book\chapter 3\save\chapter 3.sp (ID: chapter 3), Nport=1, 50-Ohm Norm.
No.2 (1 Items), File=D:\IE3D 14 book\chapter 3\save\chapter 3-Y plus2.sp (ID: chapter 3-Y plus2), Nport=1, 50-Ohm Norm.

Default Items　　Check All Items　　Un-Check All Items　　File ID　　Change Zc

(VII) 重複步驟(V)之 7-8，點選第三個要加入的圖檔“chapter3-Yminus2.sp”。給這個圖檔一個稱號“**minus 2 mm**”。

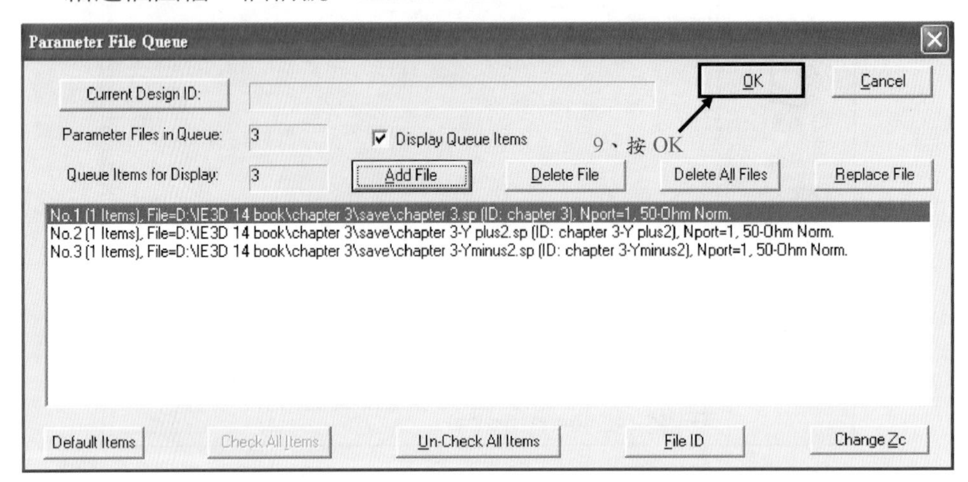

會出現以下 **S11** 的參數改變趨勢圖：

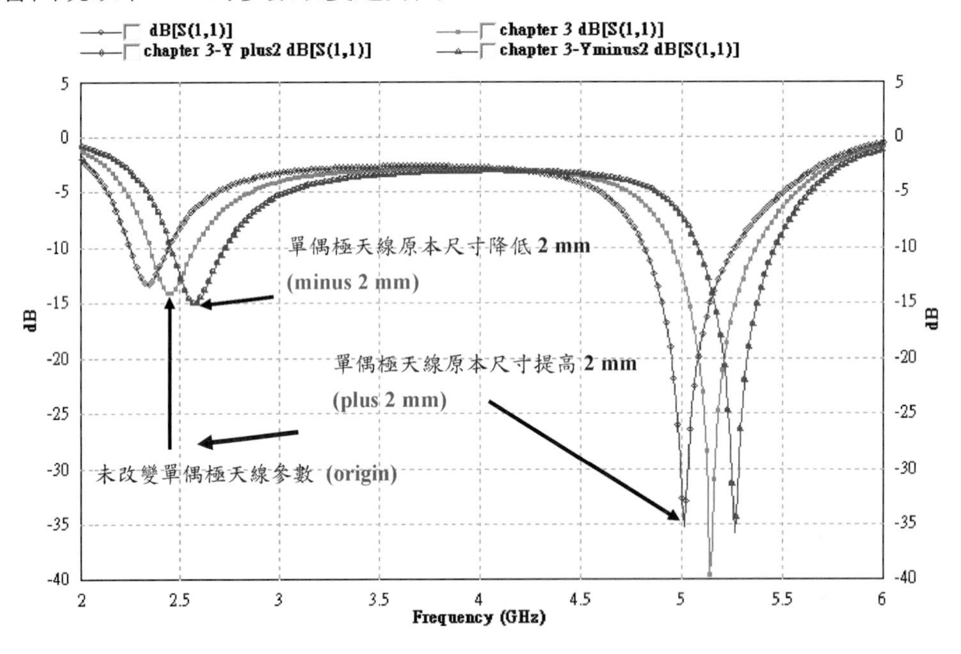

從以上的趨勢圖便可得知改變此單偶極天線的尺寸(右手邊)，會降低或提高此天線的諧振頻率。

註(4)：從這個視窗，可重複步驟 1-12-3 至 1-12-7 來得知 Smith Chart，Impedance 與 VSWR 之趨勢圖。

註(5)：若 origin(綠線)出現一條 2.45 至 5.17GHz 之直線，這表示您必須重複模擬天線(重複步驟 3-7)。

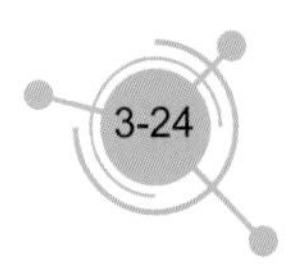

實體與模擬 S11 的比較：

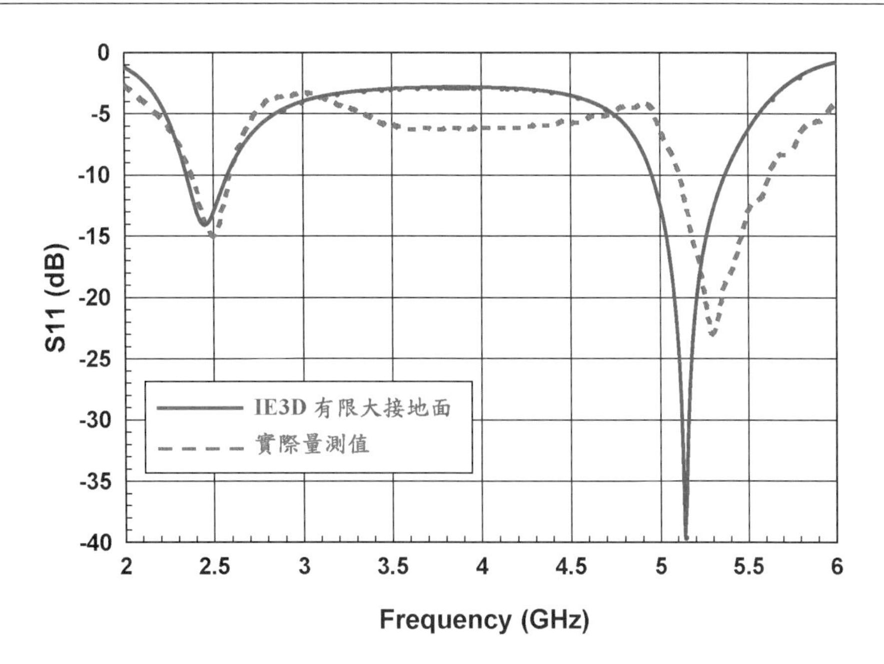

CHAPTER 4

C 型共平面 (CPW) 雙頻天線

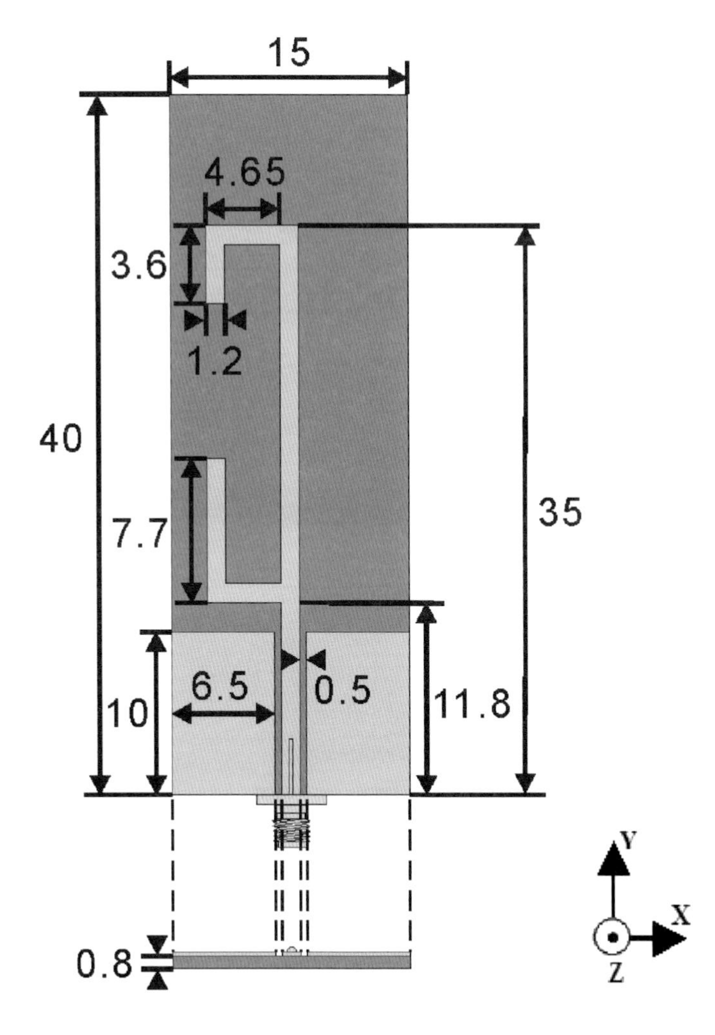

實驗目的

製作出一個操作在 2.4 GHz 與 5.2 GHz 之 C 型共平面(CPW)雙頻天線。

參　數

使用 FR4 電路板，高度為 0.8 mm，介電係數 = 4.4。同軸 SMA 接頭的半徑為 0.65 mm。

模擬步驟

重複第三章步驟之 3-1 到 3-2：

註(1)：此章節的天線介質高度為 0.8 mm。

步驟 4-1：設介質參數

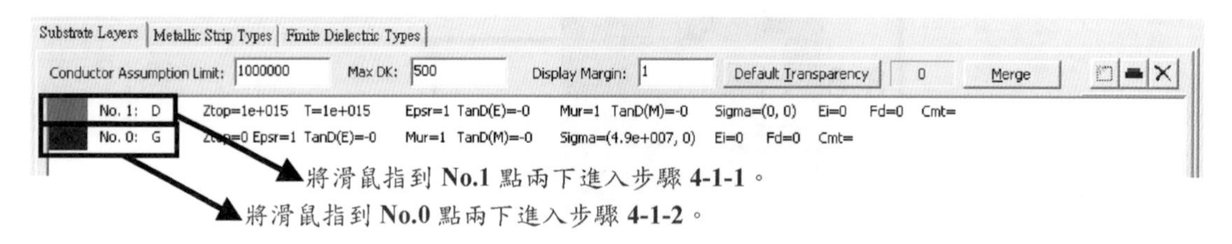

步驟 4-1-1：設定 No. 1；FR4 參數

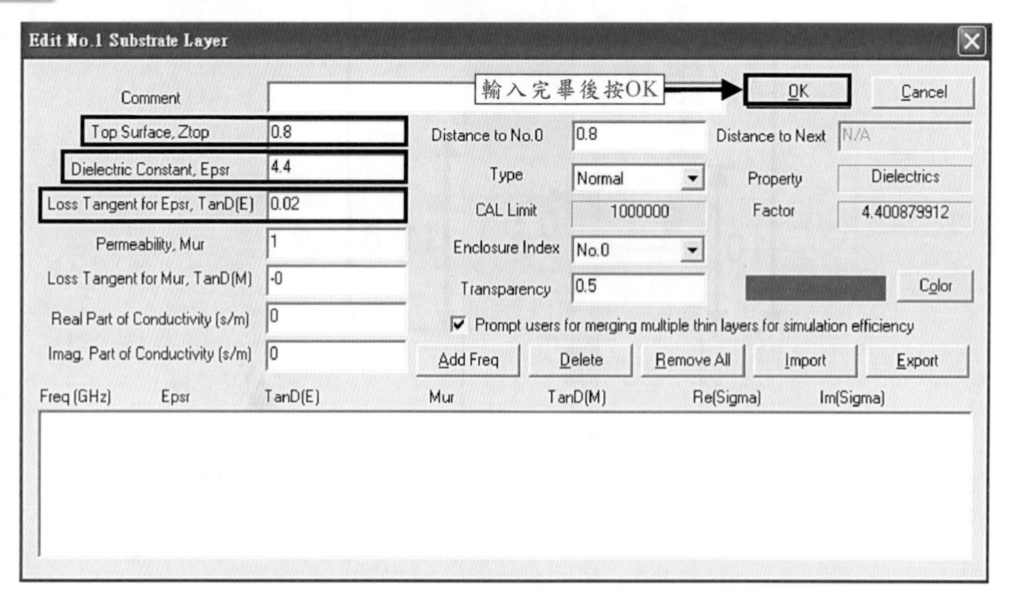

步驟 4-1-2：設定 No. 0：Ground 參數

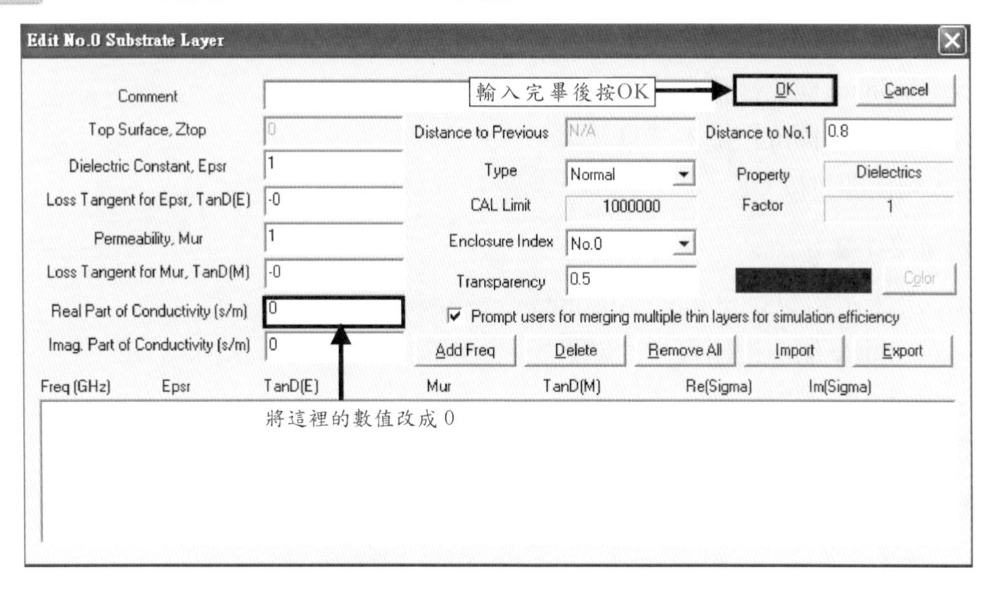

步驟 4-2：開始畫天線結構體

先點選高度 0.8 mm 的欄位

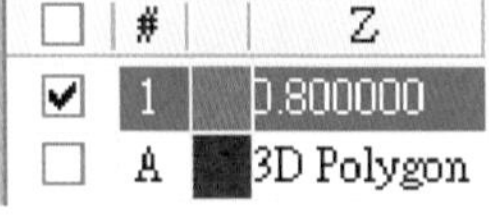

步驟 4-2-1：使用座標表示法繪畫

此天線的圖形可使用“座標表示法”繪畫。首先按鍵盤的『**Shift+A**』會出現以下畫面：

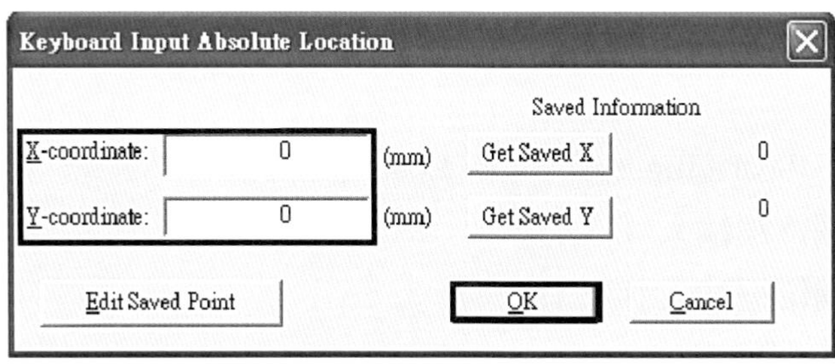

步驟 4-2-1-1：

在 Keyboard Input Absolute Location 視窗：

X-coordinate 欄位裡輸入『0』

Y-coordinate 欄位裡輸入『0』

輸入完後即可按 OK。

步驟 4-2-1-2：

再一次進入 Keyboard Input Absolute Location 視窗：
X-coordinate 欄位裡輸入『0』
Y-coordinate 欄位裡輸入『11.8』
輸入完後即可按 OK。

步驟 4-2-1-3：

再一次進入 Keyboard Input Absolute Location 視窗：
X-coordinate 欄位裡輸入『-4.65』
Y-coordinate 欄位裡輸入『11.8』
輸入完後即可按 OK。

步驟 4-2-1-4：

再一次進入 Keyboard Input Absolute Location 視窗：
X-coordinate 欄位裡輸入『-4.65』
Y-coordinate 欄位裡輸入『20.7』
輸入完後即可按 OK。

步驟 4-2-1-5：

再一次進入 Keyboard Input Absolute Location 視窗：
X-coordinate 欄位裡輸入『-3.45』
Y-coordinate 欄位裡輸入『20.7』
輸入完後即可按 OK。

步驟 4-2-1-6：

再一次進入 Keyboard Input Absolute Location 視窗：
X-coordinate 欄位裡輸入『-3.45』
Y-coordinate 欄位裡輸入『13』
輸入完後即可按 OK。

步驟 4-2-1-7：

再一次進入 Keyboard Input Absolute Location 視窗：
X-coordinate 欄位裡輸入『0』
Y-coordinate 欄位裡輸入『13』
輸入完後即可按 OK。

步驟 4-2-1-8：

再一次進入 Keyboard Input Absolute Location 視窗：
X-coordinate 欄位裡輸入『0』
Y-coordinate 欄位裡輸入『33.8』
輸入完後即可按 OK。

步驟 4-2-1-9：

再一次進入 Keyboard Input Absolute Location 視窗：
X-coordinate 欄位裡輸入『-3.45』
Y-coordinate 欄位裡輸入『33.8』
輸入完後即可按 OK。

步驟 4-2-1-10：

再一次進入 Keyboard Input Absolute Location 視窗：
X-coordinate 欄位裡輸入『-3.45』
Y-coordinate 欄位裡輸入『30.2』
輸入完後即可按 OK。

步驟 4-2-1-11：

再一次進入 Keyboard Input Absolute Location 視窗：
X-coordinate 欄位裡輸入『-4.65』
Y-coordinate 欄位裡輸入『30.2』
輸入完後即可按 OK。

步驟 4-2-1-12：

再一次進入 Keyboard Input Absolute Location 視窗：
X-coordinate 欄位裡輸入『-4.65』
Y-coordinate 欄位裡輸入『35』
輸入完後即可按 OK。

步驟 4-2-1-13：

再一次進入 Keyboard Input Absolute Location 視窗：
X-coordinate 欄位裡輸入『1.2』
Y-coordinate 欄位裡輸入『35』
輸入完後即可按 OK。

步驟 4-2-1-14：

再一次進入 Keyboard Input Absolute Location 視窗：
X-coordinate 欄位裡輸入『1.2』
Y-coordinate 欄位裡輸入『0』
輸入完後即可按 OK。

步驟 4-2-1-15：

再一次進入 Keyboard Input Absolute Location 視窗：
X-coordinate 欄位裡輸入『0』
Y-coordinate 欄位裡輸入『0』
輸入完後即可按 OK。

若出現以下疑問視窗，問是否要將它連接起來，請按『是(Y)』將它連接起來。

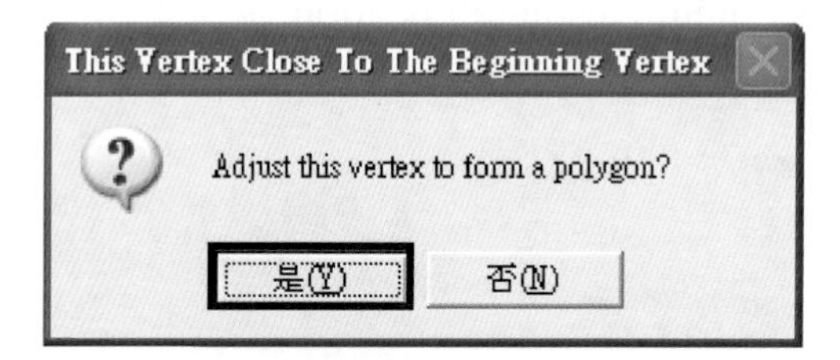

之後會出現以下圖形：可按畫面中的 ALL 按鈕看全圖。

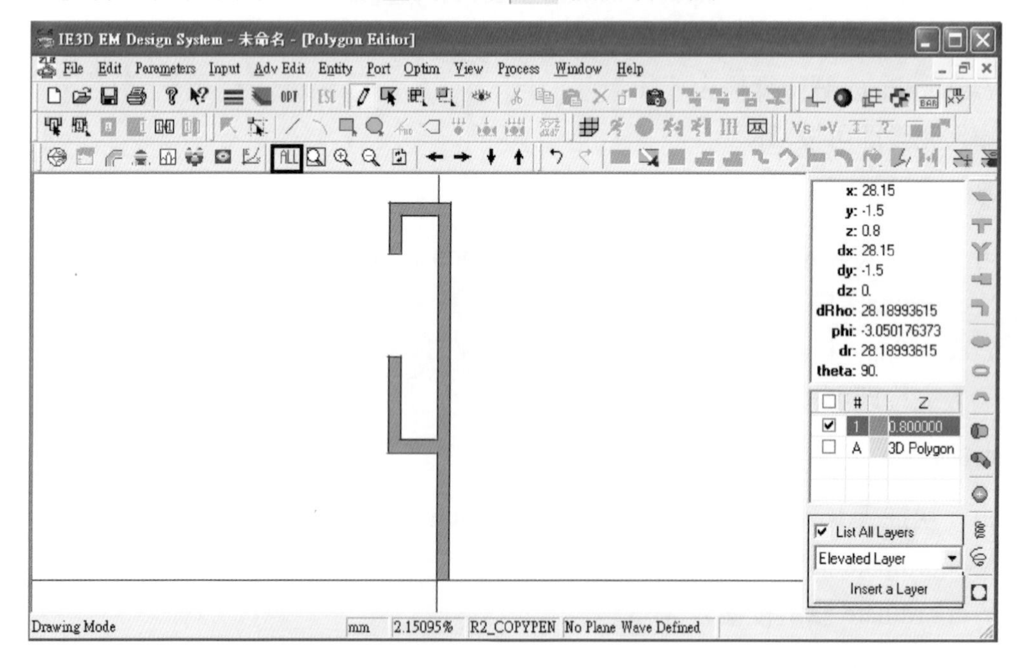

註(2)：若在步驟 4-2 有任何座標輸入錯誤，可在畫面上按滑鼠右健，點選“Drop Last Vertex”。

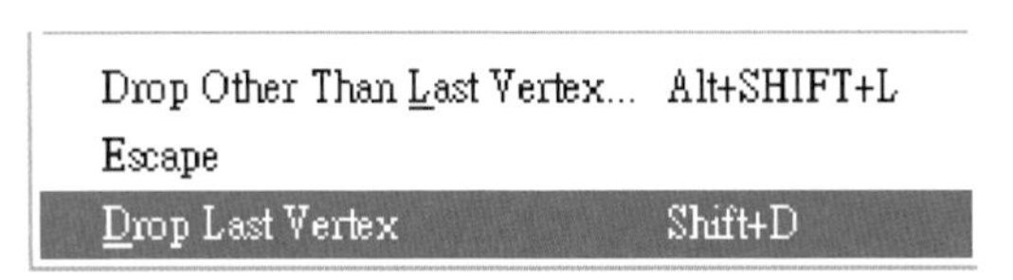

步驟 4-2-2：繪製 Ground(接地面)

從“**Entity**”中選取“**Rectangle**”。

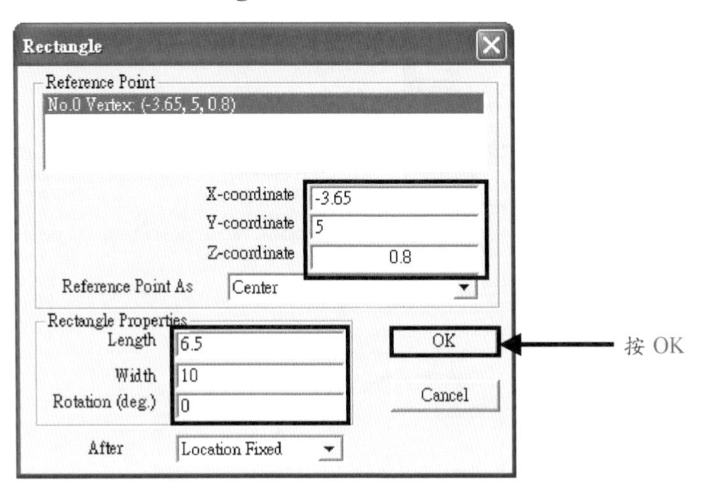

之後會出現以下圖形：

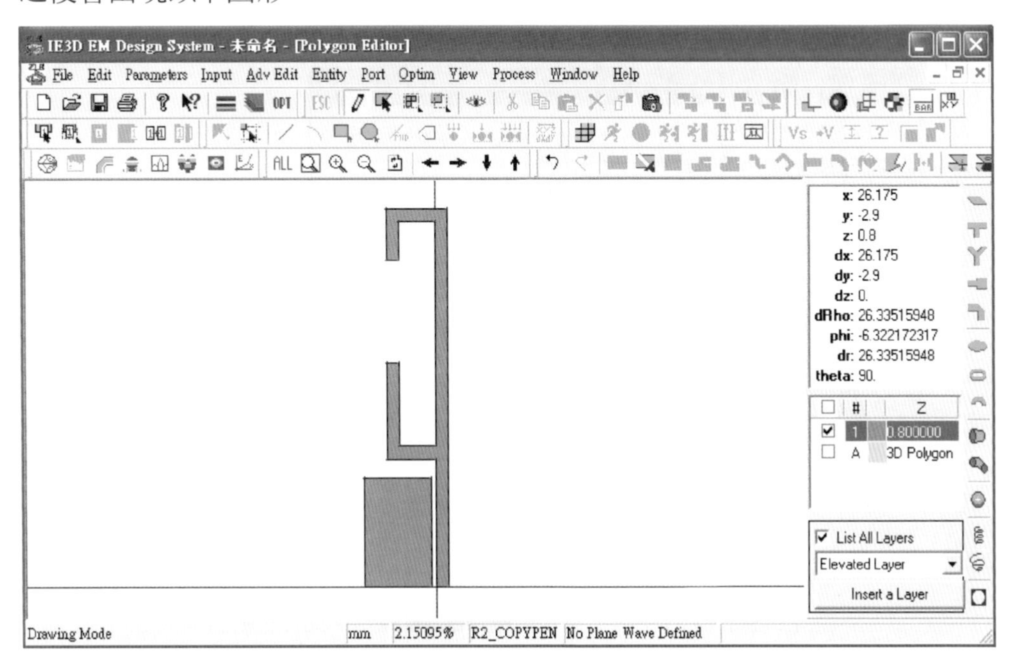

步驟 4-2-3：利用 Copy 繪製另一個 Ground

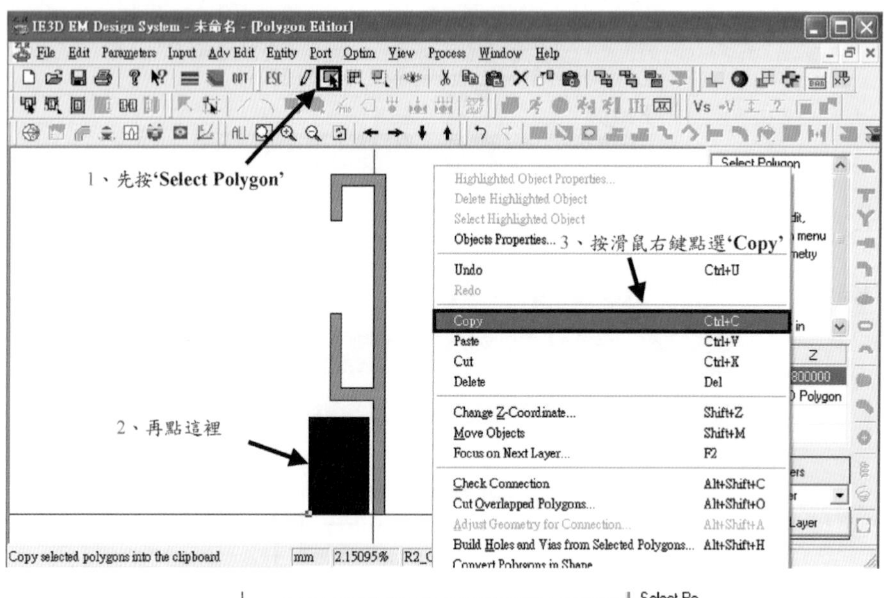

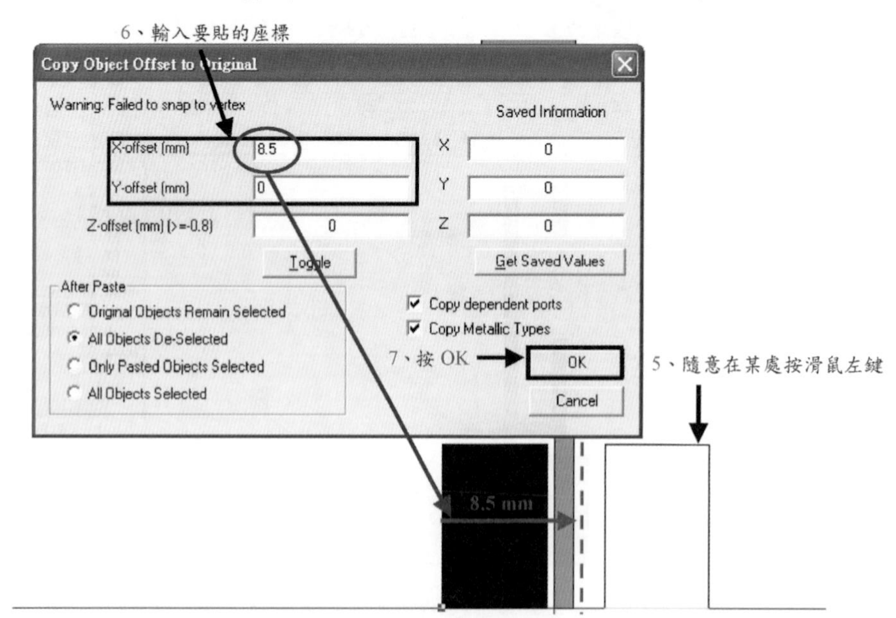

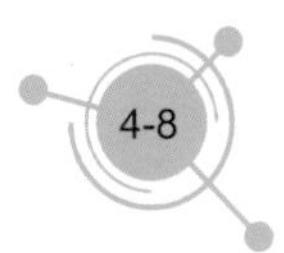

會出現以下圖形：

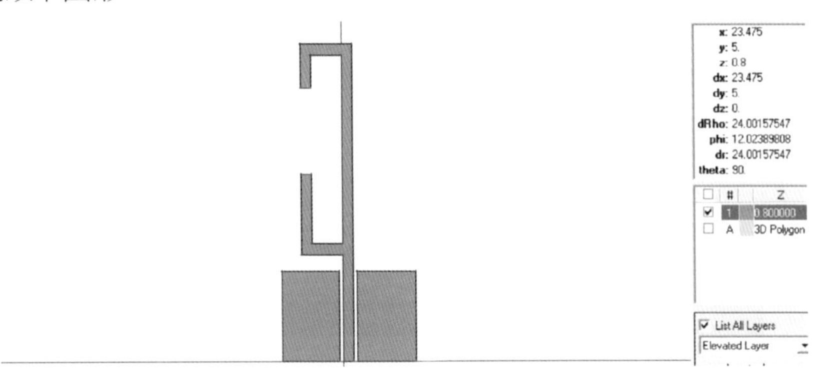

步驟 4-3：設定 Probe(饋入點)

依照以下步驟即可完成：**參考步驟 3-5**。

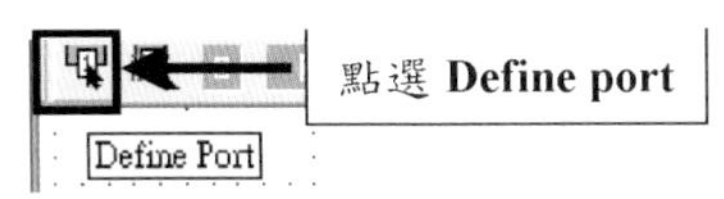

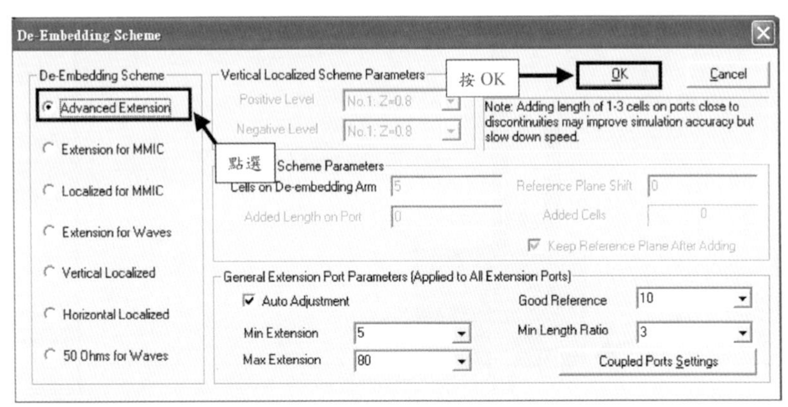

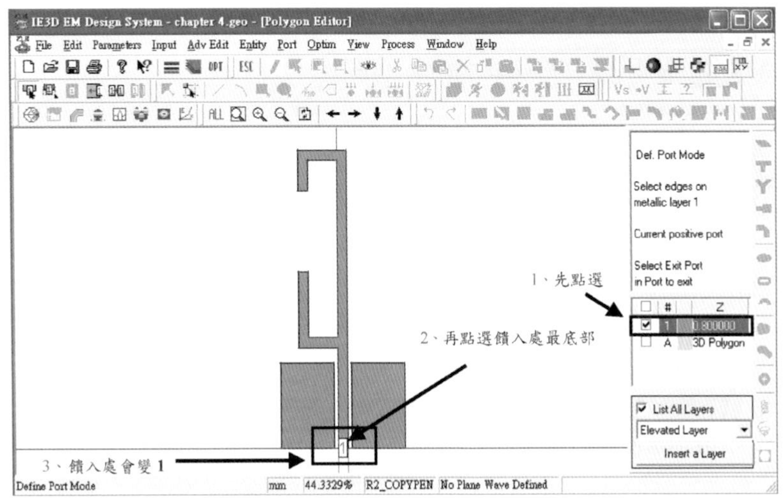

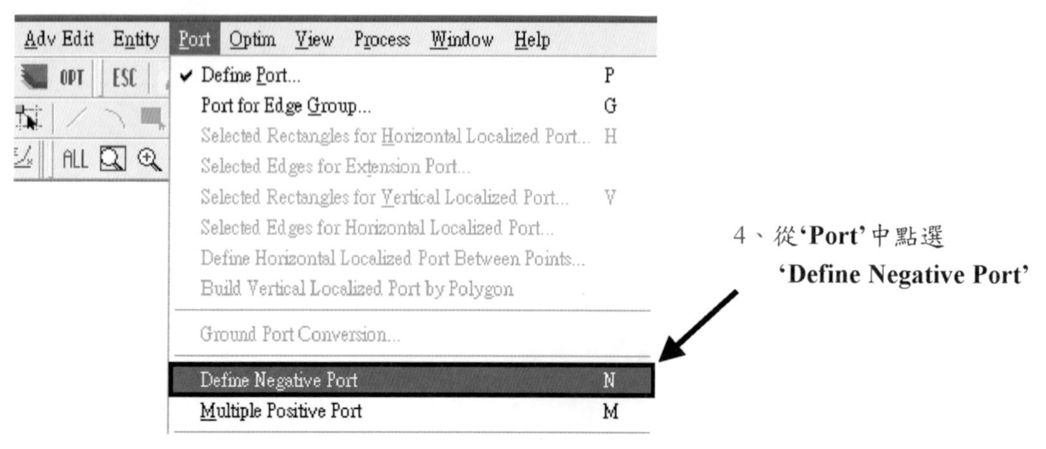
Adv Edit Entity Port Optim View Process Window Help
Define Port... P
Port for Edge Group... G
Selected Rectangles for Horizontal Localized Port... H
Selected Edges for Extension Port...
Selected Rectangles for Vertical Localized Port... V
Selected Edges for Horizontal Localized Port...
Define Horizontal Localized Port Between Points...
Build Vertical Localized Port by Polygon
Ground Port Conversion...
Define Negative Port N
Multiple Positive Port M
4、從'Port'中點選
'Define Negative Port'

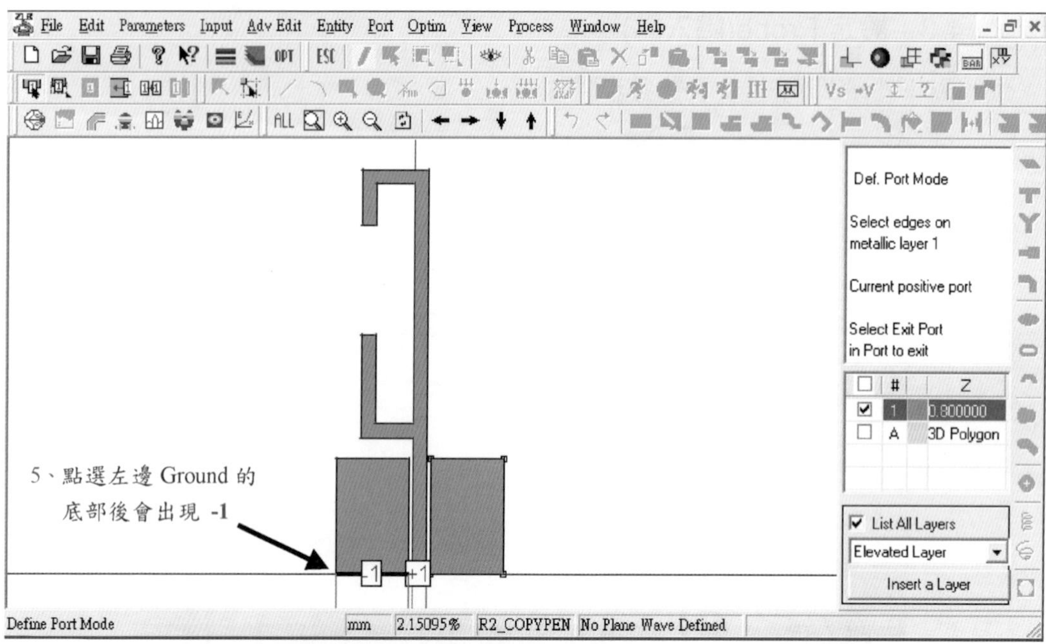
File Edit Parameters Input Adv Edit Entity Port Optim View Process Window Help
Def. Port Mode
Select edges on metallic layer 1
Current positive port
Select Exit Port in Port to exit
Z
1 0.800000
A 3D Polygon
List All Layers
Elevated Layer
Insert a Layer
5、點選左邊 Ground 的
底部後會出現 -1
-1
+1
Define Port Mode
mm
2.15095%
R2_COPYPEN
No Plane Wave Defined

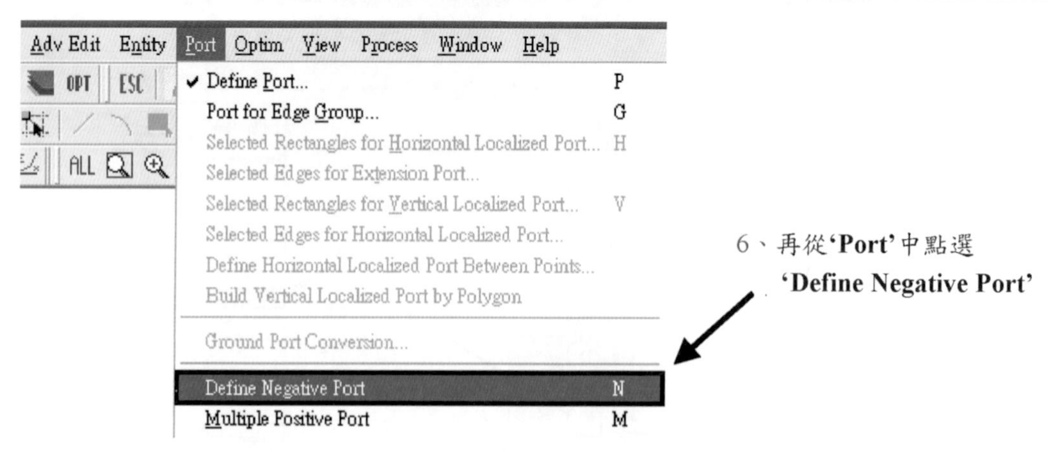
Adv Edit Entity Port Optim View Process Window Help
Define Port... P
Port for Edge Group... G
Selected Rectangles for Horizontal Localized Port... H
Selected Edges for Extension Port...
Selected Rectangles for Vertical Localized Port... V
Selected Edges for Horizontal Localized Port...
Define Horizontal Localized Port Between Points...
Build Vertical Localized Port by Polygon
Ground Port Conversion...
Define Negative Port N
Multiple Positive Port M
6、再從'Port'中點選
'Define Negative Port'

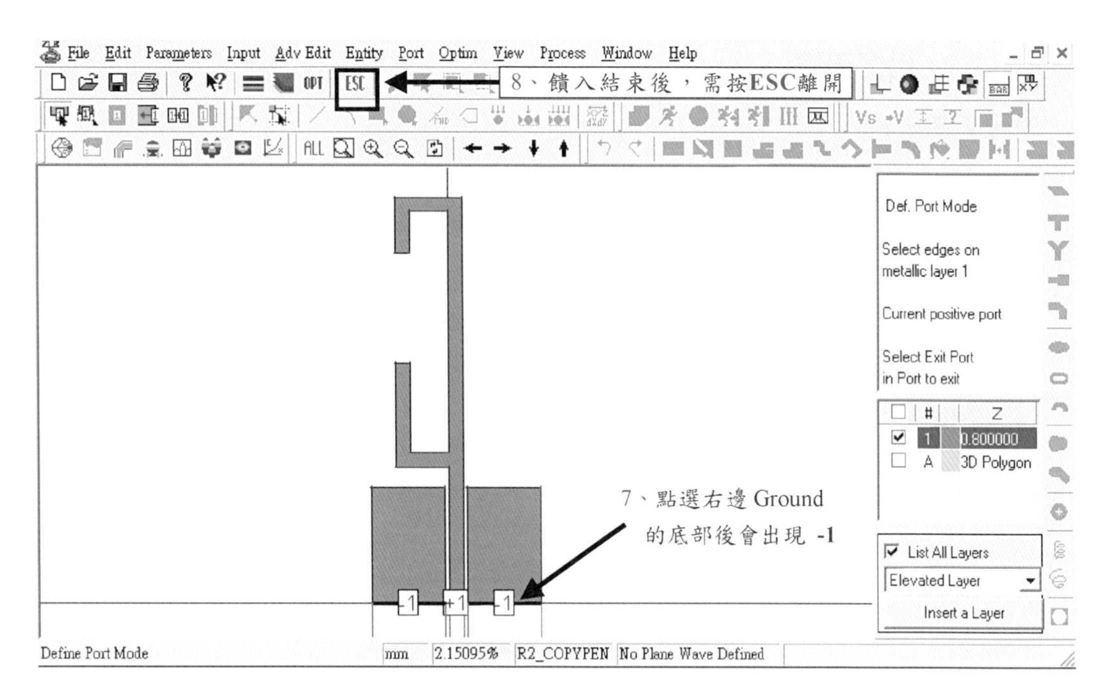

註(4)：需另存新檔。

步驟 4-4：觀看 3D View

參考步驟 1-10

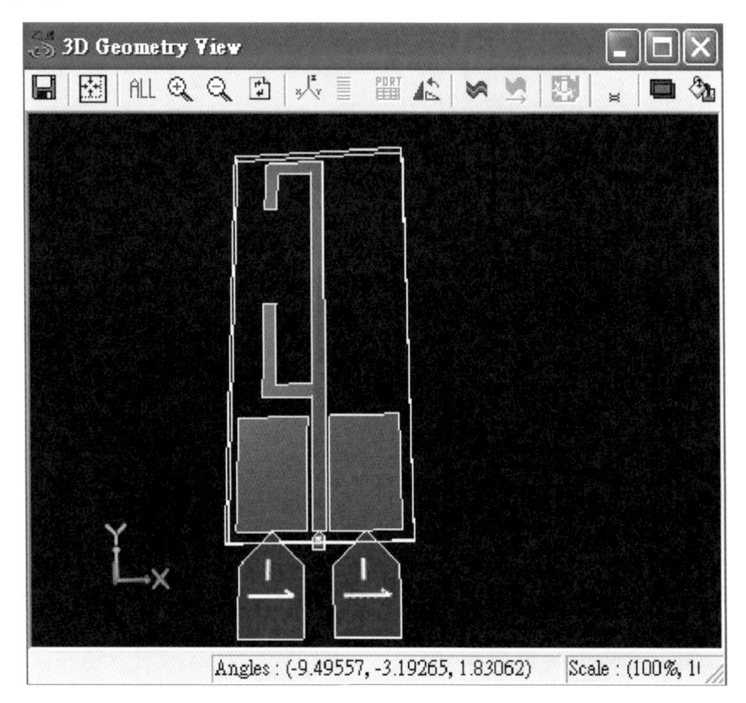

步驟 4-5：模擬天線

參考步驟 3-7

(I) 輸入頻率與點數，按 OK 之後請將所有點數選取。

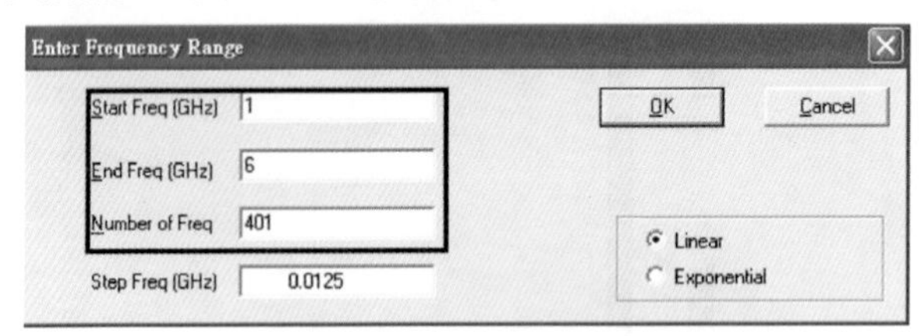

(II) 檢查 Width 是否接近 0.02，若不是請做調整，結束後按 OK。

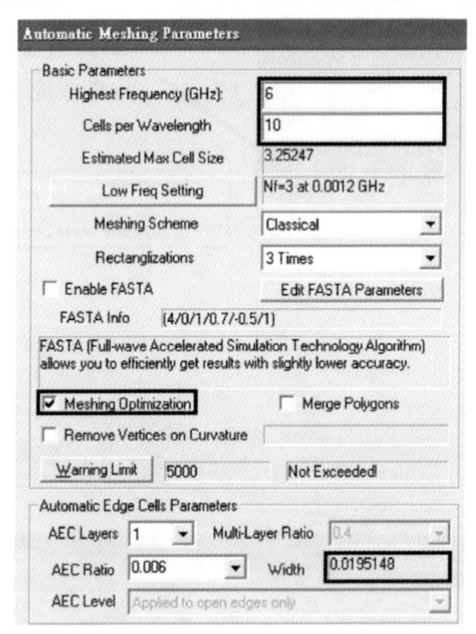

都設定完後回到 **Simulation Setup** 視窗並開始模擬。

步驟 4-6：顯示 S11 圖

參考步驟 1-12-1

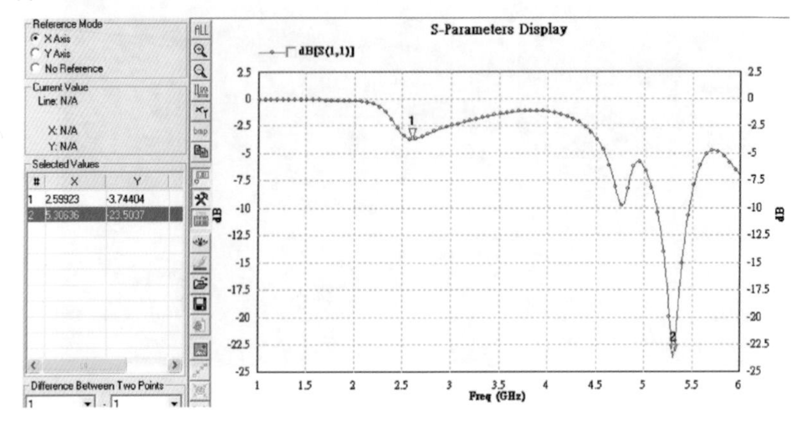

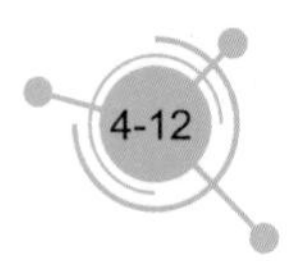

問題與討論：

根據很多用過 IE3D 的學生或研究員都有一個結論，就是在模擬 CPW(共平面)天線結構的時候，通常都會與實際天線所量測出的值有很大的落差。因此，此章節僅供參考用。若任何人能夠以更有效的方法模擬 CPW(共平面)天線結構，請通知本人。值得注意的是，有其它老師提出把 Cells per Wavelength 從 10 增加到 20 來解決這個問題。

Q1：是否還有更簡易的方法來畫此 C 型天線？例如：可否不用"座標表示法"繪畫？

Ans：其實，除了"座標表示法"外，還可利用"相對座標表示法"(可從第五章學習)。但此兩種做法都需要不斷的按著鍵盤的"Shift +A 或 R"再輸入座標，直到畫完畢為止。若已知道天線之結構的全部座標，可利用以下之"座標輸入法"：

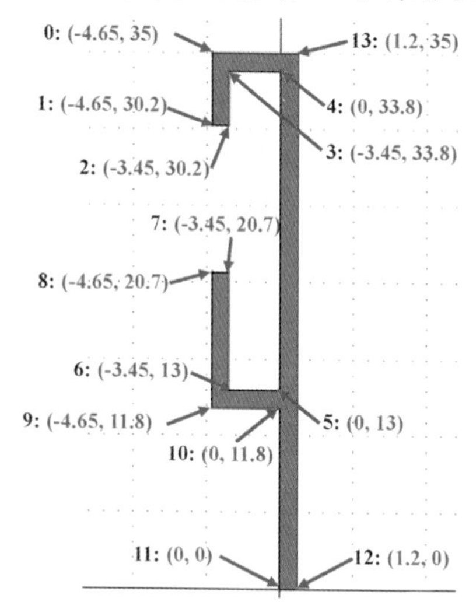

如上圖之 C 型，總共有 14 個座標 (座標 0 至 13，Z 軸均爲 0.8 mm)：

(I)　首先，從 **Input** 中點選 **Create and Edit Vertices** 或直接點選 ◁□。

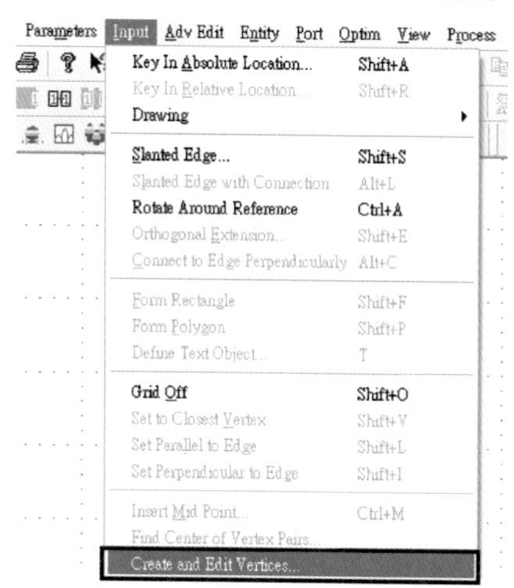

就會出現以下視窗：

(II) 請根據以下步驟輸入座標 0：

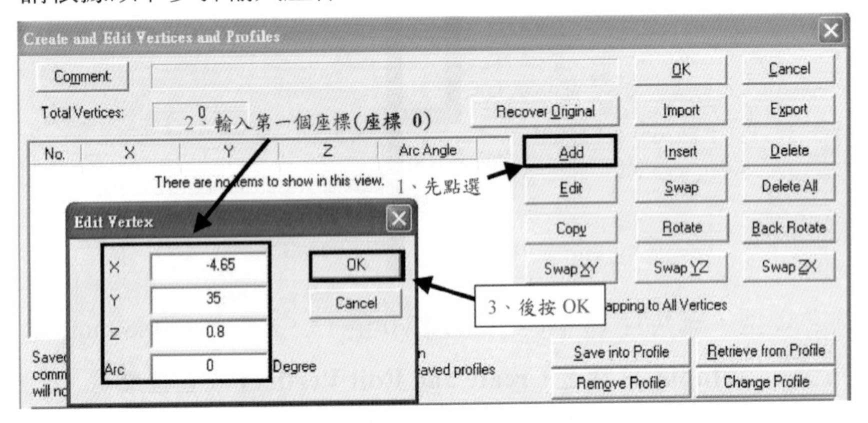

就會出現以下視窗：

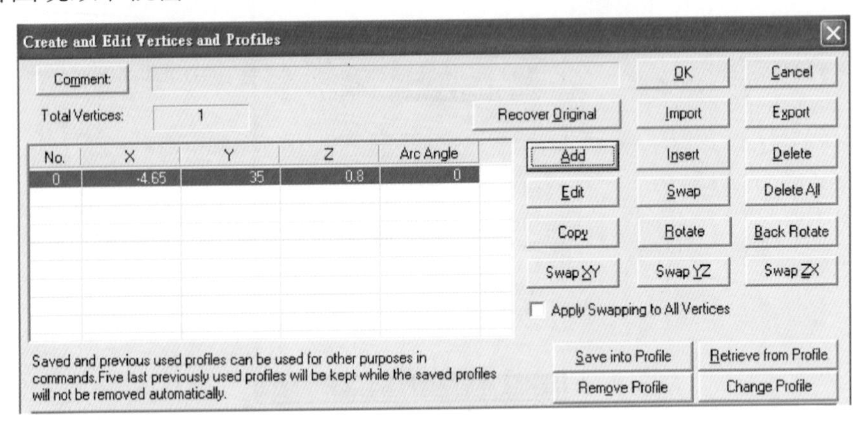

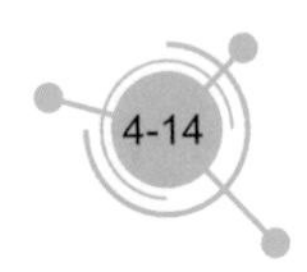

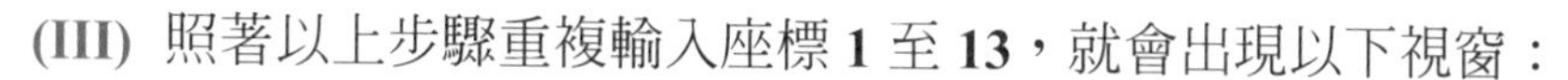

(III) 照著以上步驟重複輸入座標 **1** 至 **13**，就會出現以下視窗：

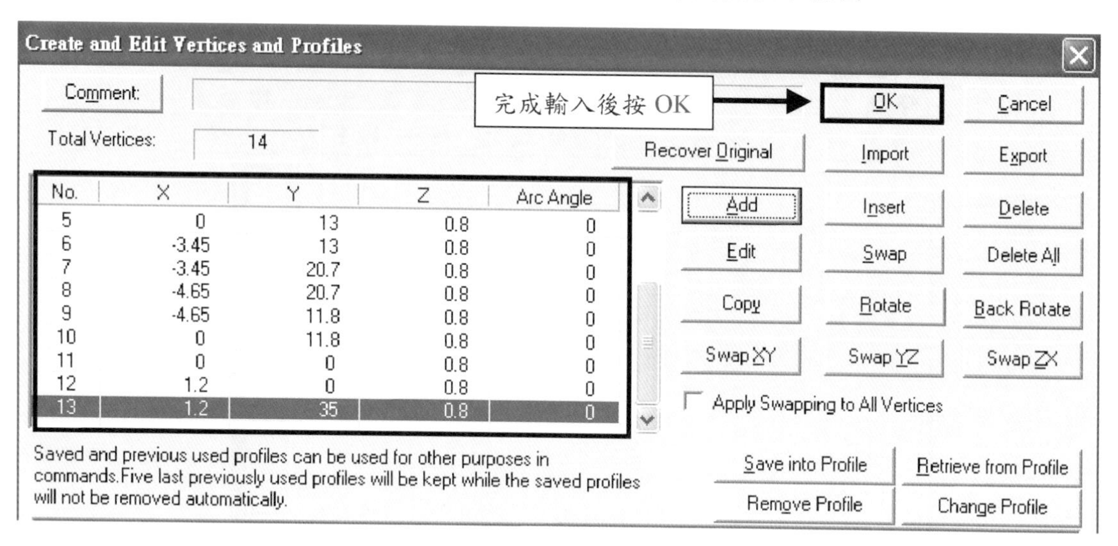

註(5)：第一個座標 **0** 與最後一個座標 **13** 不可聯在一起，否則將無法形成多角形 **(polygon)**。

(IV) 按 OK 後，座標 **0** 與 **13** 並未接通，因此需從 **Input** 中點選 **Form Polygon**：

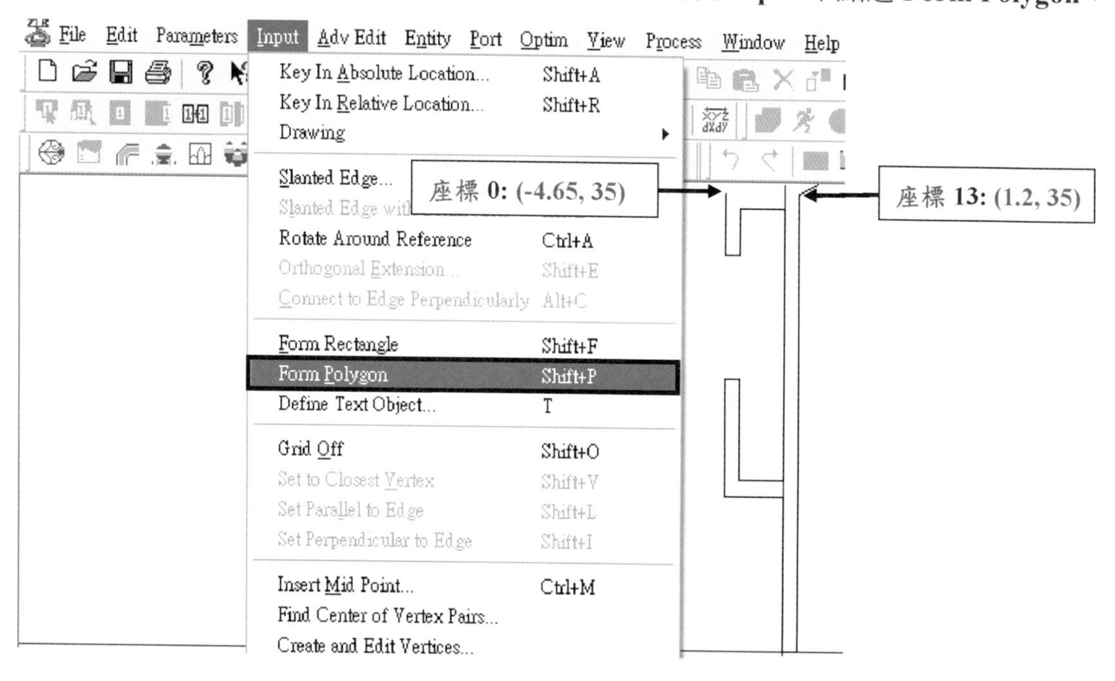

就會出現以下 C 型之天線：

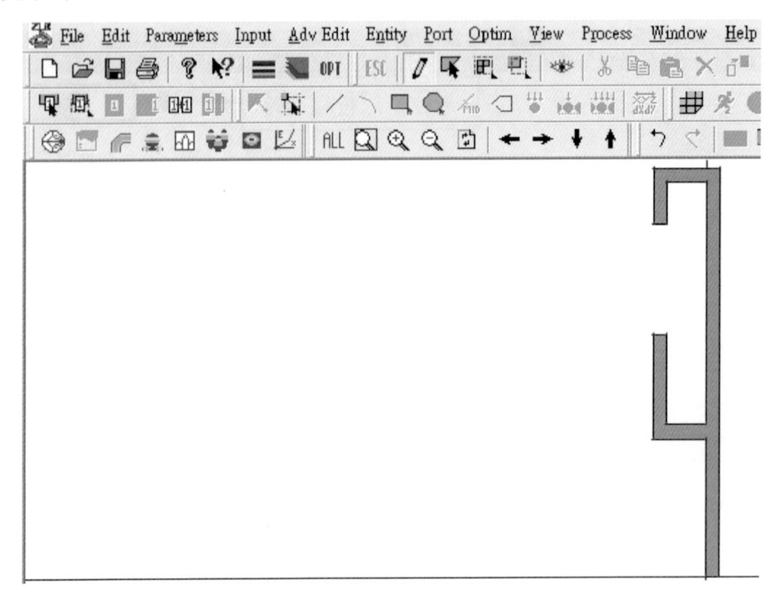

註(6)：若要修改此天線之座標，可用“Move Objects”的方法(看第三章)。

除了以上的“座標輸入法”外，還可利用“建立路徑-**Build Path**”方法來畫此 **C** 型單偶極天線，方法如下：

(a) 找出路徑的中心座標如下：

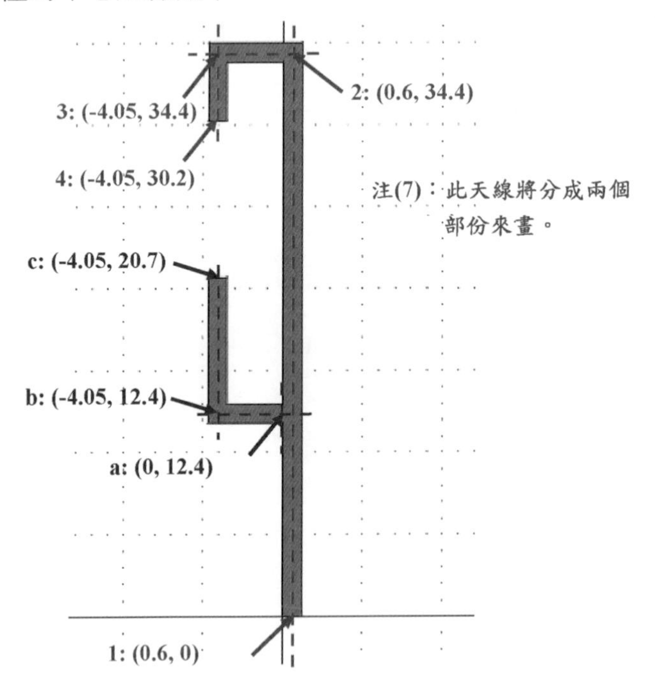

(b)　利用“座標表示法**(Shift-A)**”來將座標 **1** 至 **4** 連結如下：

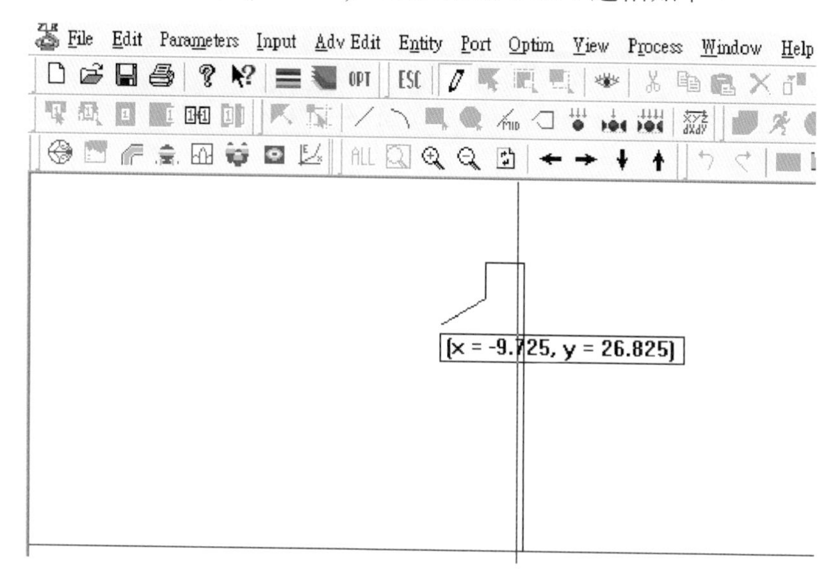

(c)　按滑鼠右鍵，點選“**Build Path** (建立路徑)”：

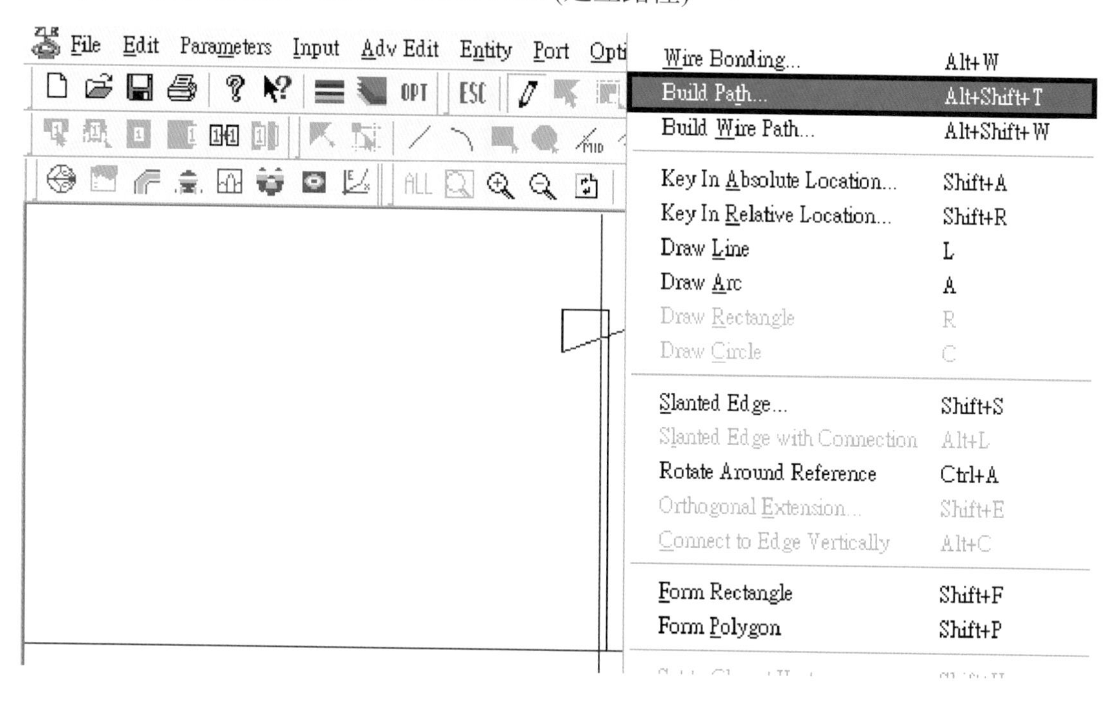

依以下步驟：

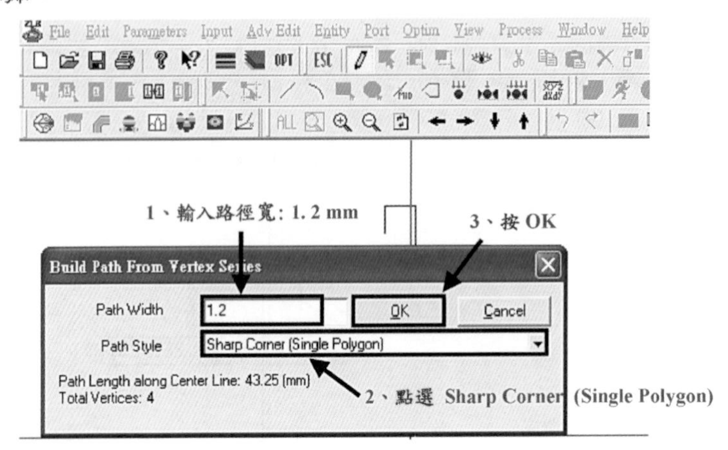

會出現以下視窗：

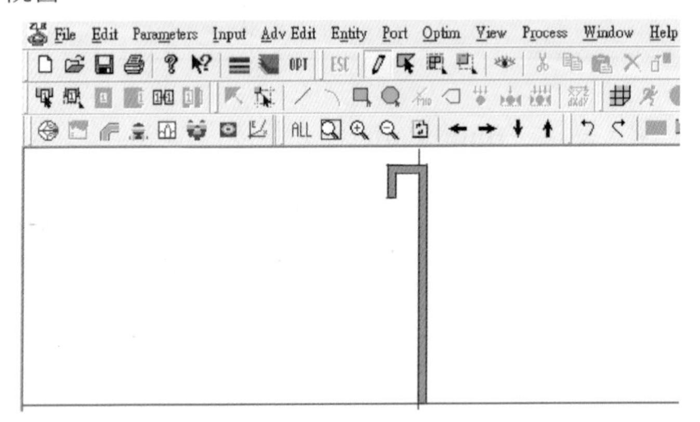

(d) 開始畫另外一條路徑，利用“座標表示法(**Shift-A**)”，將座標 **a** 至 **c** 聯結如下：

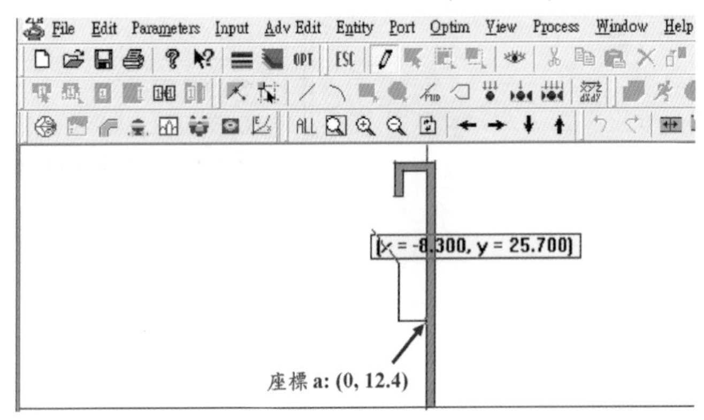

註(8)：在點座標 a 時，會出現右手邊之視窗，請按是(Y)。

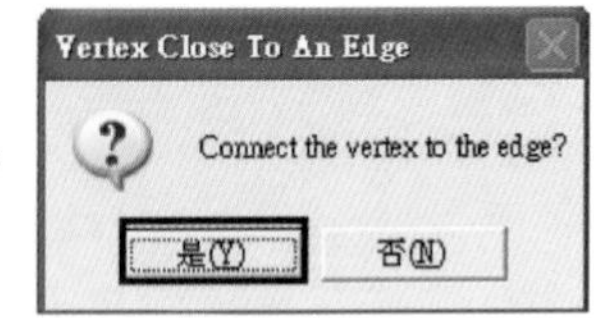

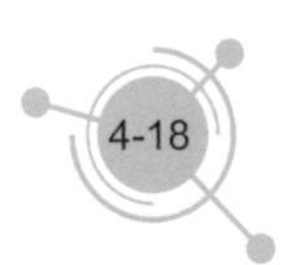

(e) 按滑鼠右鍵，點選“**Build Path** (建立路徑)” - 重複步驟 (c)，會出現以下視窗：

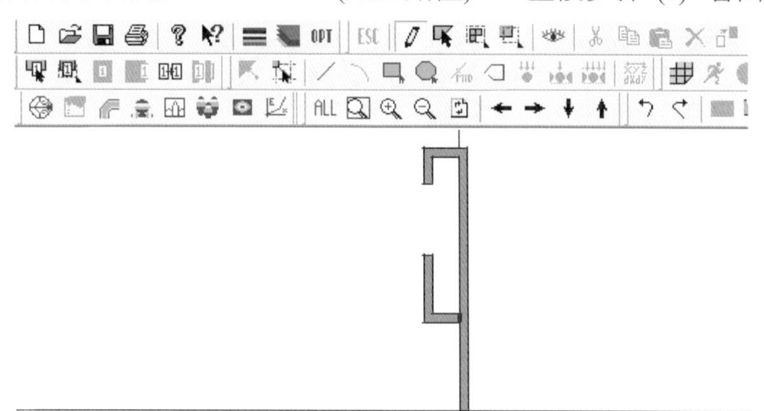

(f) 接下來是將所畫的兩部份天線結構結合成一體：

(i) 先點選 Select Polygon ：

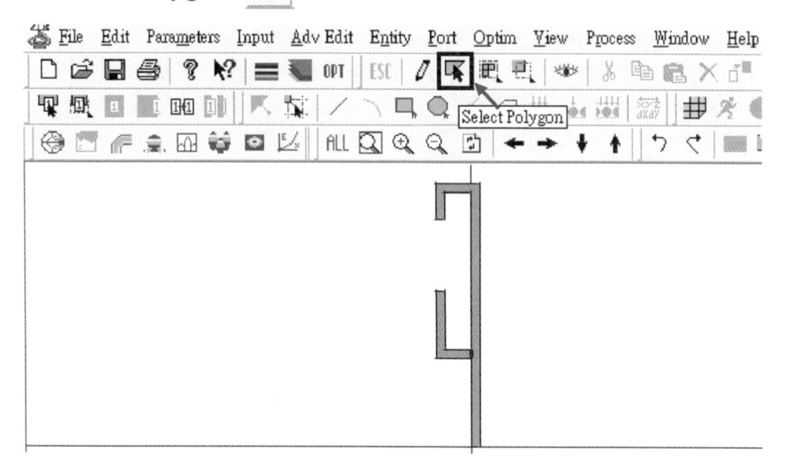

(ii) 再將滑鼠箭頭點向所有天線部份，逐一將之反黑，如下：

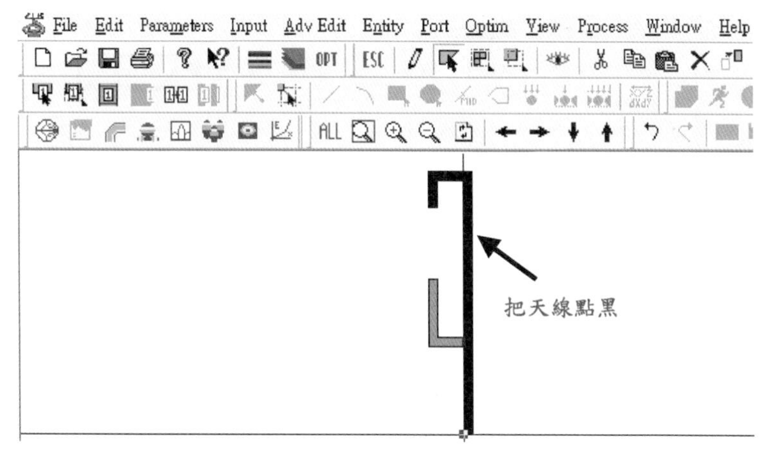

完成後如下圖：

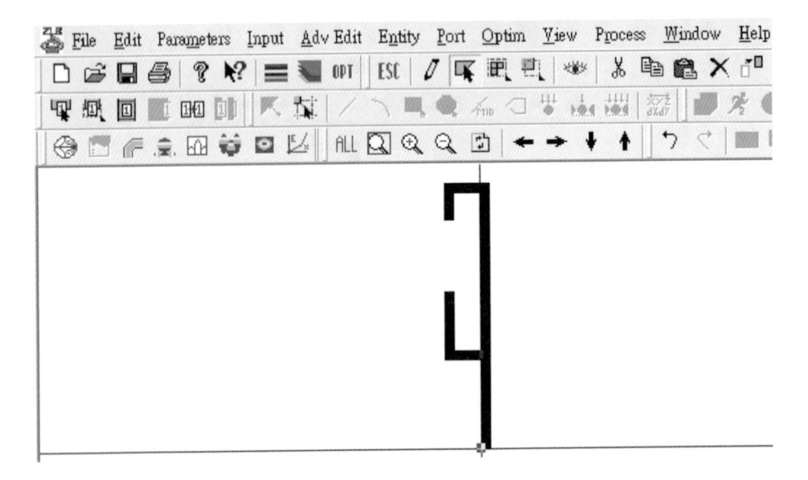

(iii) 天線反黑後，點選 Merge Selected Polygons ：

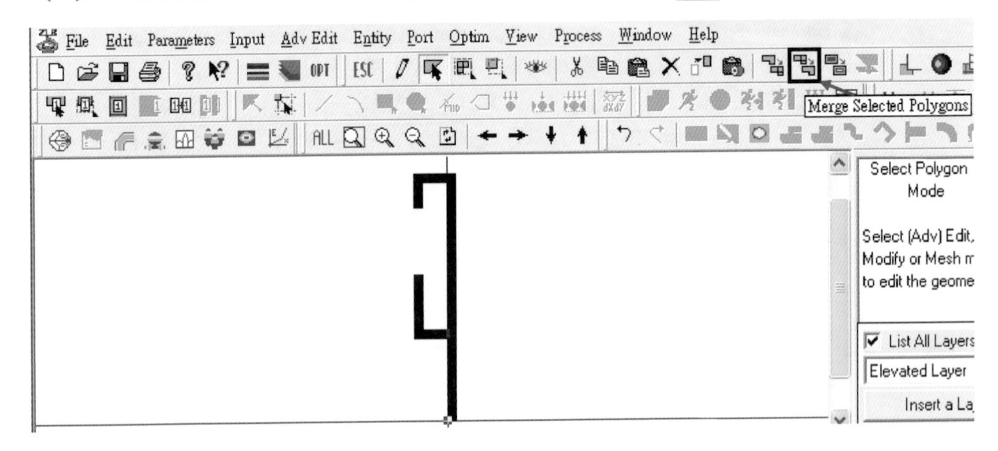

(iv) 按 OK 後，便可將天線合成一體：

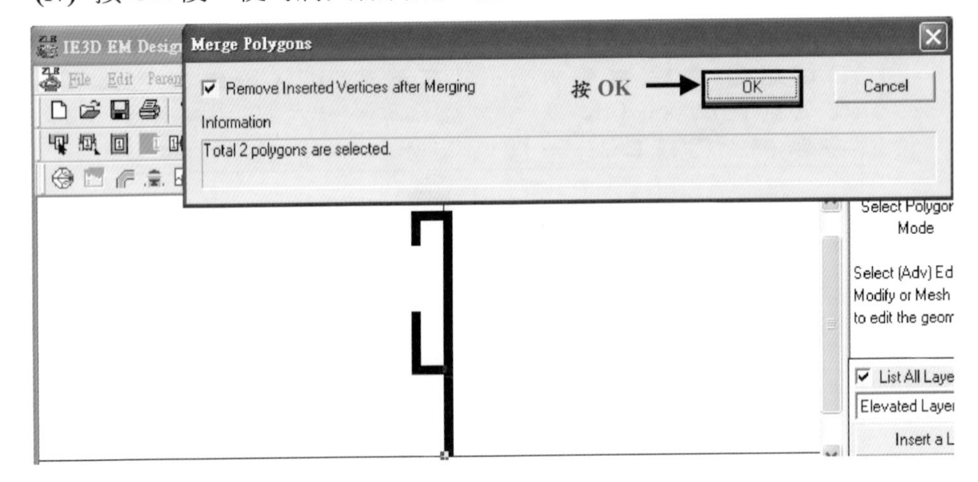

實體與模擬 S11 的比較：

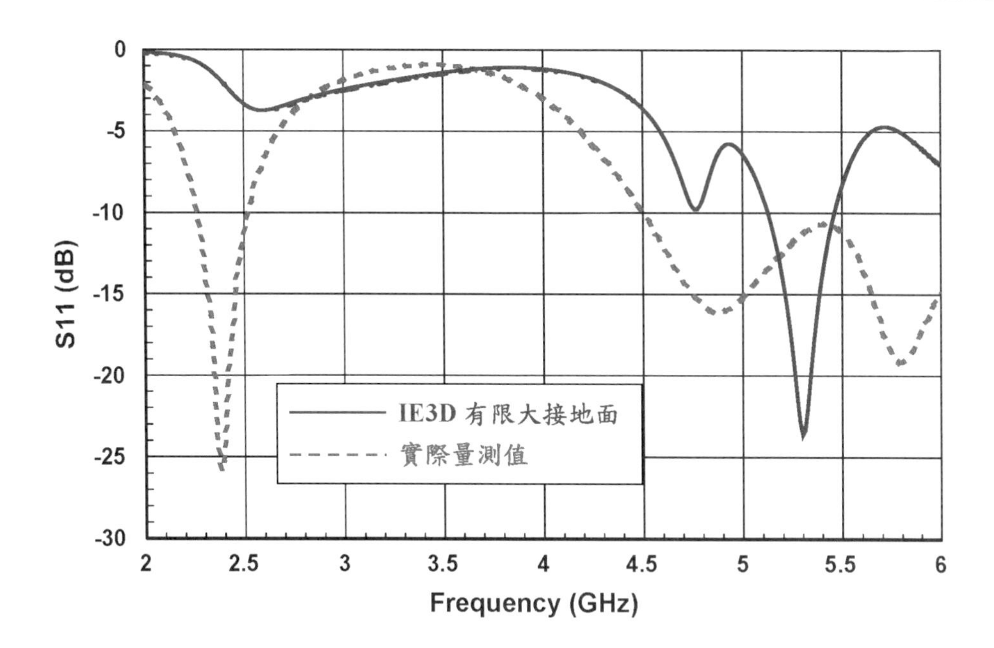

CHAPTER 5

PIFA 天線

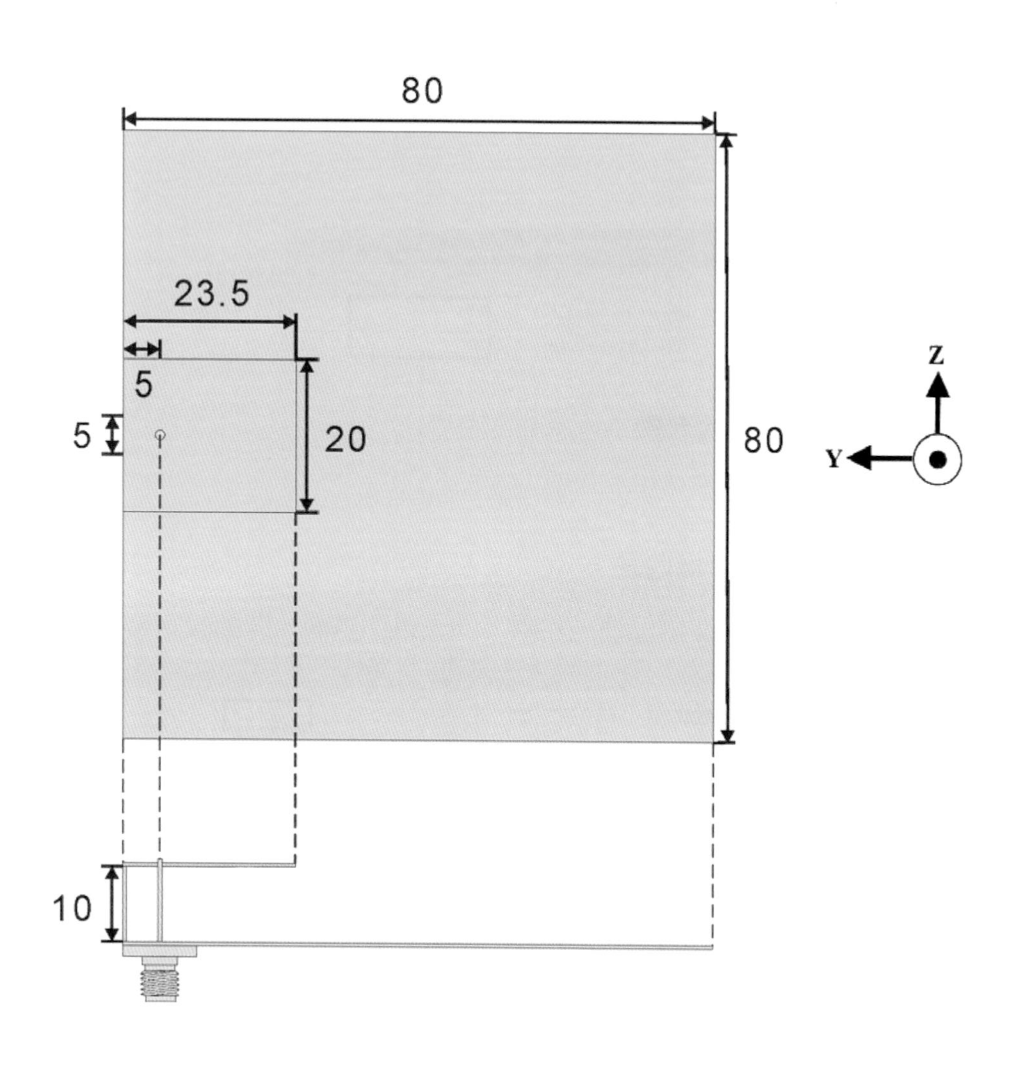

實驗目的

製作一個以同軸 SMA 饋入，可操作在 GSM 1800 與 GSM 1900 頻段，且為 50 Ω 阻抗匹配之 PIFA 天線。

參　數

輻射面與接地面在實作時均使用厚度為 0.25 mm 之銅片，並在模擬時將接地面設為有限接大地面。其中，輻射面之尺寸為 23.5×20 mm^2。同軸 SMA 接頭半徑為 0.65 mm，離短路牆之距離為 5 mm。短路牆寬度為 5 mm。輻射面離接地面為 10 mm。

模擬步驟

重複第一章步驟之 1-1 到 1-5：

在 **Layouts and Grids** 改變 **Grids** 大小 (從 0.025 改為 1)，看步驟 3-1。

步驟 5-1：設模擬參數

Automatic Meshing Parameters
Basic Parameters
Highest Frequency (GHz): 2.5
Cells per Wavelength 10

步驟 5-2：設介質與銅片參數

參考步驟 1-7

步驟 5-2-1：設定 PIFA 接地面

將滑鼠指到 **NO. 0**；這個欄位裡，點兩下進入以下畫面，開始設定參數：

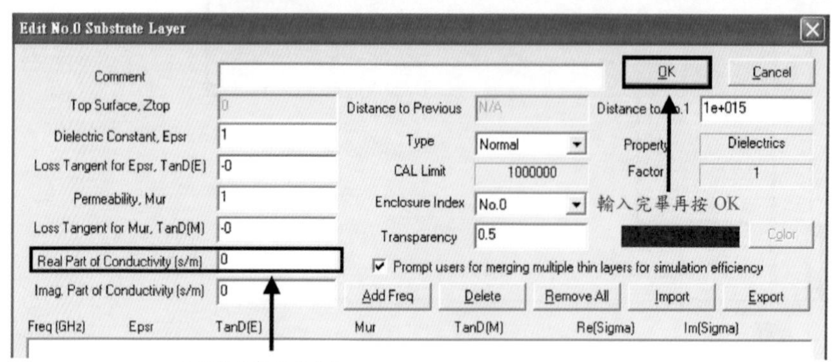

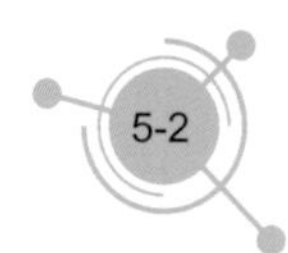

步驟 5-2-1：設定 PIFA 輻射面

Edit No.1 Substrate Layer

Comment
Top Surface, Ztop 10
Dielectric Constant, Epsr 1
Loss Tangent for Epsr, TanD(E) 0
Permeability, Mur 1
Loss Tangent for Mur, TanD(M) -0
Real Part of Conductivity (s/m) 0
Imag. Part of Conductivity (s/m) 0
Distance to No.0 10
Type Normal
CAL Limit 1000000
Enclosure Index No.0
Transparency 0.5
Distance to Next N/A
Property Dielectrics
Factor 1
OK Cancel Color
輸入完畢再按 OK
Prompt users for merging multiple thin layers for simulation efficiency
Add Freq Delete Remove All Import Export
Freq (GHz) Epsr TanD(E) Mur TanD(M) Re(Sigma) Im(Sigma)

註(1)：PIFA 天線高度為 10 mm。

接著設銅片參數：

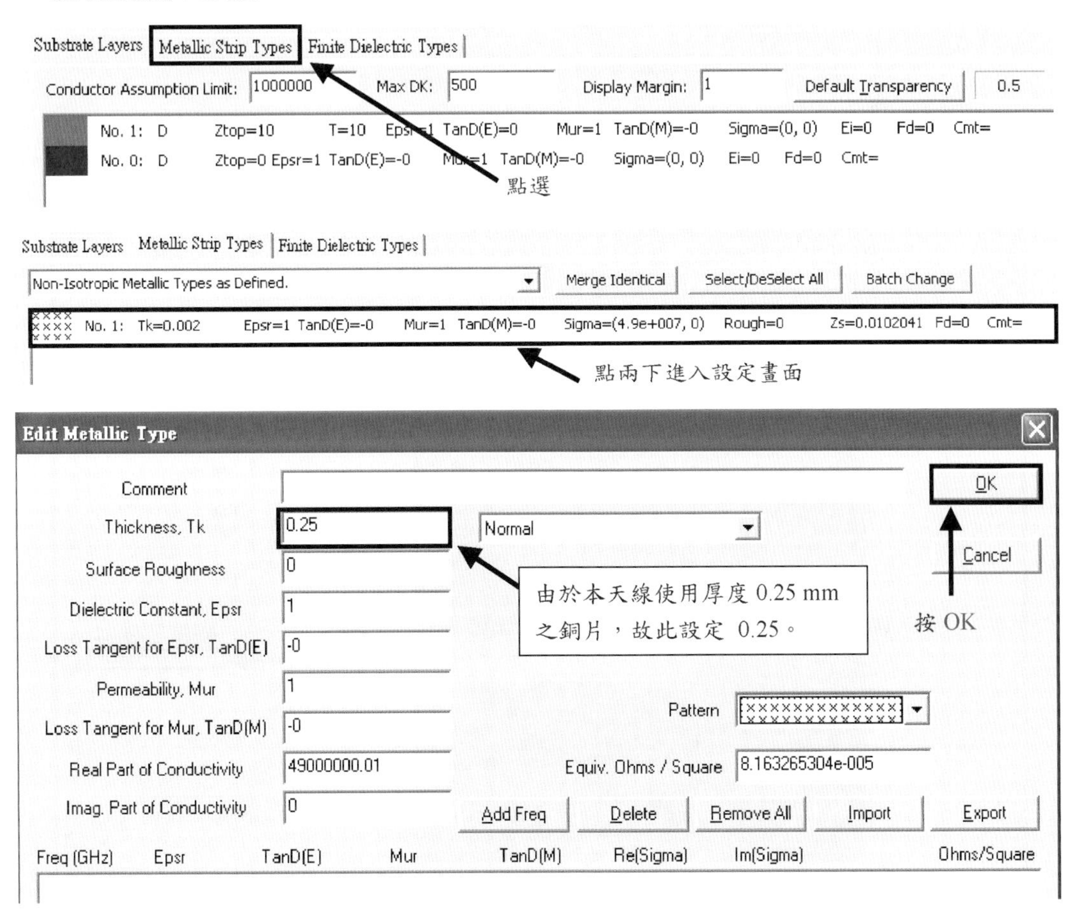

步驟 5-3：開始畫天線結構體

請依以下步驟。

步驟 5-3-1：畫接地面 Ground

從“**Entity**”中選取“**Rectangle**”。

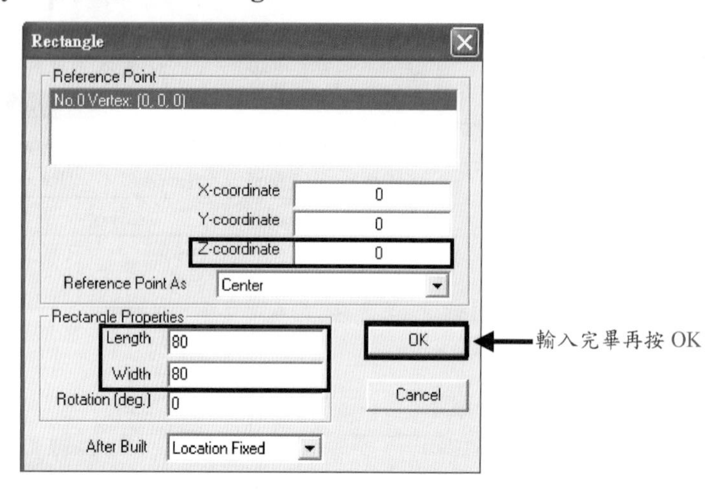

會出現以下圖示：

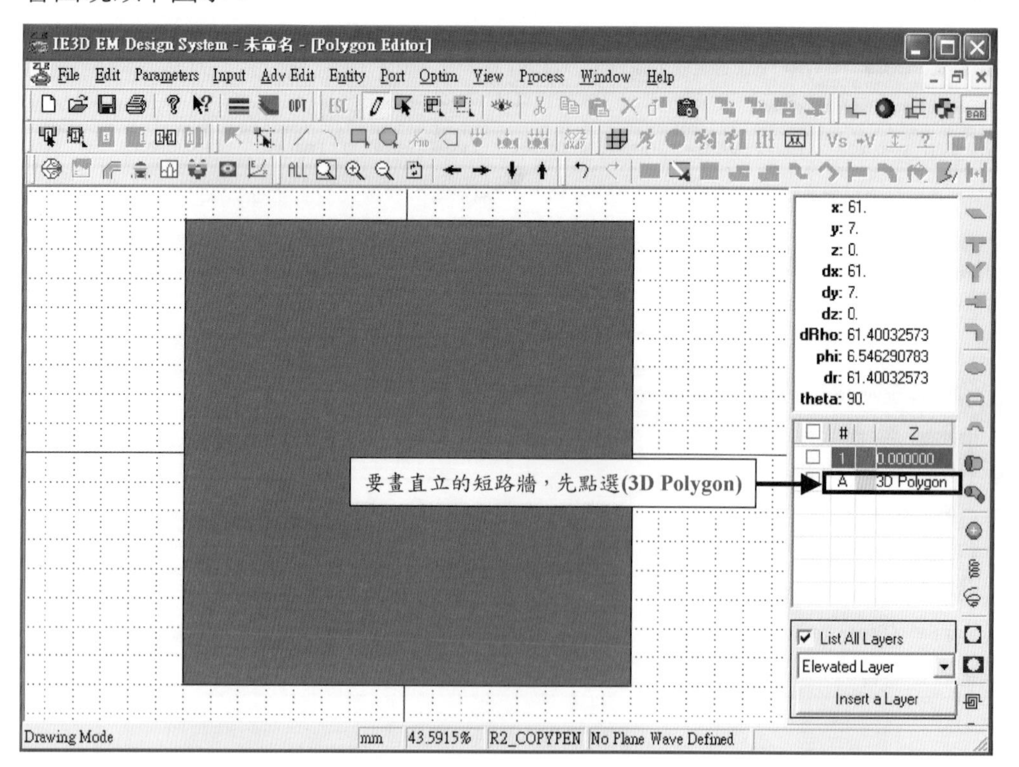

步驟 5-3-2：畫短路牆

短路牆的銅片(高度 = 10 mm, 寬度 = 5 mm)。

先點選(**3D Polygon**) (看上圖)，接下來會出現下面圖示：

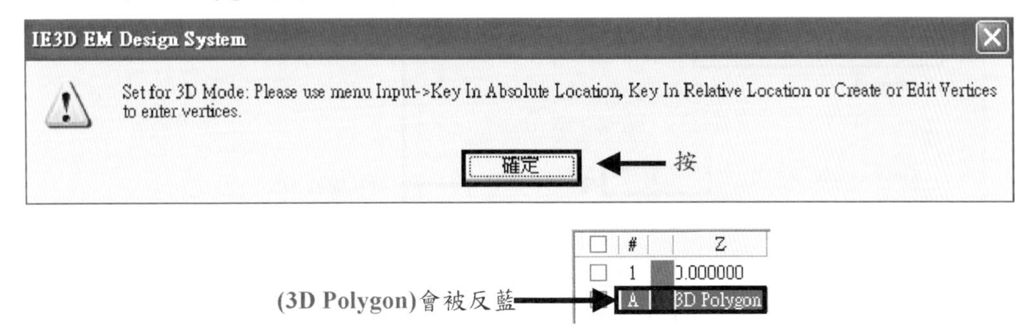

步驟 5-3-2-1：

首先使用“絕對座標表示法”繪畫。按鍵盤的『**Shift+A**』會出現以下畫面：

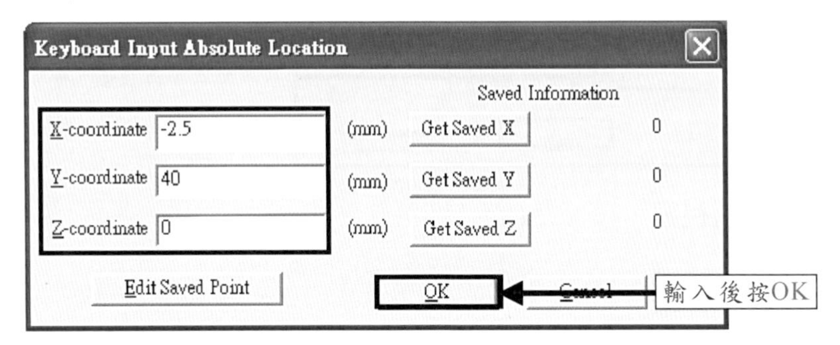

步驟 5-3-2-2：使用相對座標表示法來繪畫

除了絕對座標表示法外，還有另一種繪圖方法：“相對座標表示法”。

在完成步驟 **5-3-2-1** 後，按下鍵盤的『**Shift+R**』會出現以下畫面：

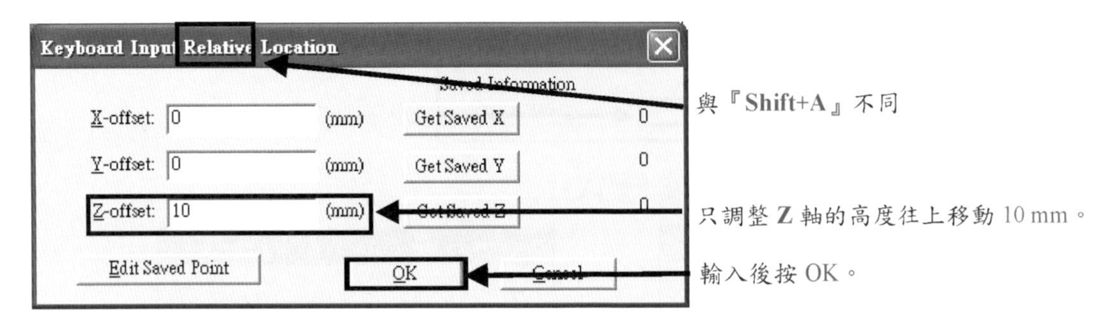

出現 Keyboard Input Relative Location 的視窗：**Z-offset** 欄位裡輸入『10』。

步驟 5-3-2-3：

再一次進入 Keyboard Input Relative Location 的視窗：

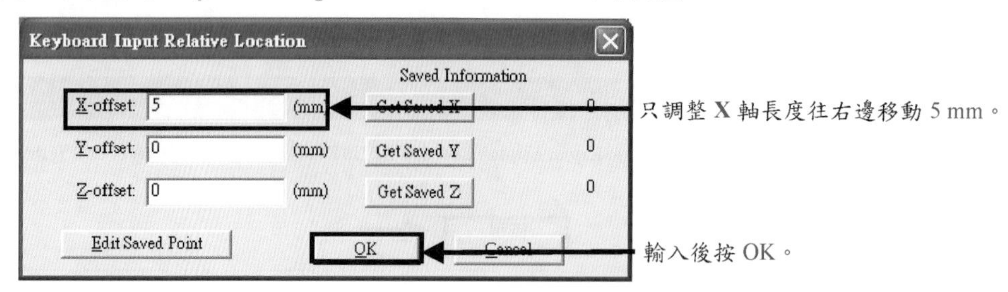

步驟 5-3-2-4：

再一次進入 Keyboard Input Relative Location 的視窗：

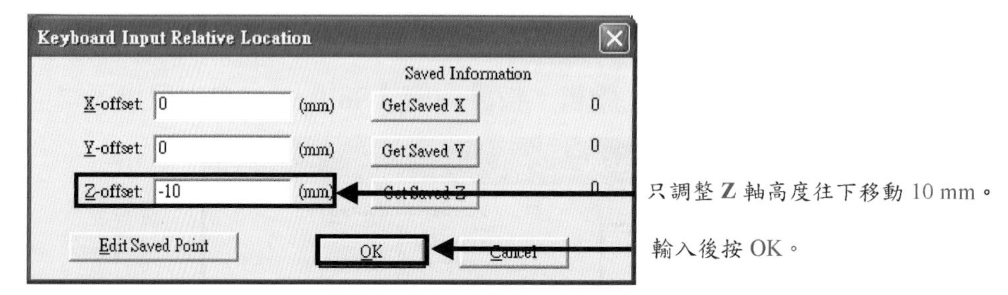

若出現任何問題視窗，按『**是(Y)**』即可。

步驟 5-3-2-5：

最後一次進入 Keyboard Input Relative Location 的視窗：

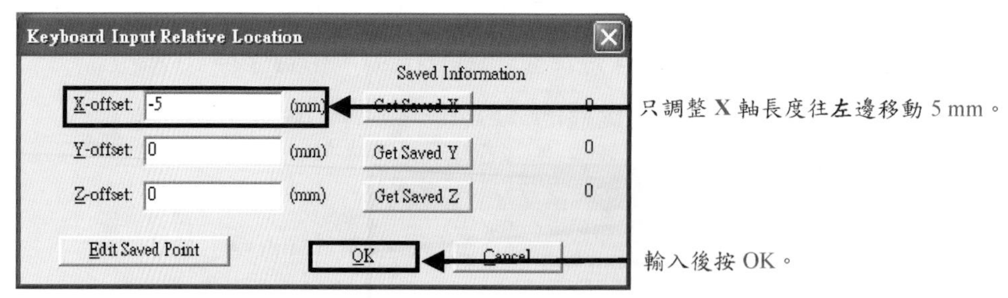

最後會出現以下疑問視窗，按『**是(Y)**』。

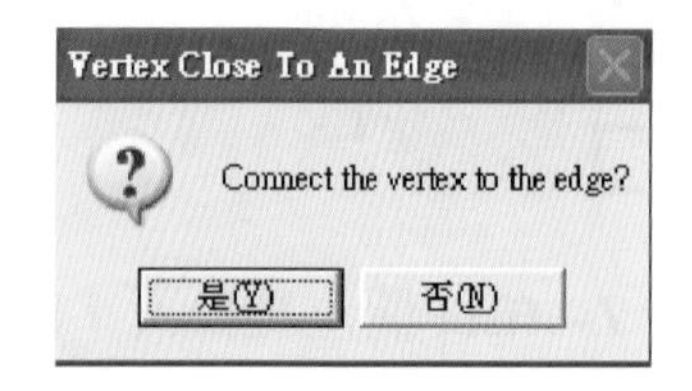

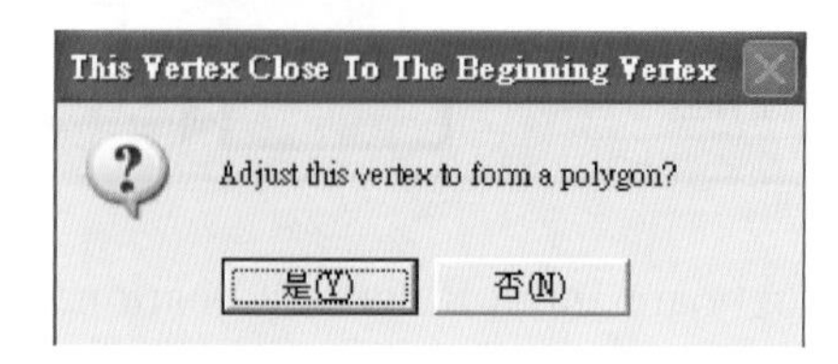

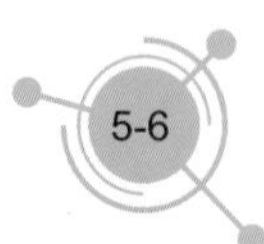

之後會出現以下視窗：

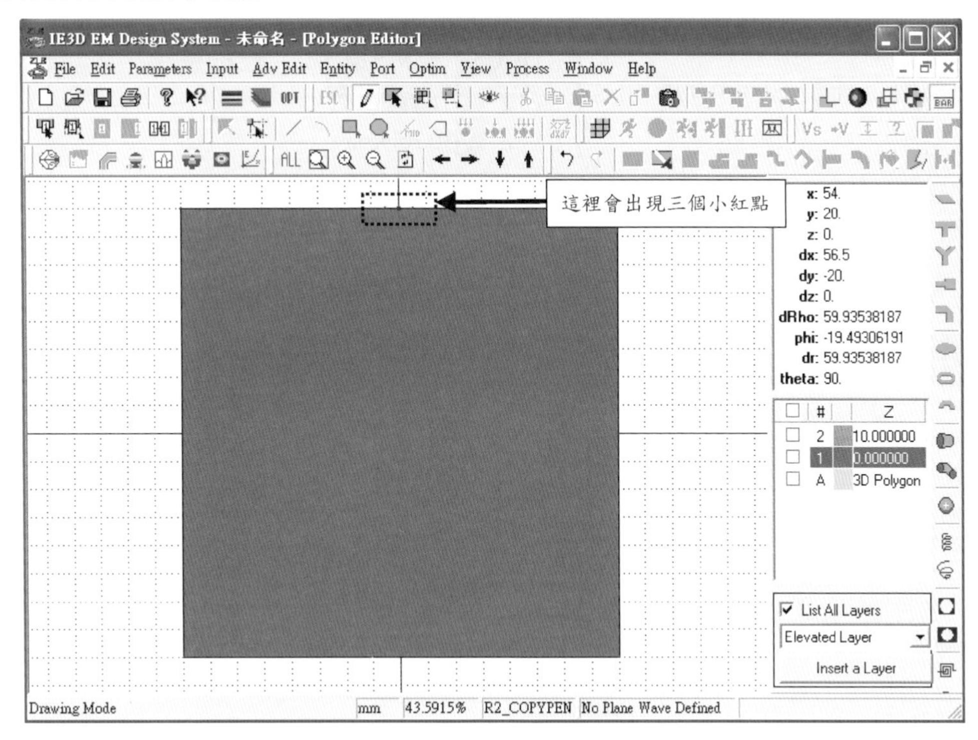

3D-VIEW 可看見所畫之短路牆。

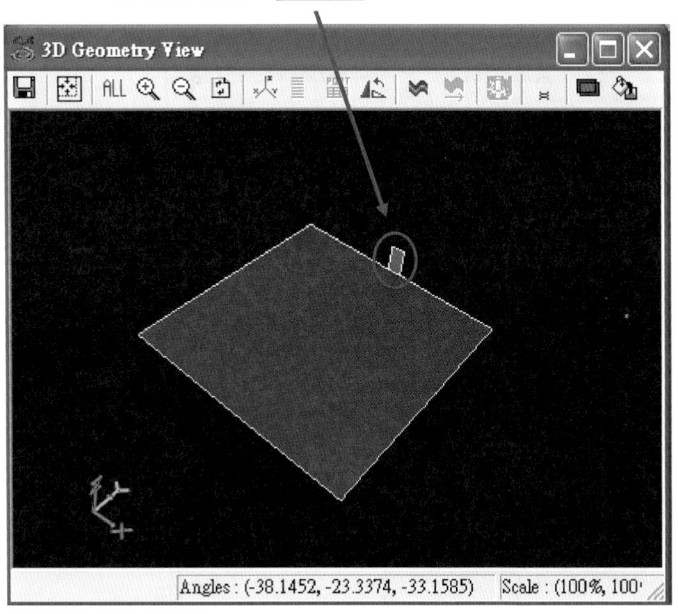

註(2)：通常若要使用“相對座標表示法”，繪畫之初始點建議先用“絕對座標表示法”。

步驟 5-3-3：繪畫 PIFA 輻射面

首先點選高度 10 mm 的欄位：

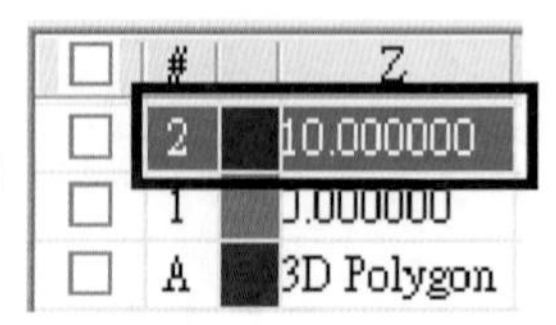

步驟 5-3-3-1：

按鍵盤的『**Shift+A**』，利用“絕對座標表示法”來開始繪畫 PIFA 之輻射面。

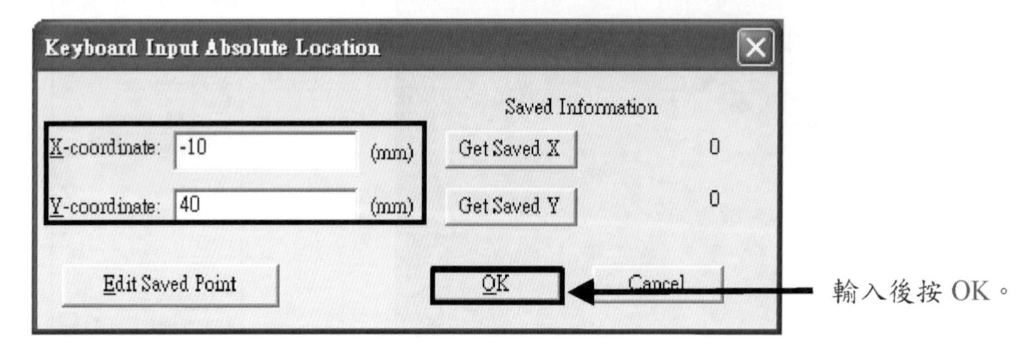

步驟 5-3-3-2：

再按下鍵盤的『**Shift+R**』，利用“相對座標表示法”，會出現以下畫面：

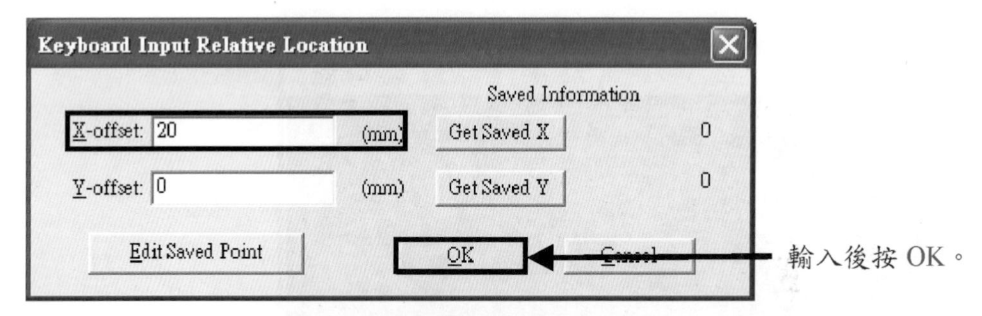

輸入後若出現以下視窗，按『確定』：

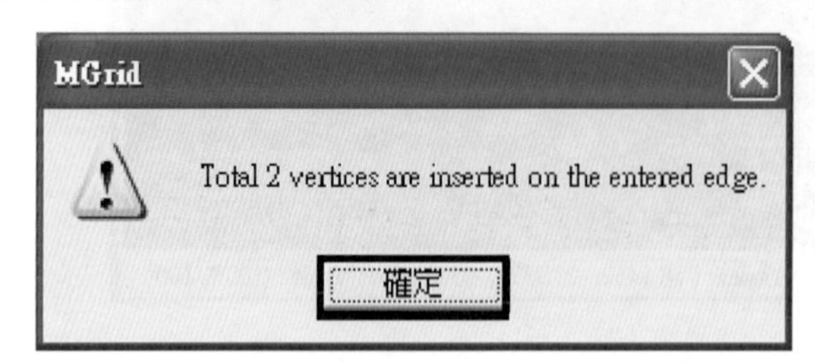

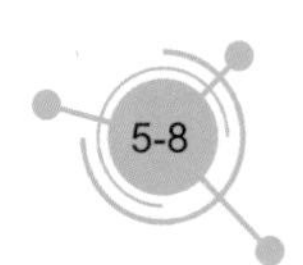

步驟 5-3-3-3：

再一次進入 Keyboard Input Relative Location 的視窗：

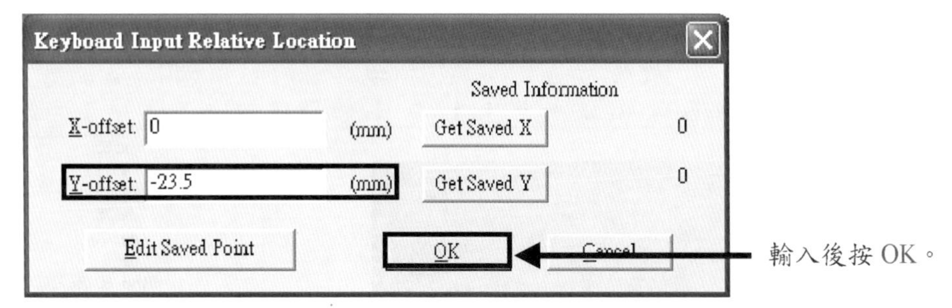

步驟 5-3-3-4：

再一次進入 Keyboard Input Relative Location 的視窗：

Keyboard Input Relative Location
Saved Information
X-offset: -20 (mm)
Get Saved X
0
Y-offset: 0 (mm)
Get Saved Y
0
Edit Saved Point
OK
Cancel
輸入後按 OK。

步驟 5-3-3-5：

最後一次進入 Keyboard Input Relative Location 的視窗：

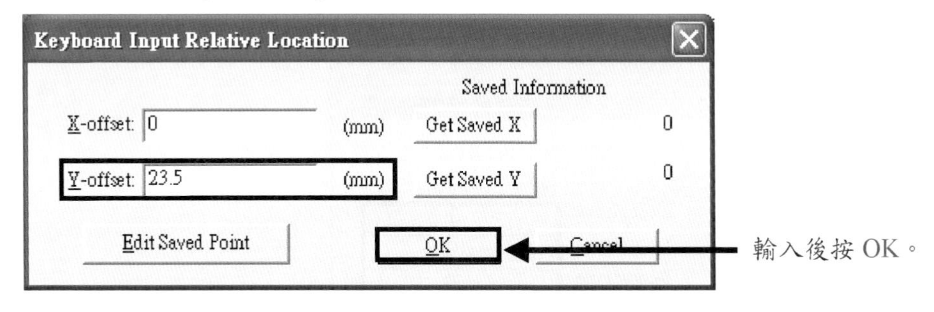

會出現以下疑問視窗，問是否要將它連接起來形成多角狀？按『是(Y)』將它連接起來。

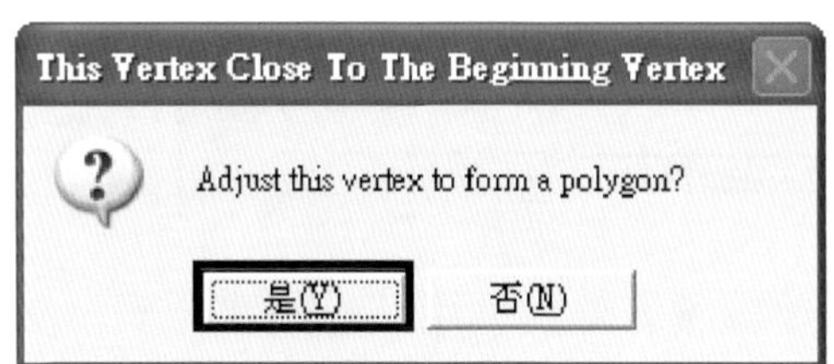

之後就會出現以下圖示：

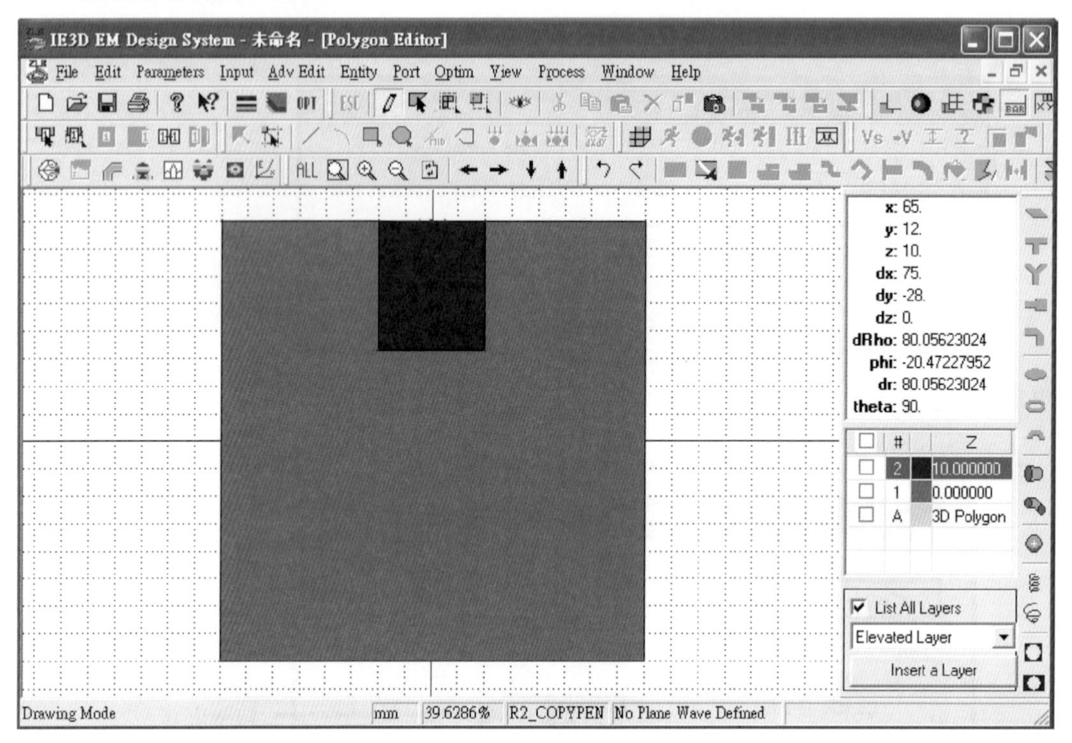

註(2)：不要忘記存檔。

註(3)：繪畫此輻射面可以利用更簡單的方法，也就是從“**Entity**”中選取“**Rectangular**”。

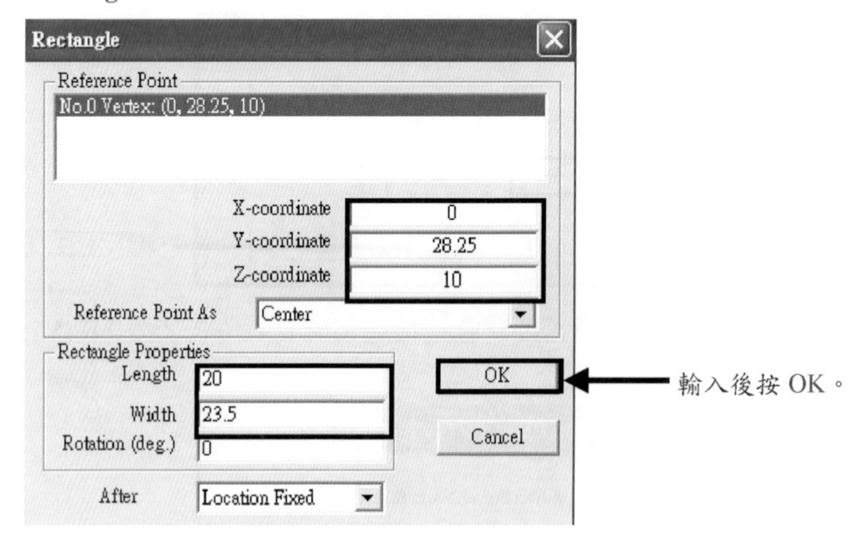

步驟 5-3-3 的目的是要讓讀者學習利用“相對座標表示法”來畫一個矩形。

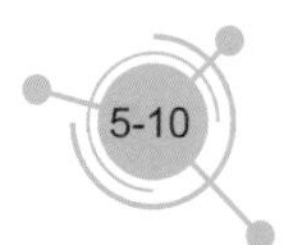

步驟 5-4：設定 Probe(饋入點)

開始設定探針的位置(參考步驟 1-9)。

從“**Entity**”中選取“**Probe-Feed to Patch**”。

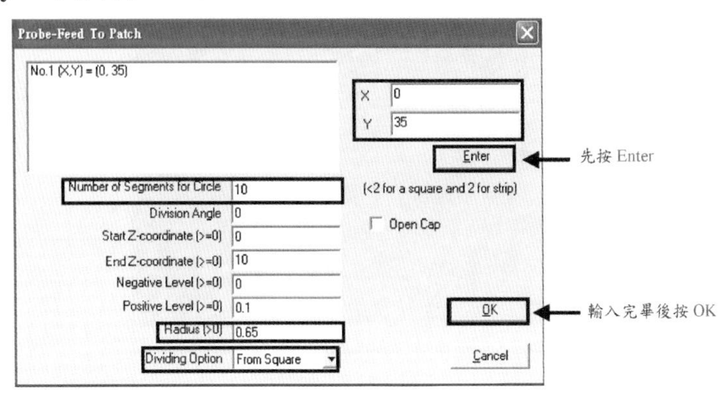

如果出現以下畫面直接按 OK 鈕即可。

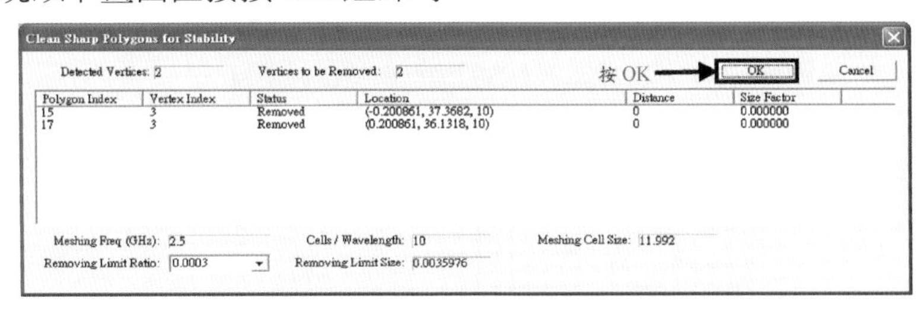

輸入完畢後會出現以下的畫面：

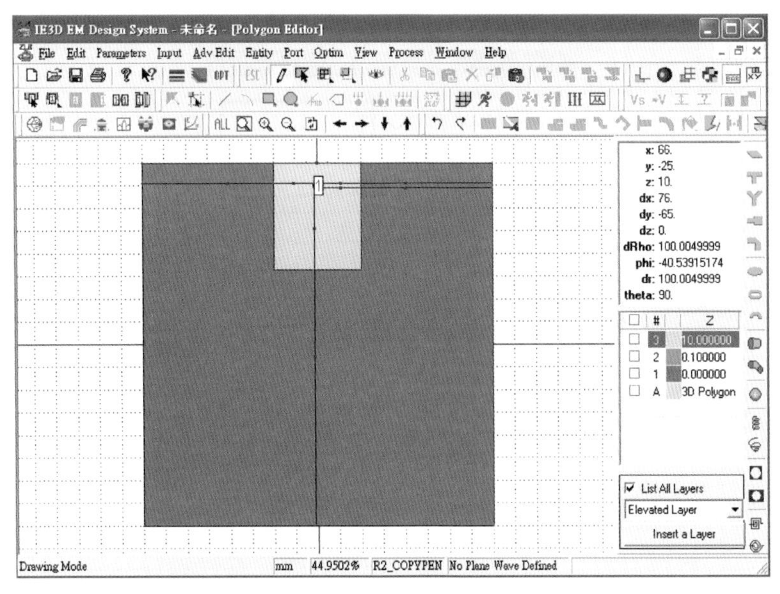

註(4)：記得另存新檔。

步驟 5-5：觀看 3D View

參考步驟 1-10

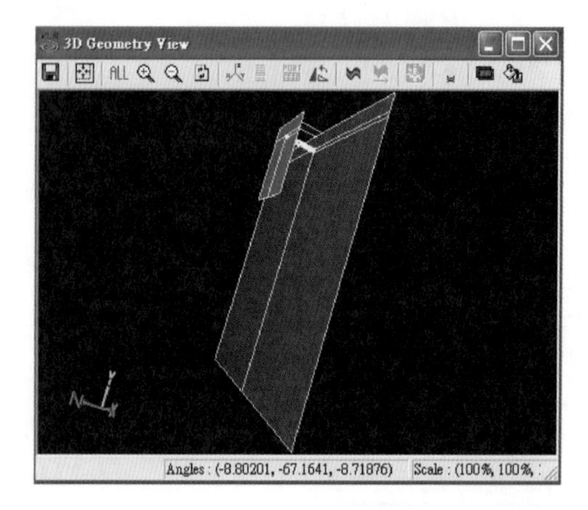

步驟 5-6：模擬天線

參考步驟 1-11

(I) 輸入頻率與點數，按 OK 之後請將所有點數選取。

Enter Frequency Range
Start Freq (GHz) 1
End Freq (GHz) 2.5
Number of Freq 201
Step Freq (GHz) 0.0075
OK
Cancel
Linear
Exponential

(II) 檢查 Width 是否接近 0.02，若不是請做調整，結束後按 OK。

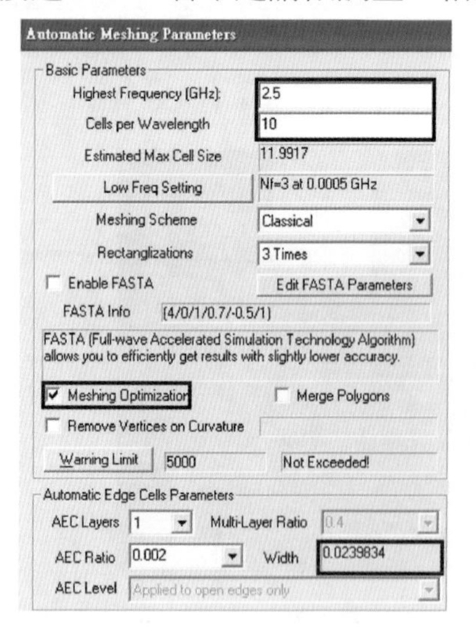

都設定完後回到 **Simulation Setup** 視窗並開始模擬。

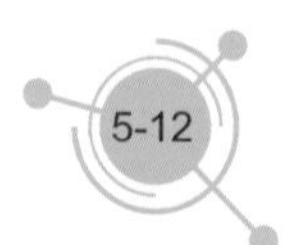

步驟 5-7：顯示 S11 圖

參考步驟 1-12-1

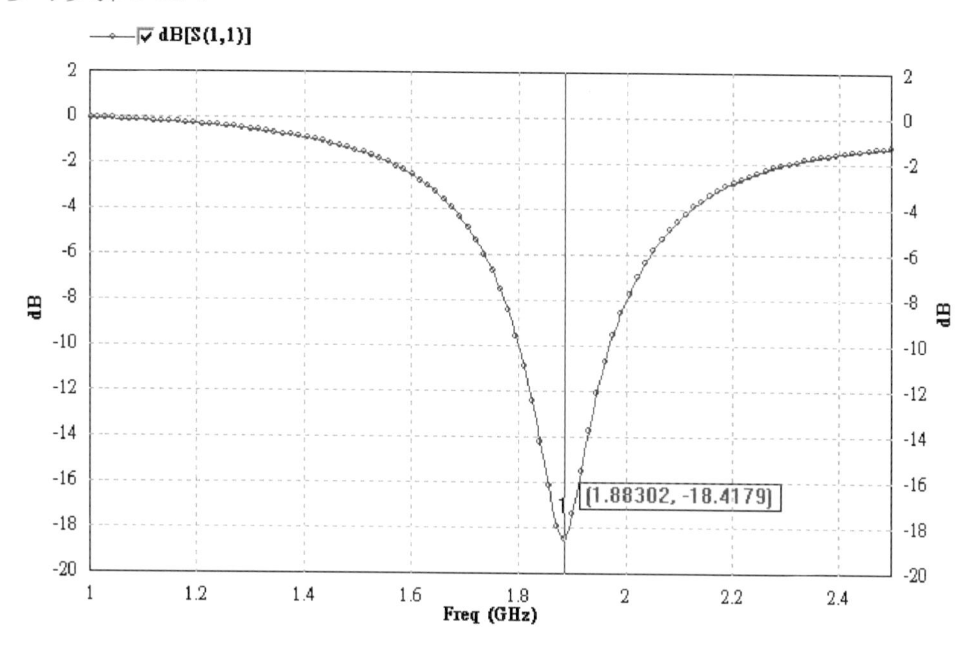

步驟 5-8：顯示史密斯圖

參考步驟 1-12-3

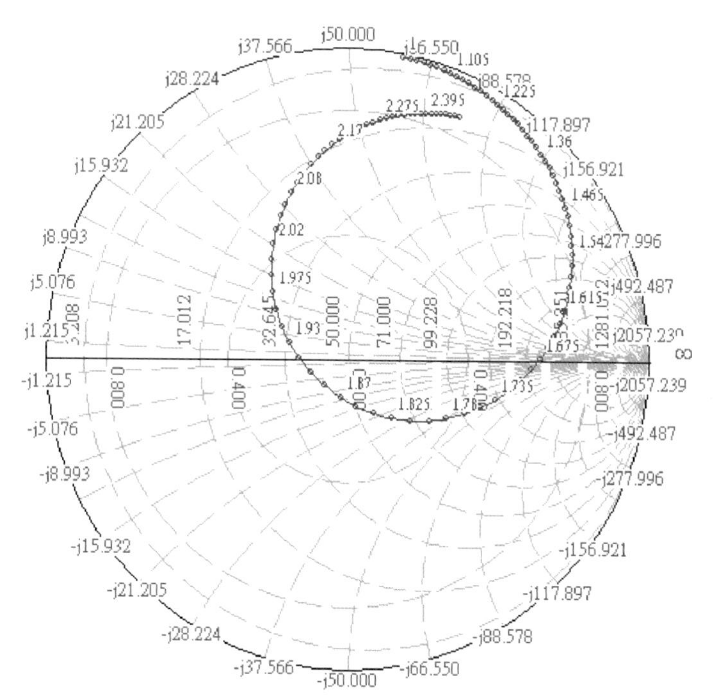

步驟 5-9：顯示阻抗關係圖

參考步驟 1-12-4

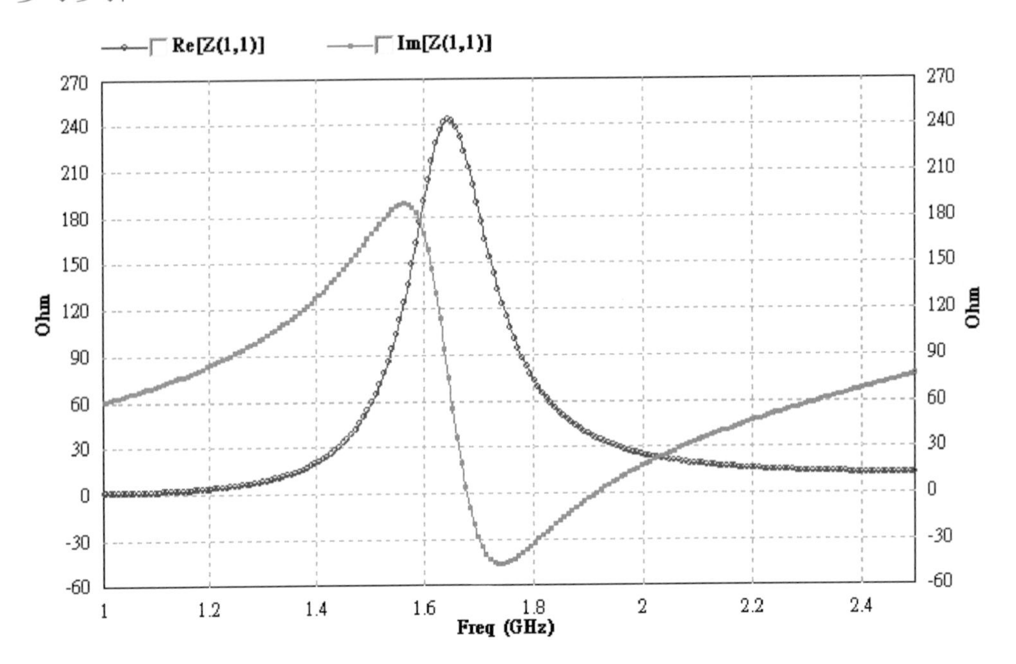

步驟 5-10：顯示 VSWR 的關係圖

參考步驟 1-12-6 (以下圖示已經放大過，請參考 3-11)

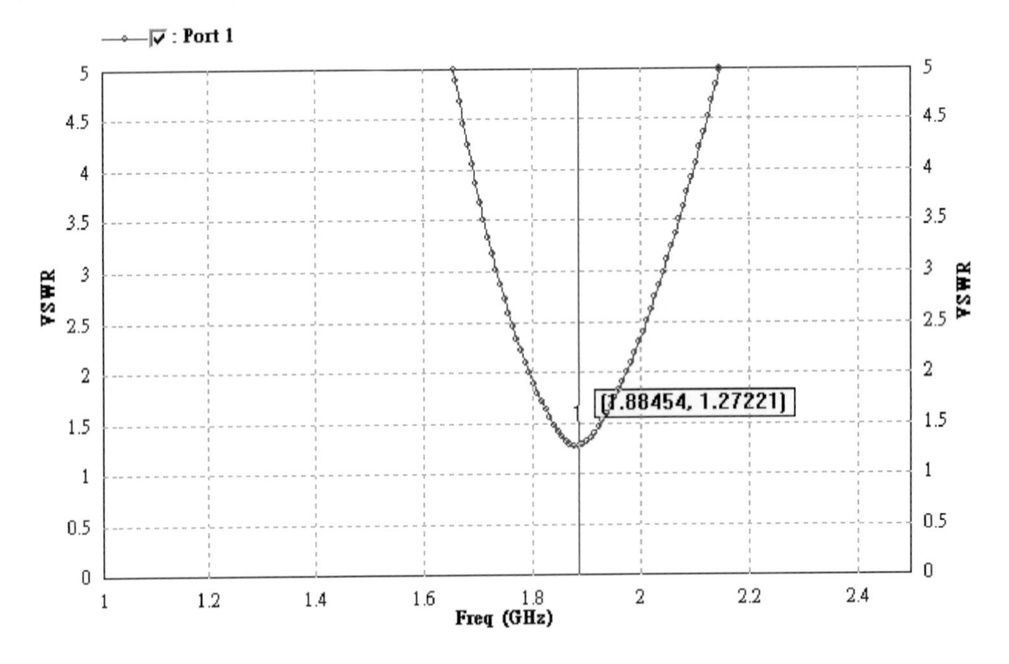

步驟 5-11：取得輻射場型

參考步驟 1-13

註(5)：E-plane 與 H-plane 是分別取得，共振頻率是 1.88 GHz。

E-plane (X-Z Plane)

f=1.88(GHz), E-theta, phi=0 (deg), PG=-2.57207 dB, AG=-4.62165 dB
f=1.88(GHz), E-phi, phi=0 (deg), PG=3.22223 dB, AG=-0.772797 dB

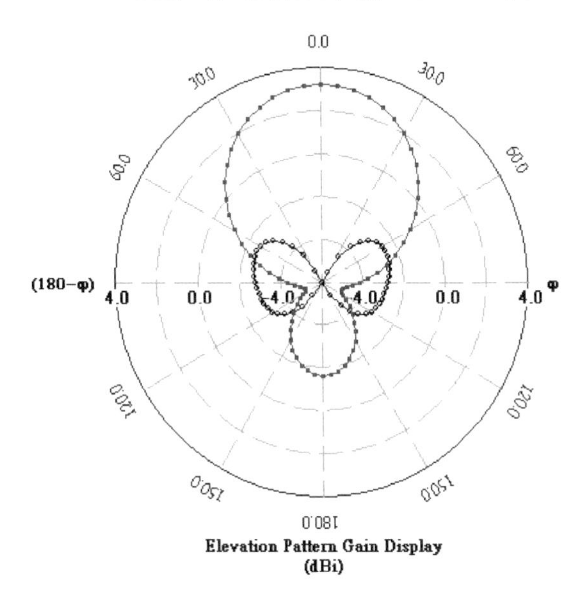

H-plane (Y-Z Plane)

f=1.88(GHz), E-theta, phi=90 (deg), PG=3.65842 dB, AG=-0.448299 dB
f=1.88(GHz), E-phi, phi=90 (deg), PG=-46.2772 dB, AG=-49.1075 dB

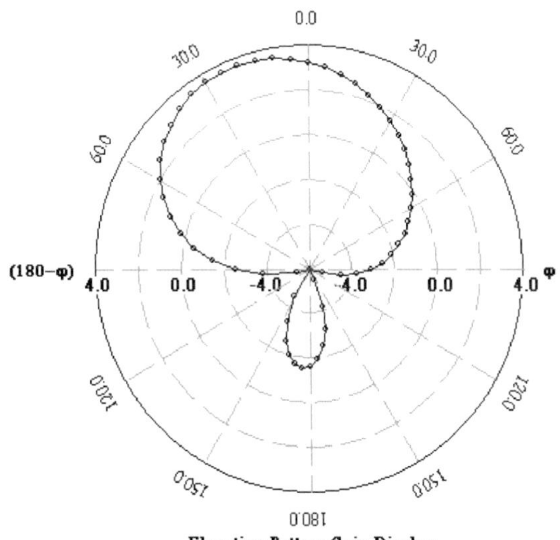

(X-Y Plane)

f=1.88(GHz), E-theta, theta=90 (deg), PG=-2.53747 dB, AG=-2.82277 dB
f=1.88(GHz), E-phi, theta=90 (deg), PG=-1.04266 dB, AG=-5.46495 dB

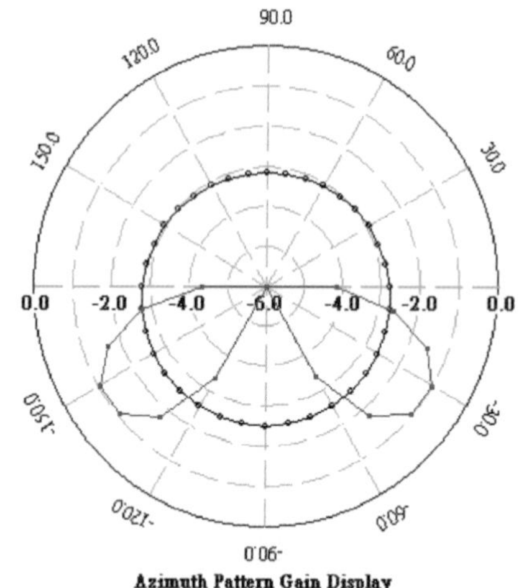

Azimuth Pattern Gain Display
(dBi)

步驟 5-12：模擬 3D 場型圖

參考步驟 1-14

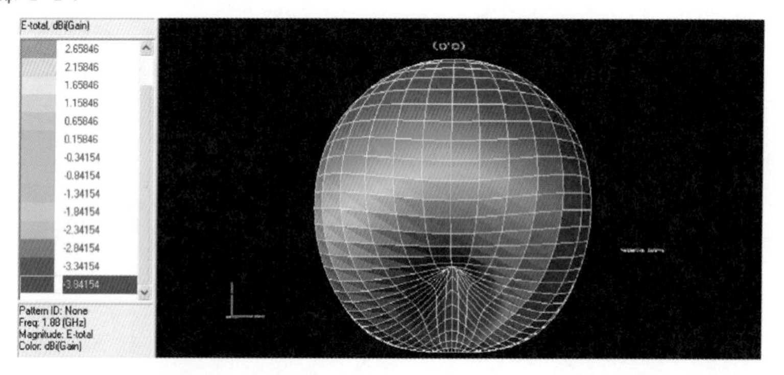

步驟 5-13：模擬電流分布

參考步驟 1-15

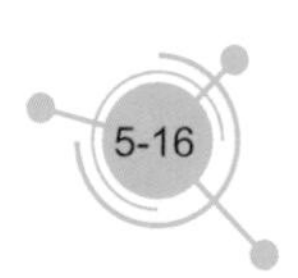

問題與討論：

實體與模擬的比較：

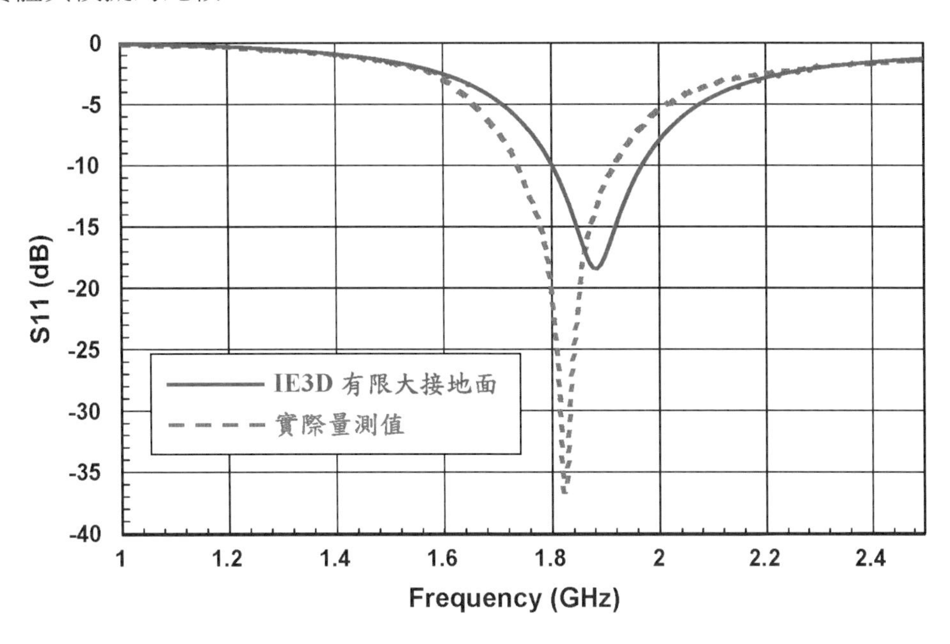

CHAPTER 6

圓極化微帶天線

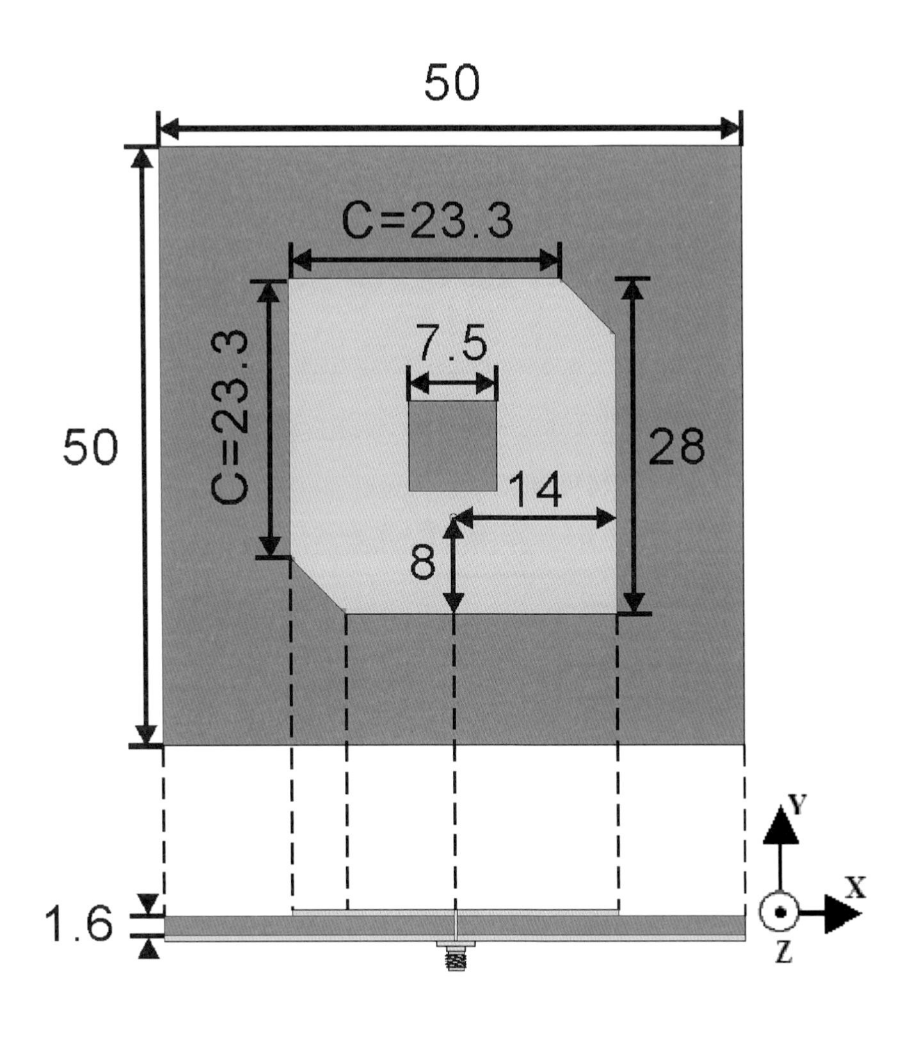

實驗目的

製作出以一個同軸 SMA 饋入，且 **3 dB Axial Ratio** 中心頻率操作在 2.4 GHz，具有圓極化特性之環形微帶天線。

參 數

使用 FR4 電路板，高度為 1.6 mm，介電係數 =4.4，模擬時將接地面設為無限大接地面。實作之天線接地面為 50×50 mm^2。同軸 SMA 接頭的半徑為 0.65 mm。為達到實作最佳化，請注意問題與討論之 C 尺寸。

模擬步驟

重複第一章步驟之 1-1 到 1-6：

步驟 6-1：設介質參數

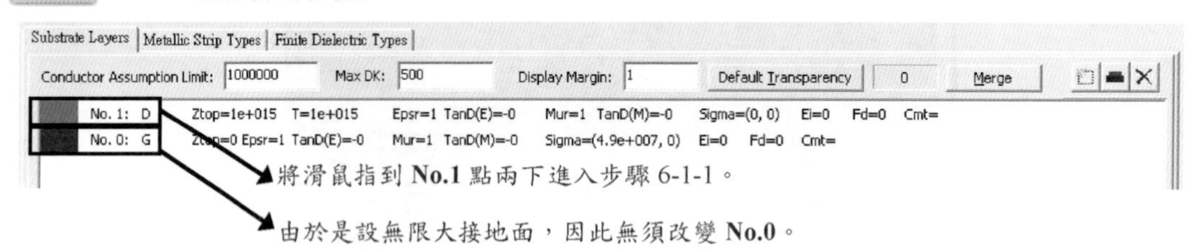

將滑鼠指到 **NO. 1**；這個欄位裡，點兩下進入以下畫面：

步驟 6-1-1：設定 No.1 (FR4)參數

Edit No.1 Substrate Layer

Comment | OK | Cancel
Top Surface, Ztop: 1.6 | Distance to No.0: 1.6 | Distance to Next: N/A
Dielectric Constant, Epsr: 4.4 | Type: Normal | Property: Dielectrics
Loss Tangent for Epsr, TanD(E): 0.02 | CAL Limit: 1e+006 | Factor: 4.40088
Permeability, Mur: 1 | Enclosure Index: No.0 | 輸入後再按 OK
Loss Tangent for Mur, TanD(M): 0 | Transparency: 0.5 | Color
Real Part of Conductivity (s/m): 0
Imag. Part of Conductivity (s/m): 0 | Add Freq | Delete | Remove All | Import | Export
Freq (GHz) | Epsr | TanD(E) | Mur | TanD(M) | Re(Sigma) | Im(Sigma)

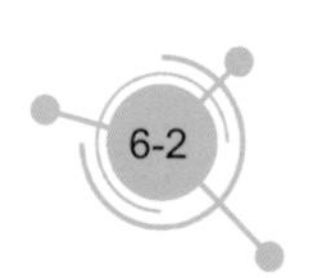

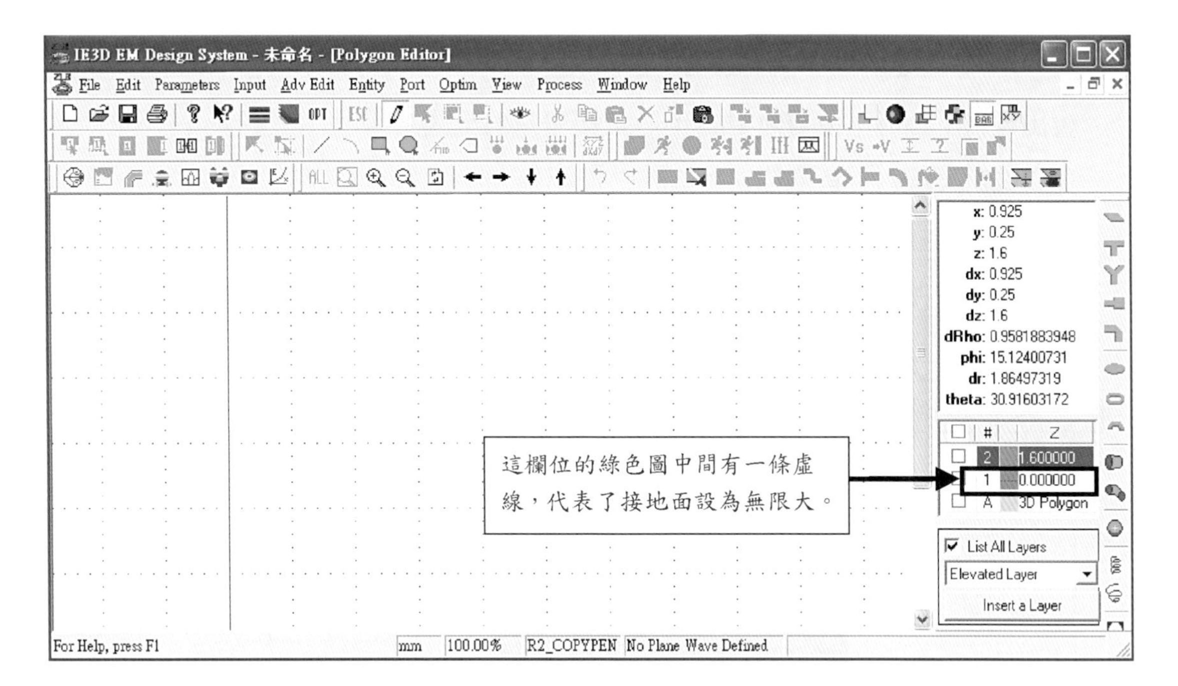

步驟 6-2-1：畫矩形 PATCH

從“**Entity**”中選取“**Rectangle**”。

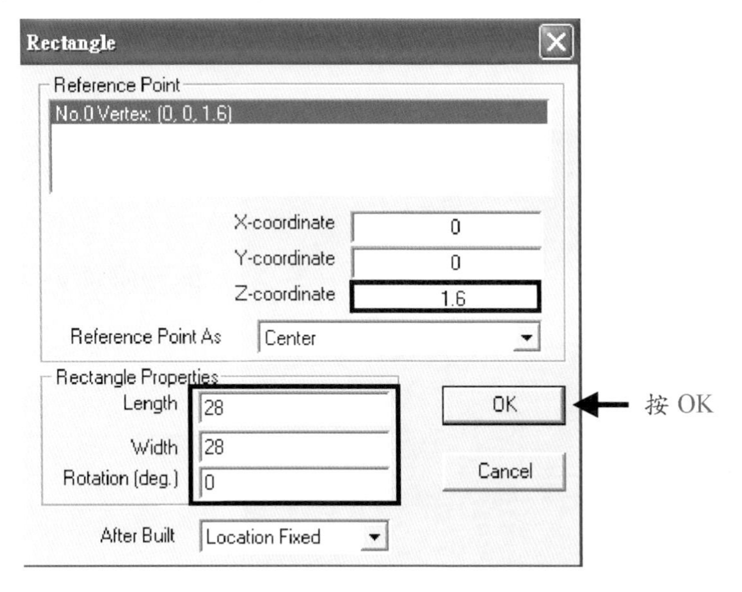

步驟 6-2-2：將 PATCH 作截角

會出現以下圖形：按畫面中的 ALL 按鈕可以看全圖。

先將輻射天線右上角截掉。

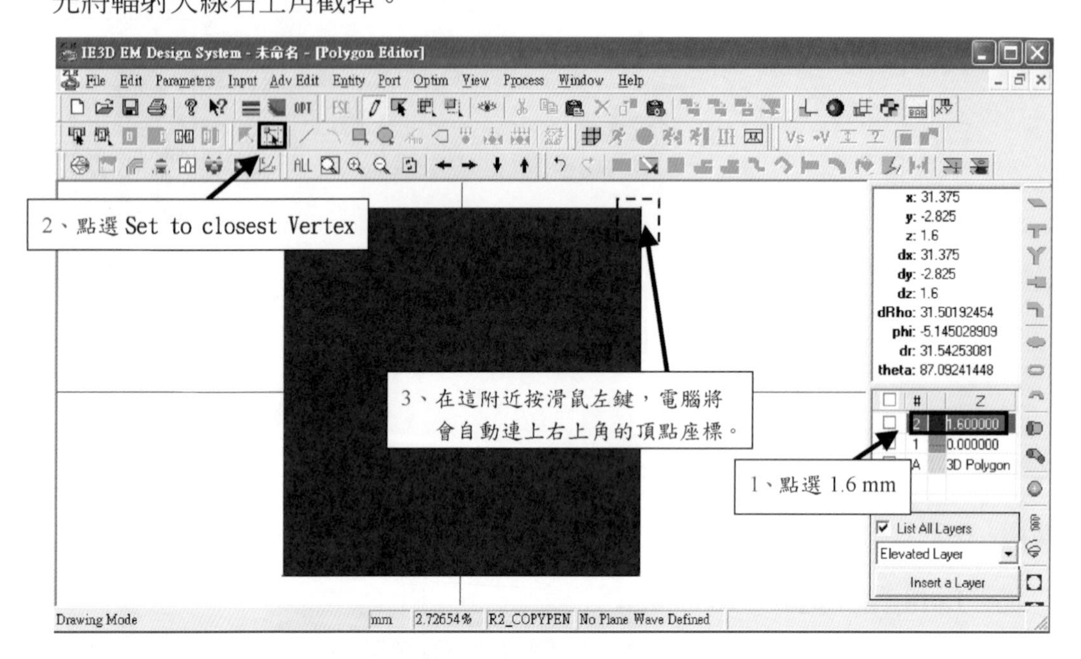

會出現下圖：

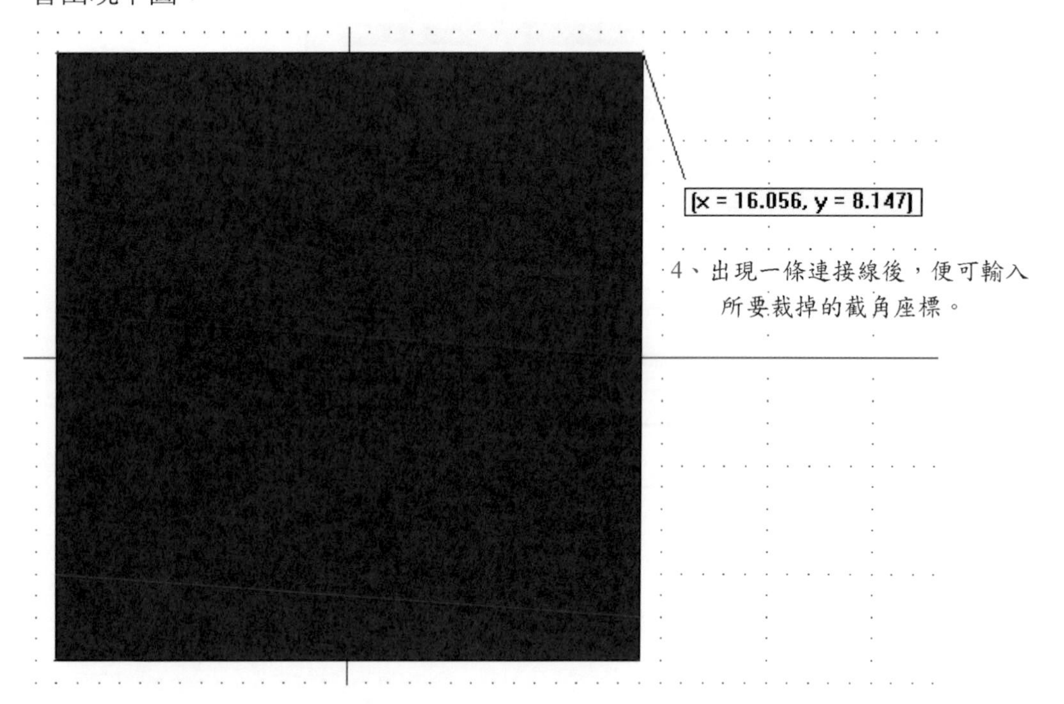

[x = 16.056, y = 8.147]
4、出現一條連接線後，便可輸入所要裁掉的截角座標。

步驟 6-2-2-1：

使用座標表示法繪畫，在鍵盤上按『**Shift+A**』。

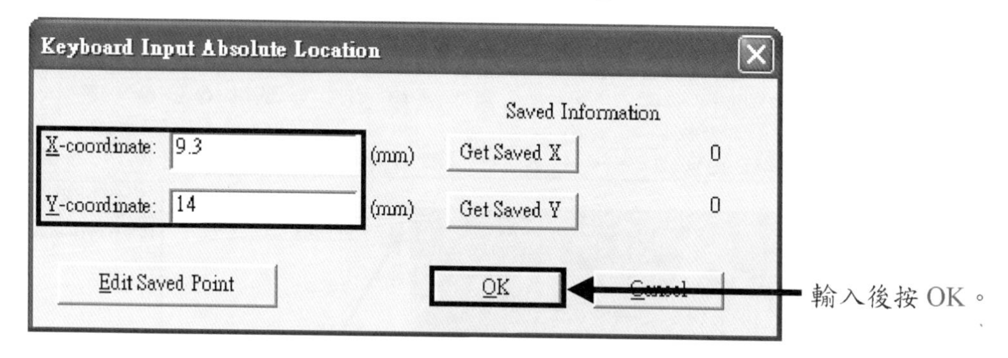

若出現以下疑問視窗，按『是(Y)』即可。

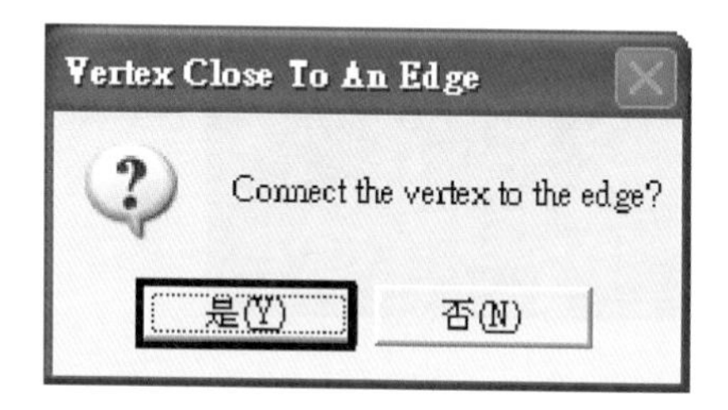

步驟 6-2-2-2：

再使用座標表示法繪畫，在鍵盤上按『**Shift+A**』。

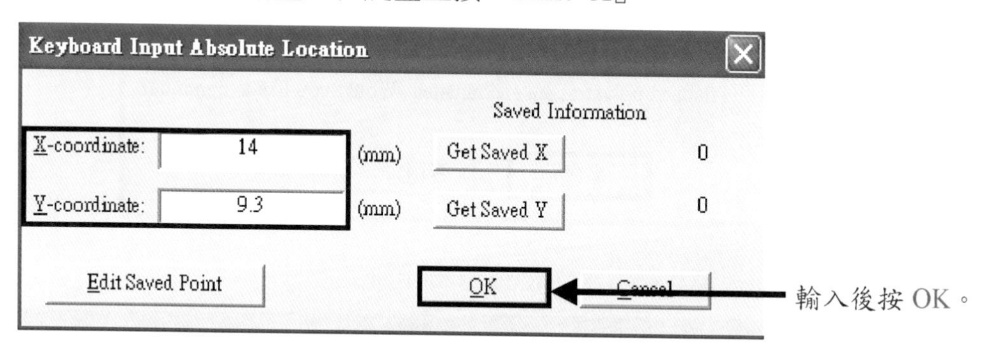

若出現以下疑問視窗，按『是(Y)』即可。

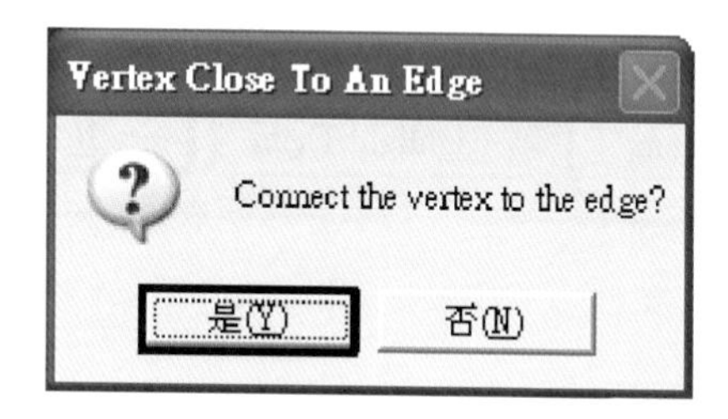

步驟 6-2-2-3：

回到頂點：

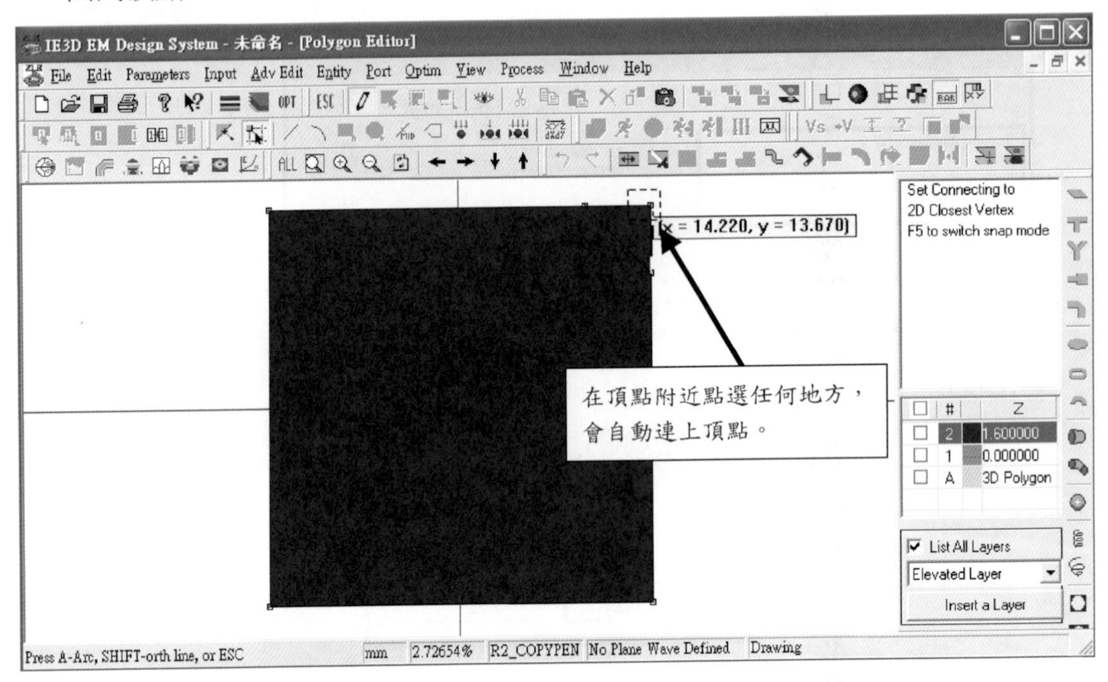

若出現以下疑問視窗，按『是(Y)』即可。

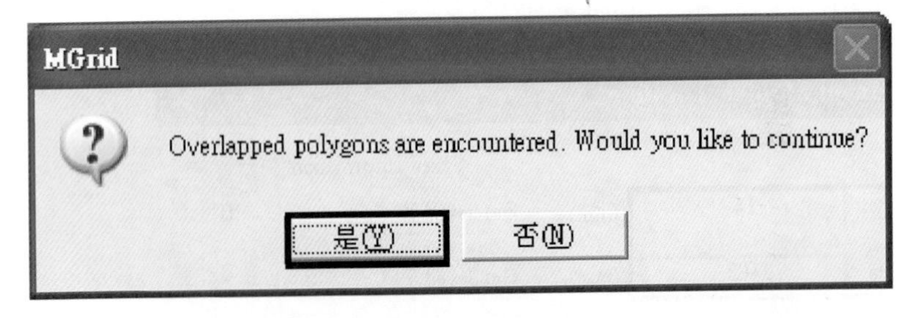

或若出現以下疑問視窗，按『No Action』即可。

Overlapped Polygons Detected

Number of Overlapped Polygons: 2

Clean Them | Select Them | Highlight Them | No Action | Cancel

步驟 6-2-2-4：

出現下圖後：可參考步驟 2-1-3。

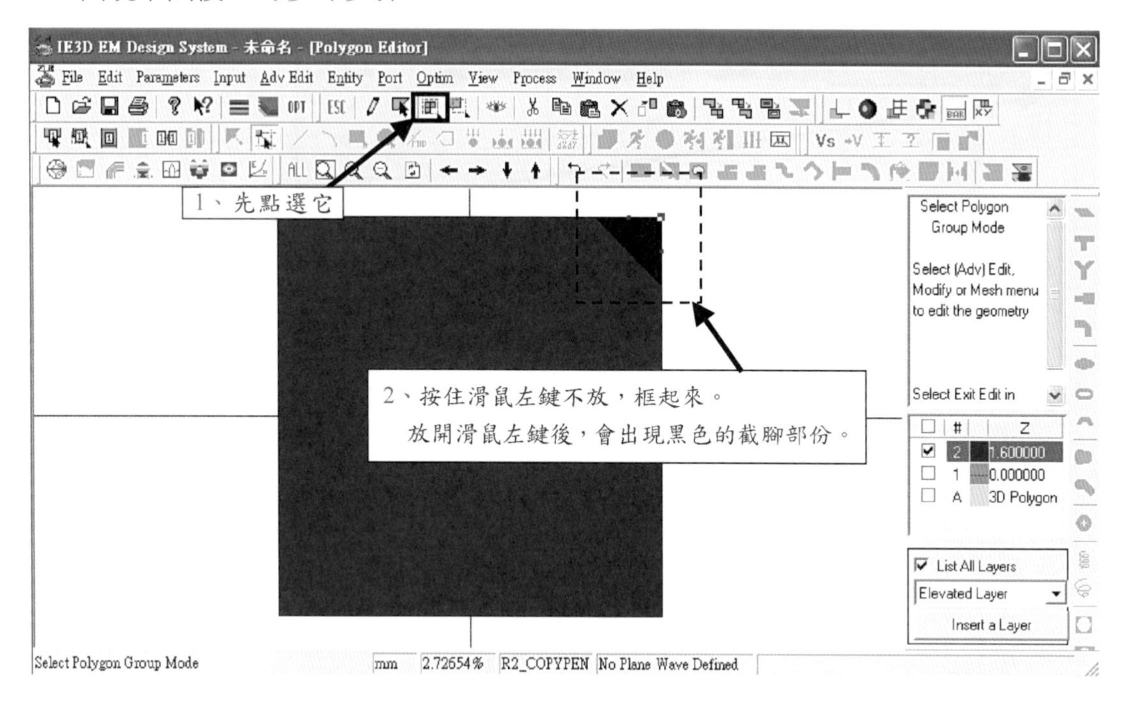

從下圖：

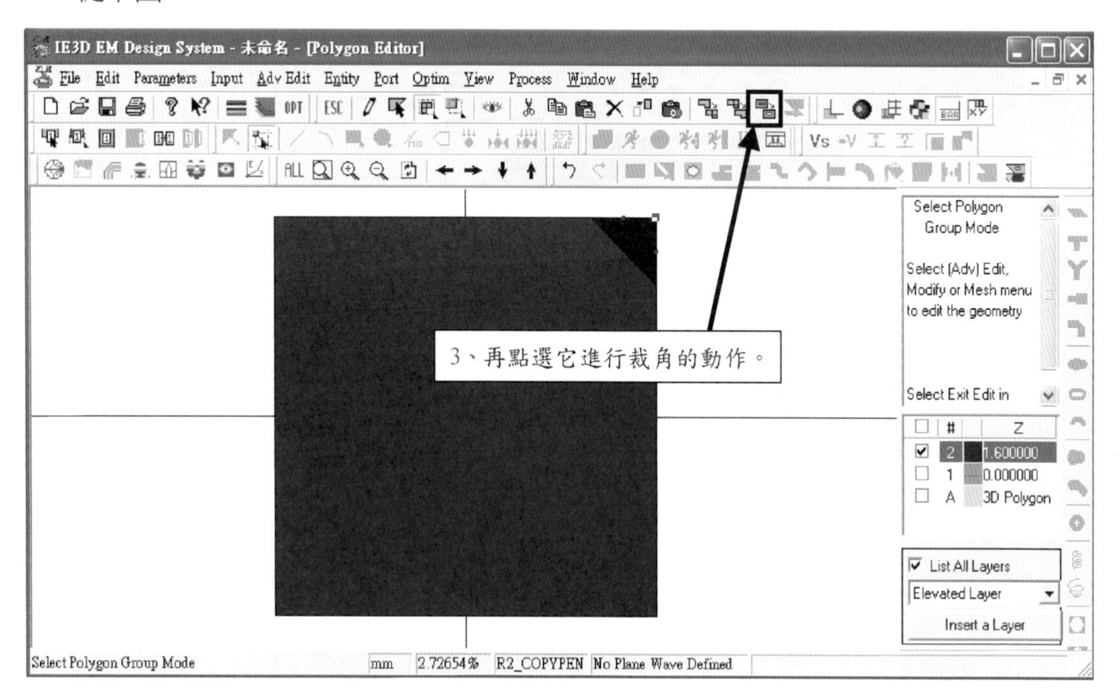

之後會出現以下視窗：

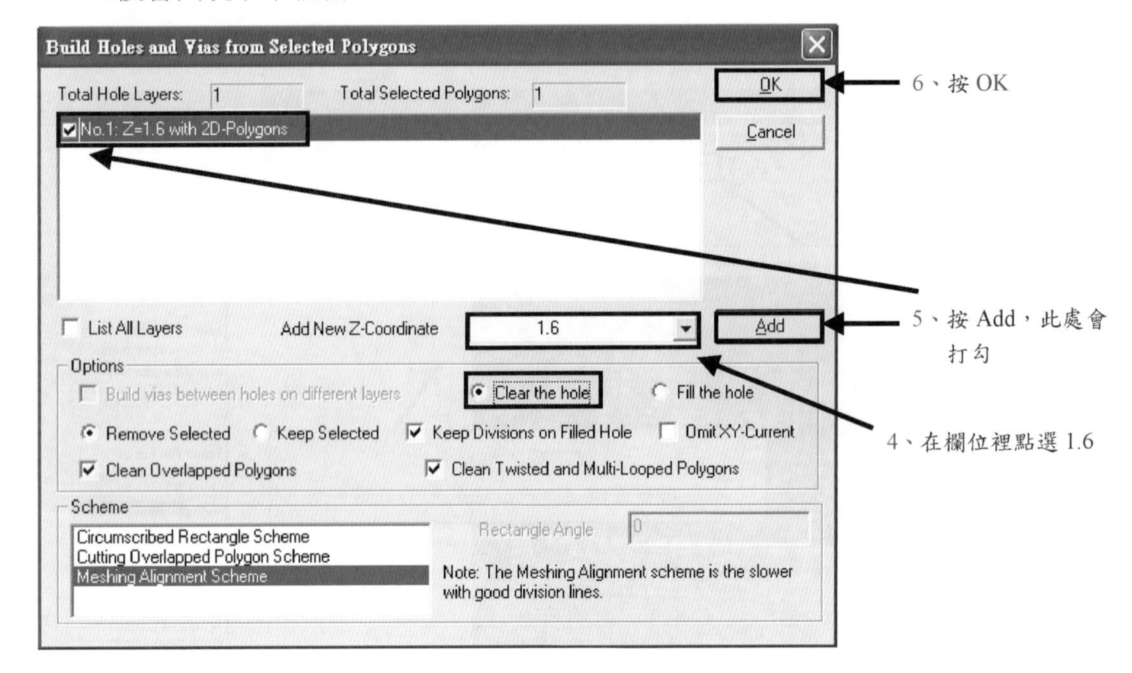

之後會出現以下圖形：

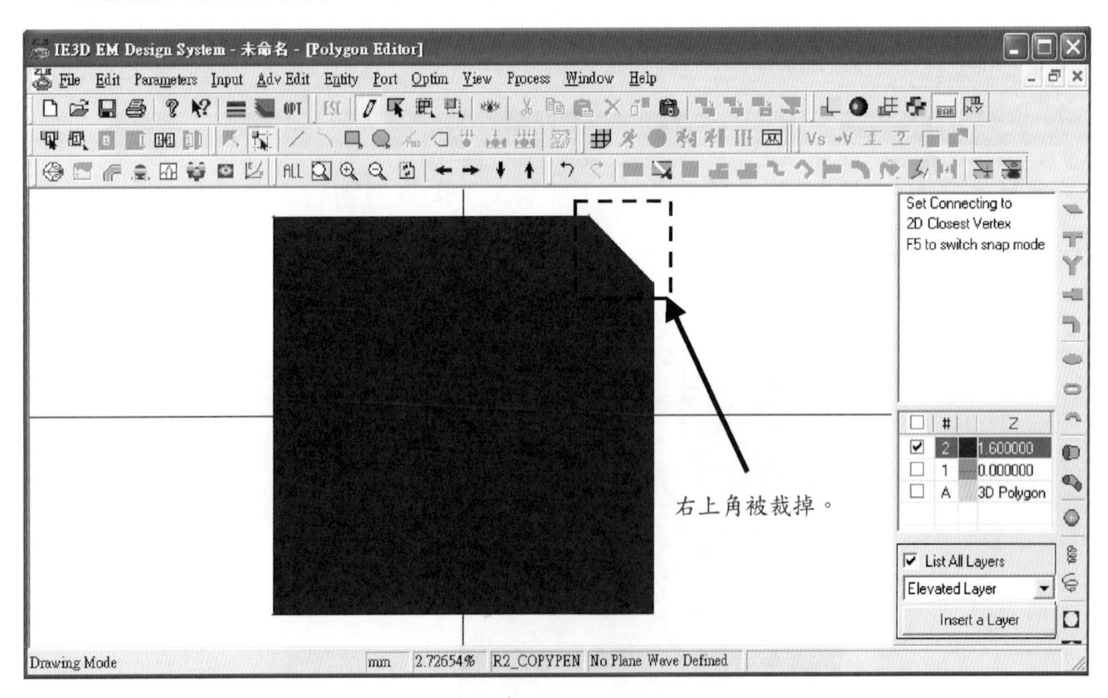

步驟 6-2-2-5：

接下來是截掉左下角的部分，步驟和以上一樣，可參考步驟 **6-2-2** 到步驟 **6-2-2-4**。以下是截掉左下角所需用到的座標：

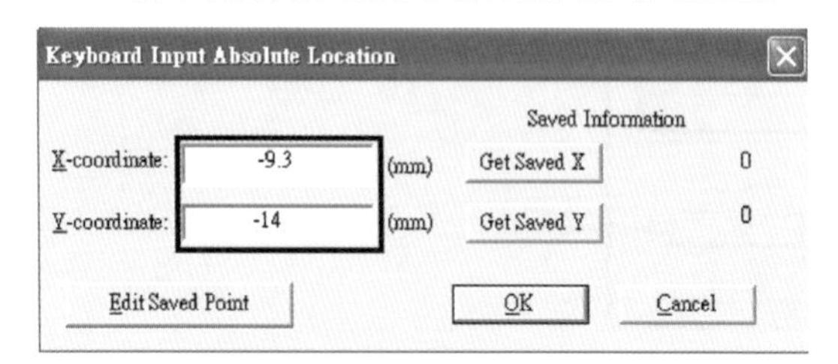

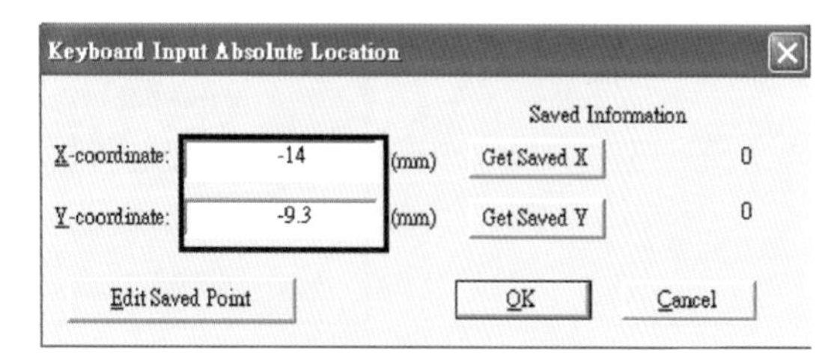

之後會出現以下圖形：

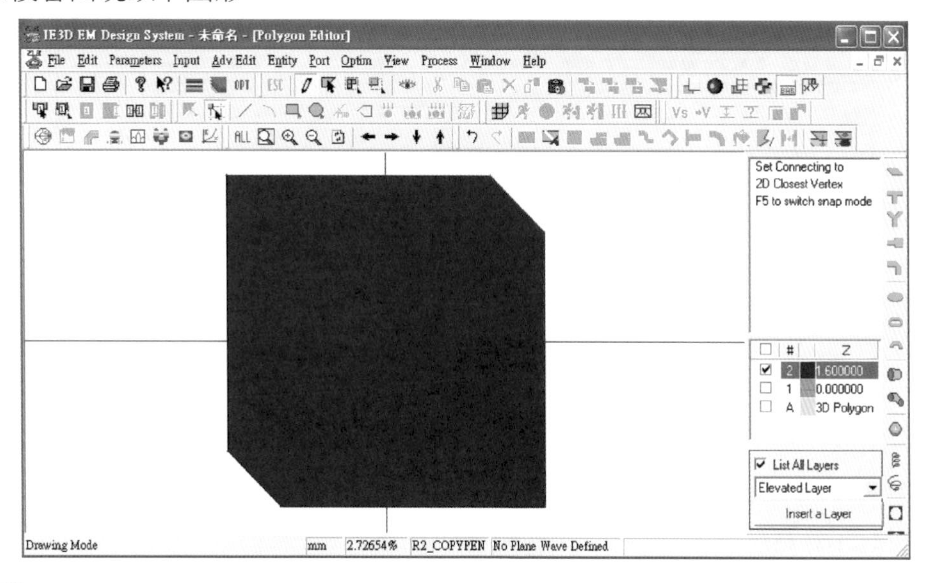

步驟 6-2-3：挖矩形槽孔

從 “**Adv Edit**” 中選取 “**Dig Rectangular Hole...**” ：

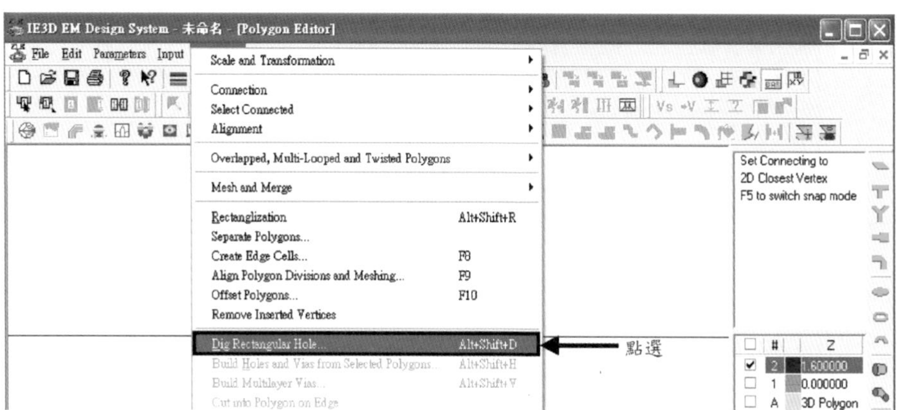

之後會出現以下視窗：

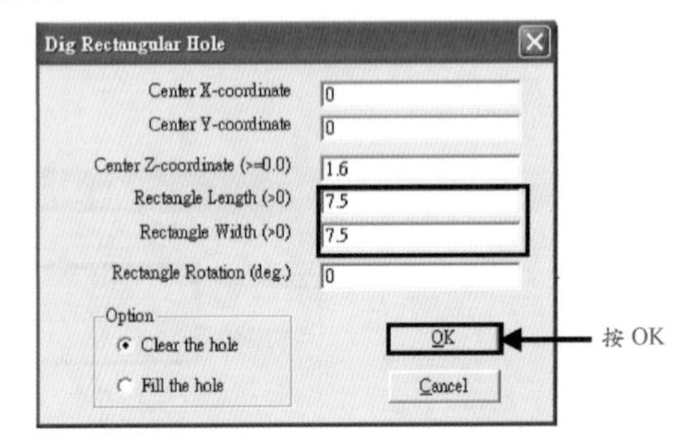

之後會出現以下圖形：

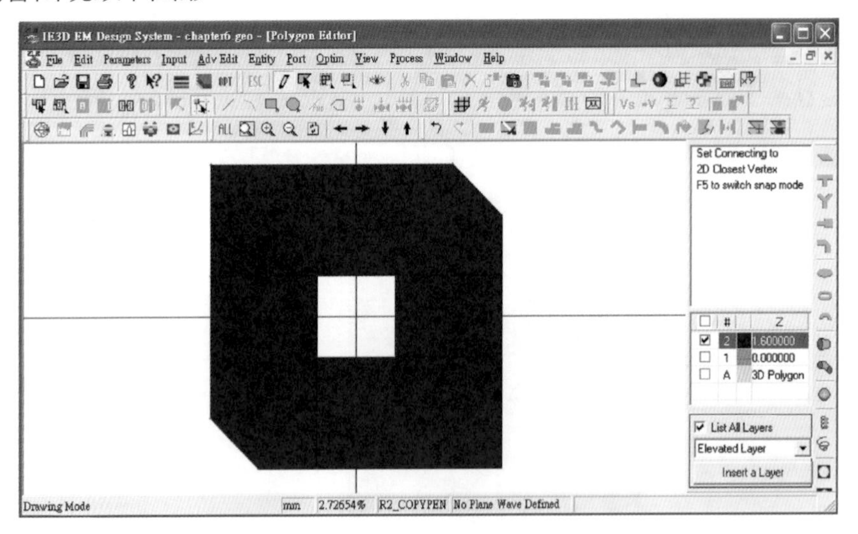

註(1)：別忘了存檔。

步驟 6-3：設定 Probe(饋入點)

參考步驟 1-9

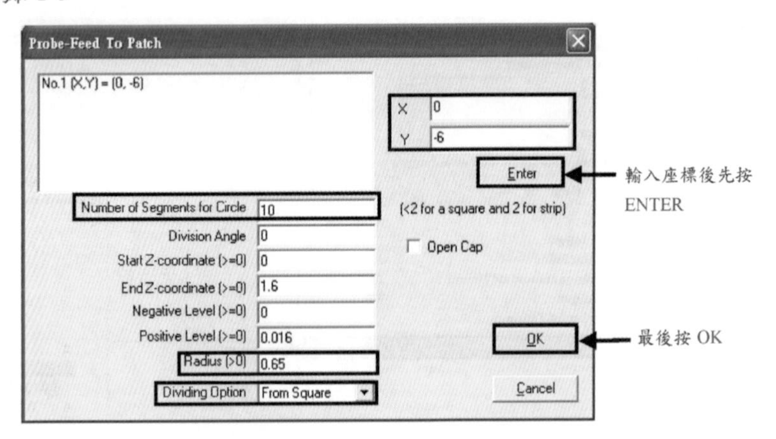

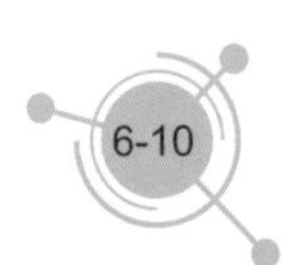

之後會出現以下圖形：

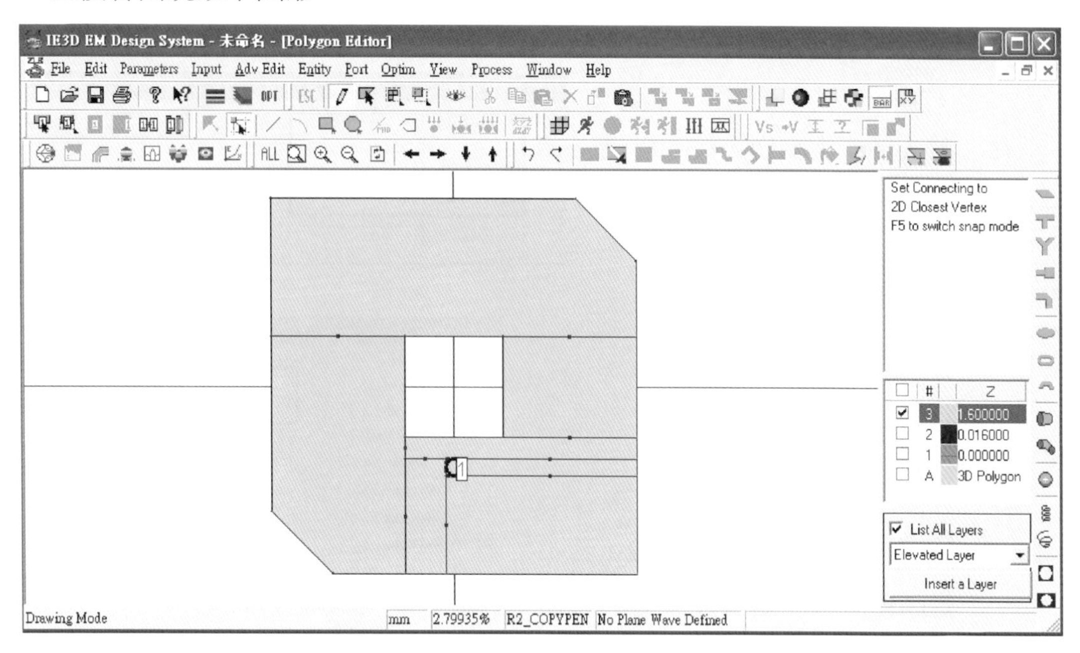

註(2)：到了這裡也別忘了存檔。

步驟 6-4：觀看 3D View

參考步驟 1-10

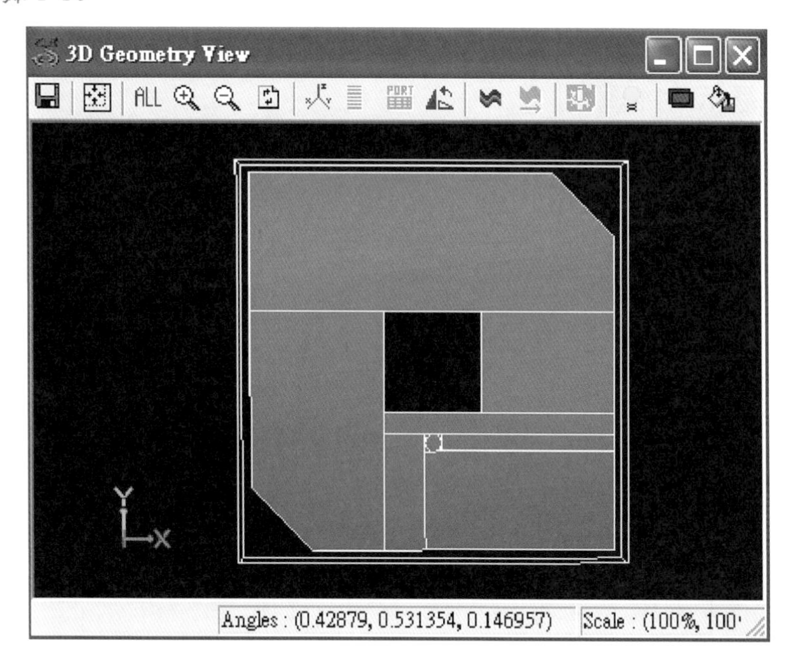

步驟 6-5：模擬天線

參考步驟 1-11

(I) 輸入頻率與點數，按 OK 之後請將所有點數選取。

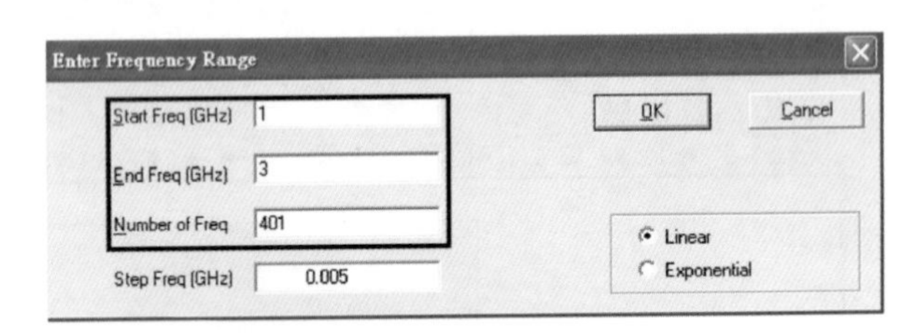

(II) 檢查 Width 是否接近 0.02，若不是請做調整，結束後按 OK。

都設定完後回到 **Simulation Setup** 視窗並開始模擬。

步驟 6-6：顯示 S11 圖

參考步驟 1-12-1

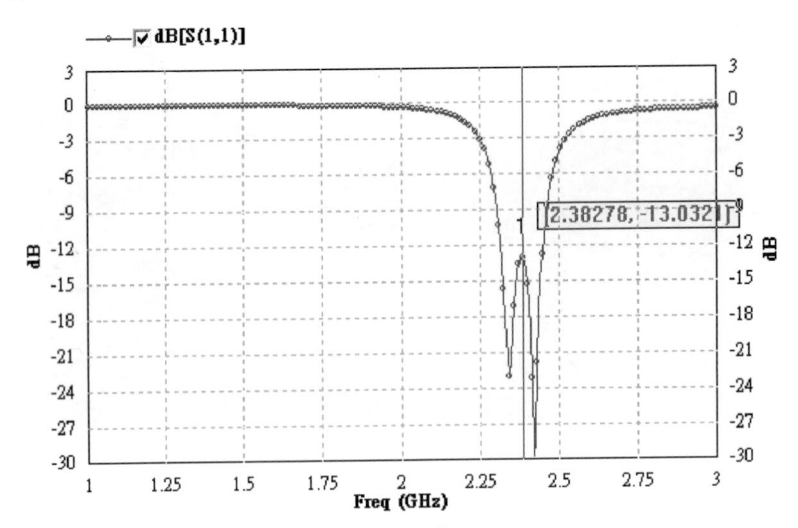

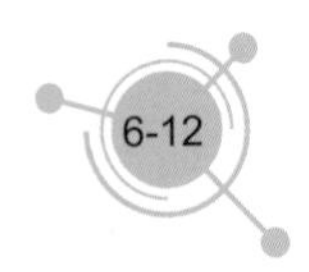

步驟 6-7：顯示史密斯圖

參考步驟 1-12-3

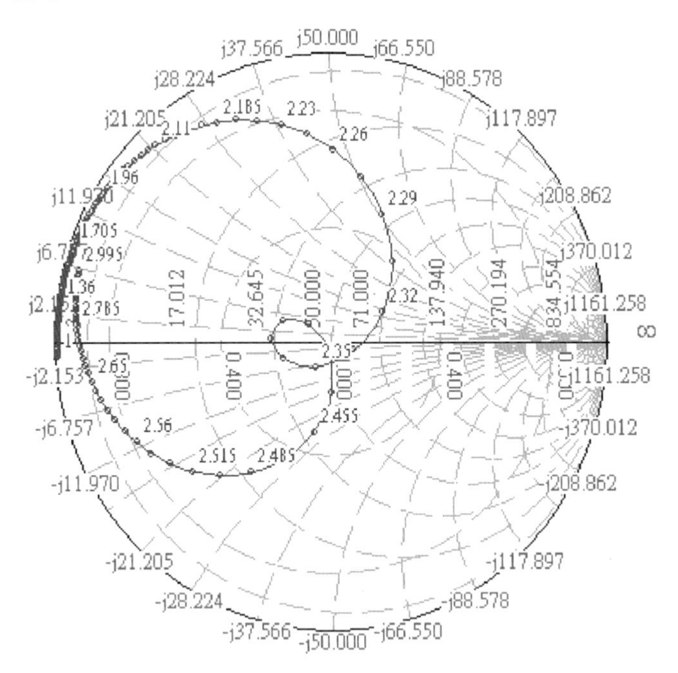

步驟 6-8：顯示阻抗關係圖

參考步驟 1-12-4

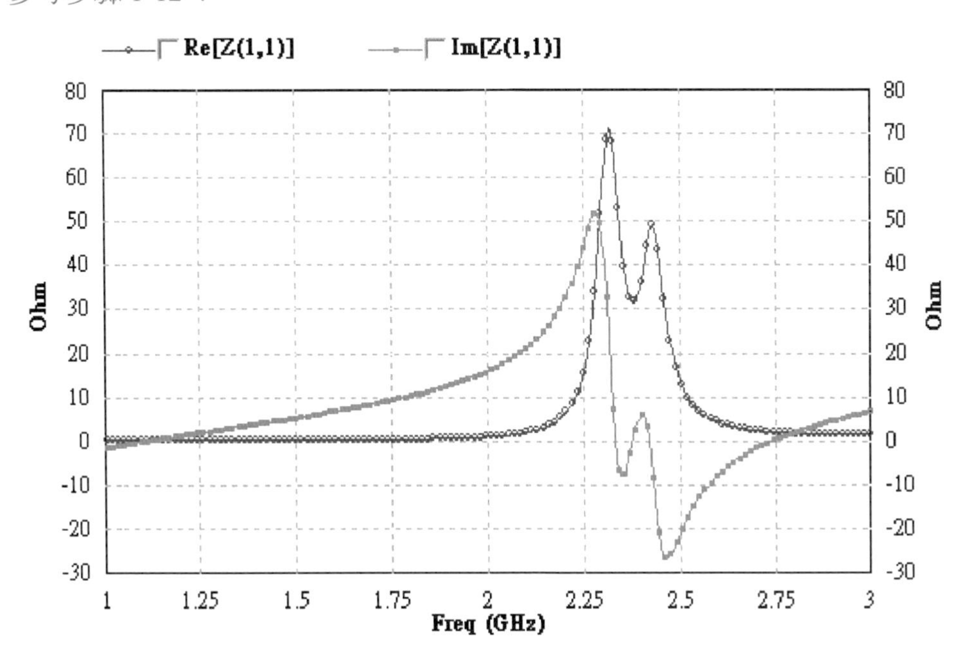

步驟 6-9：顯示 VSWR 的關係圖

參考步驟 1-12-6 (以下圖示已經被放大，請參考 3-11)

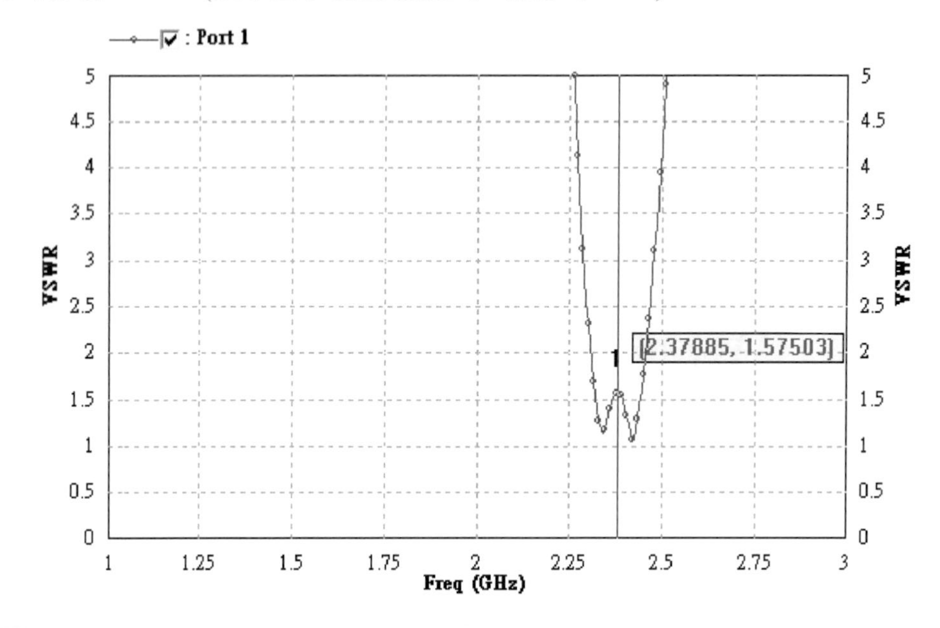

步驟 6-10：取得 3 dB AR(軸比)數據圖

參考步驟 1-13

模擬圓極化天線與其它天線不同的地方在於我們還需要它的圓極化 **Axial Ratio(AR)**軸比值。由於 **AR** 值大多數會介於 **10 dB Return Loss (-10 dB S11)**的頻寬之內，因此，以此天線來說，大約只要模擬 **2.3** 至 **2.5 GHz**，點數只要設 **11** 點或最多到 **31** 點便可。切記，點數越多，模擬時間會越長。

要取得 **AR** 值，就需要首先模擬輻射場型。所需要的最佳圓極化輻射場型之頻率，要從 **AR** 數據圖取得。

首先從點選 開始：

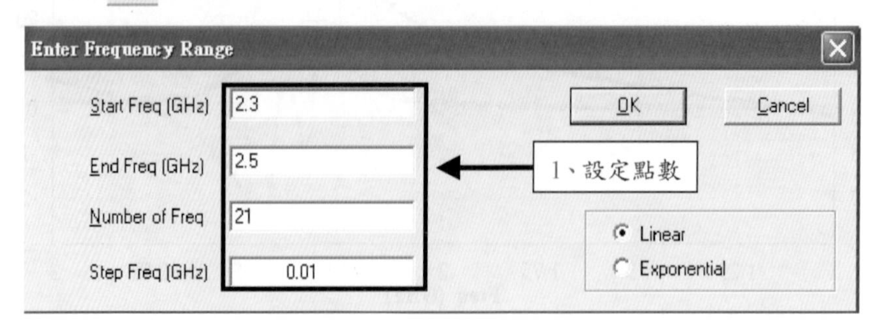

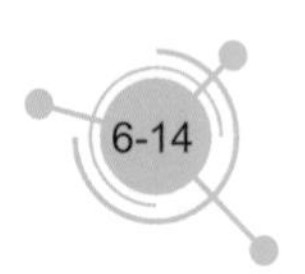

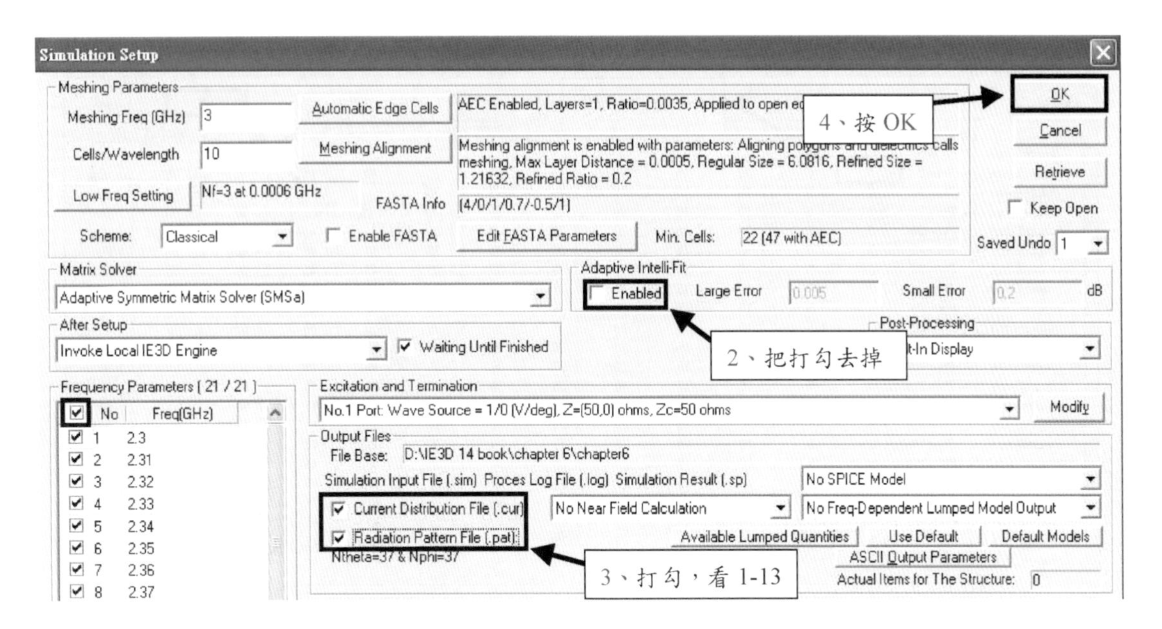

模擬完畢後，依照以下操作：

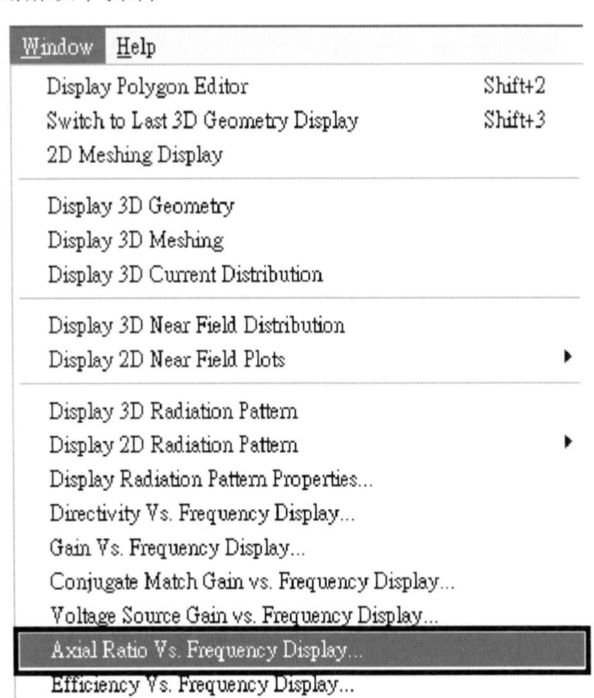

會出現以下視窗：

Frequency Response Display

Axial-Ratio Vs. Frequency Display　　...utput\chapter6.mpa　　OK　　Cancel

1、將它打勾

2、按 OK

File	Min	Theta[1]	Theta[2]	Theta[3]			...ta[6]	Theta[7]	Theta[8]	Theta[9]	Theta[10]	...ta[11]	Theta[12]	Theta
chapter6.mpa	☐ Min													
chapter6.mpa	Phi = 0	☑ 0	☐ 5	☐ 10	☐ 15	☐ 20	☐ 25	☐ 30	☐ 35	☐ 40	☐ 45	☐ 50	☐ 55	☐ 60
chapter6.mpa	Phi = 10	☐ 0	☐ 5	☐ 10	☐ 15	☐ 20	☐ 25	☐ 30	☐ 35			☐ 50	☐ 55	☐ 60
chapter6.mpa	Phi = 20	☐ 0	☐ 5	☐ 10	☐ 15	☐ 20	☐ 25	☐ 30	☐ 35			☐ 50	☐ 55	☐ 60
chapter6.mpa	Phi = 30	☐ 0	☐ 5	☐ 10	☐ 15	☐ 20	☐ 25	☐ 30	☐ 35			☐ 50	☐ 55	☐ 60
chapter6.mpa	Phi = 40	☐ 0	☐ 5	☐ 10	☐ 15	☐ 20	☐ 25	☐ 30	☐ 35	☐ 40	☐ 45	☐ 50	☐ 55	☐ 60
chapter6.mpa	Phi = 50	☐ 0	☐ 5	☐ 10	☐ 15	☐ 20	☐ 25	☐ 30	☐ 35	☐ 40	☐ 45	☐ 50	☐ 55	☐ 60
chapter6.mpa	Phi = 60	☐ 0	☐ 5	☐ 10	☐ 15	☐ 20	☐ 25	☐ 30	☐ 35	☐ 40	☐ 45	☐ 50	☐ 55	☐ 60
chapter6.mpa	Phi = 70	☐ 0	☐ 5	☐ 10	☐ 15	☐ 20	☐ 25	☐ 30	☐ 35	☐ 40	☐ 45	☐ 50	☐ 55	☐ 60
chapter6.mpa	Phi = 80	☐ 0	☐ 5	☐ 10	☐ 15	☐ 20	☐ 25	☐ 30	☐ 35	☐ 40	☐ 45	☐ 50	☐ 55	☐ 60
chapter6.mpa	Phi = 90	☐ 0	☐ 5	☐ 10	☐ 15	☐ 20	☐ 25	☐ 30	☐ 35	☐ 40	☐ 45	☐ 50	☐ 55	☐ 60
chapter6.mpa	Phi = 100	☐ 0	☐ 5	☐ 10	☐ 15	☐ 20	☐ 25	☐ 30	☐ 35	☐ 40	☐ 45	☐ 50	☐ 55	☐ 60
chapter6.mpa	Phi = 110	☐ 0	☐ 5	☐ 10	☐ 15	☐ 20	☐ 25	☐ 30	☐ 35	☐ 40	☐ 45	☐ 50	☐ 55	☐ 60
chapter6.mpa	Phi = 120	☐ 0	☐ 5	☐ 10	☐ 15	☐ 20	☐ 25	☐ 30	☐ 35	☐ 40	☐ 45	☐ 50	☐ 55	☐ 60
chapter6.mpa	Phi = 130	☐ 0	☐ 5	☐ 10	☐ 15	☐ 20	☐ 25	☐ 30	☐ 35	☐ 40	☐ 45	☐ 50	☐ 55	☐ 60
chapter6.mpa	Phi = 140	☐ 0	☐ 5	☐ 10	☐ 15	☐ 20	☐ 25	☐ 30	☐ 35	☐ 40	☐ 45	☐ 50	☐ 55	☐ 60
chapter6.mpa	Phi = 150	☐ 0	☐ 5	☐ 10	☐ 15	☐ 20	☐ 25	☐ 30	☐ 35	☐ 40	☐ 45	☐ 50	☐ 55	☐ 60
chapter6.mpa	Phi = 160	☐ 0	☐ 5	☐ 10	☐ 15	☐ 20	☐ 25	☐ 30	☐ 35	☐ 40	☐ 45	☐ 50	☐ 55	☐ 60
chapter6.mpa	Phi = 170	☐ 0	☐ 5	☐ 10	☐ 15	☐ 20	☐ 25	☐ 30	☐ 35	☐ 40	☐ 45	☐ 50	☐ 55	☐ 60
chapter6.mpa	Phi = 180	☐ 0	☐ 5	☐ 10	☐ 15	☐ 20	☐ 25	☐ 30	☐ 35	☐ 40	☐ 45	☐ 50	☐ 55	☐ 60
chapter6.mpa	Phi = 190	☐ 0	☐ 5	☐ 10	☐ 15	☐ 20	☐ 25	☐ 30	☐ 35	☐ 40	☐ 45	☐ 50	☐ 55	☐ 60
chapter6.mpa	Phi = 200	☐ 0	☐ 5	☐ 10	☐ 15	☐ 20	☐ 25	☐ 30	☐ 35	☐ 40	☐ 45	☐ 50	☐ 55	☐ 60

Additional Data Set　　Selected Items in Additional Data Set:　　Selected Items in File: 1　　Total Items in All Files: 1　　Apply to All Files

Polarization　　☑ Markers

Scale　　Pattern List...

☐ Rotate Vectors By　0

完成後會出現以下視窗：

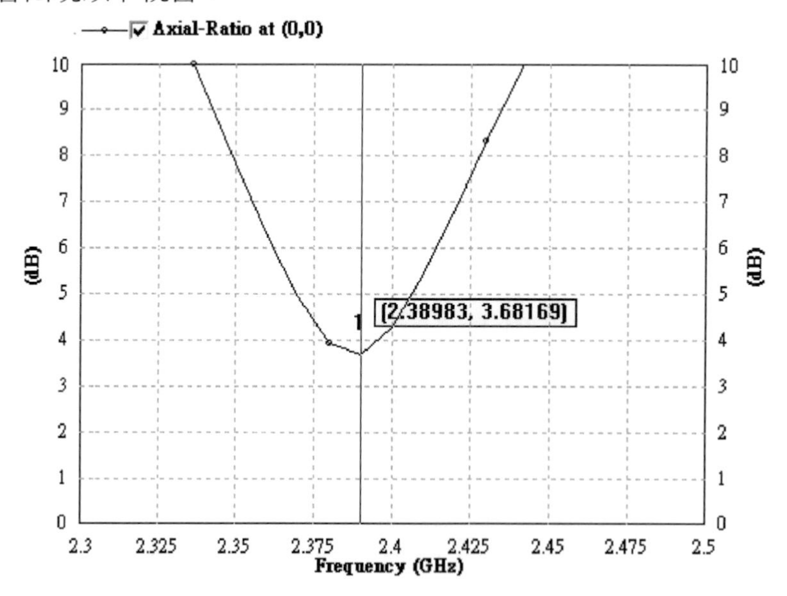

從 **AR** 圖，可得知圓極化中心頻率在 **2.38 GHz**。

註(3)：此 **AR** 值並未達到 **3 dB** 的要求，請看問題與討論。

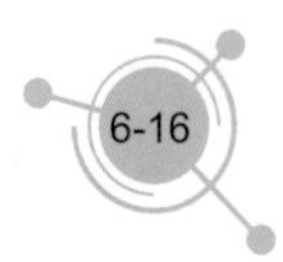

步驟 6-11：取得輻射場型

參考步驟 1-13

註(4)：E-plane 與 H-plane 是分別取得，圓極化中心頻率是 2.39 GHz。

註(5)：由於場型是從 2.3 模擬至 2.5 GHz，因此需要選擇在 2.39 GHz 內點選。

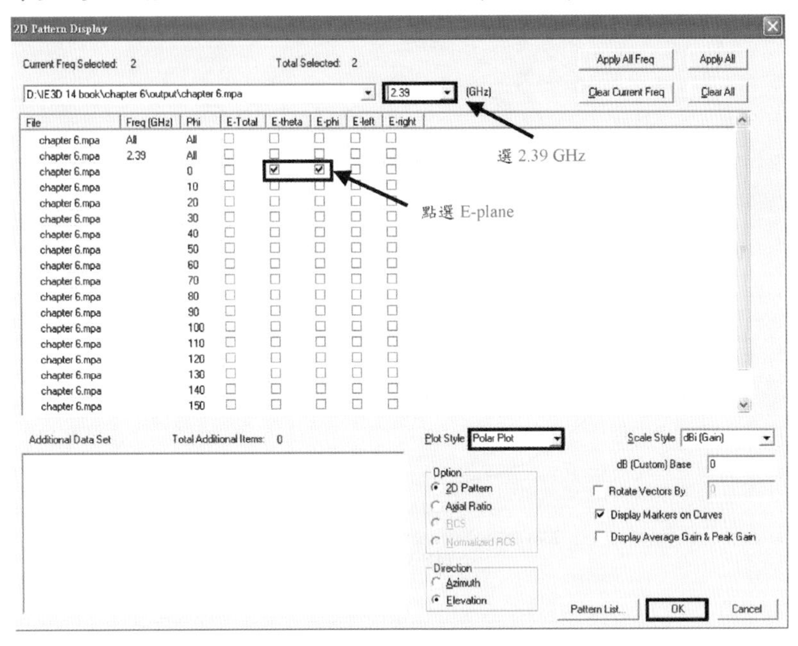

E-plane (X-Z Plane)

f=2.39(GHz), E-theta, phi=0 (deg), PG=-0.70782 dB, AG=-5.11209 dB
f=2.39(GHz), E-phi, phi=0 (deg), PG=-4.35207 dB, AG=-10.5859 dB

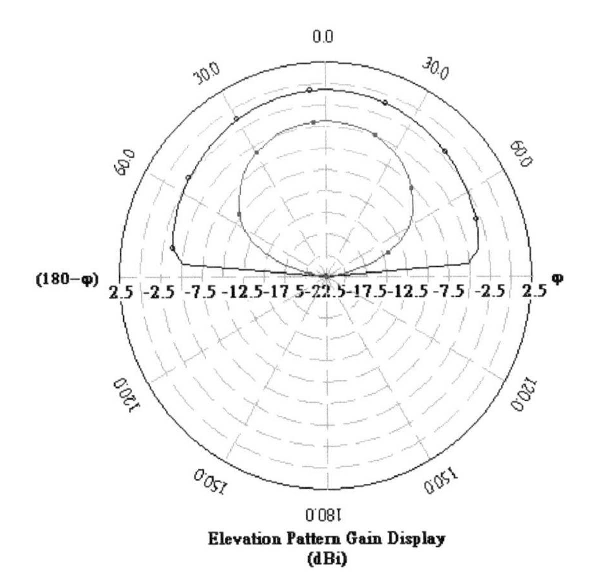

Elevation Pattern Gain Display
(dBi)

H-plane (Y-Z Plane)

f=2.39(GHz), E-theta, phi=90 (deg), PG=-4.31697 dB, AG=-8.75091 dB
f=2.39(GHz), E-phi, phi=90 (deg), PG=-0.70782 dB, AG=-6.94148 dB

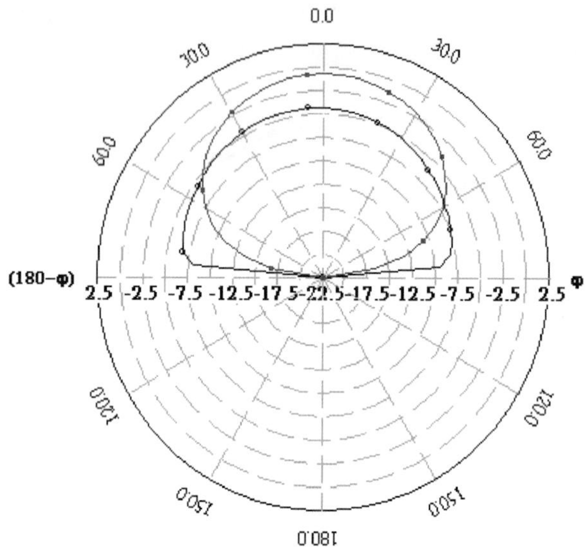

Elevation Pattern Gain Display
(dBi)

(X-Y Plane)

f=2.39(GHz), E-theta, theta=90 (deg), PG=-59.1202 dB, AG=-60.7611 dB
f=2.39(GHz), E-phi, theta=90 (deg), PG=-81.5862 dB, AG=-82.9769 dB

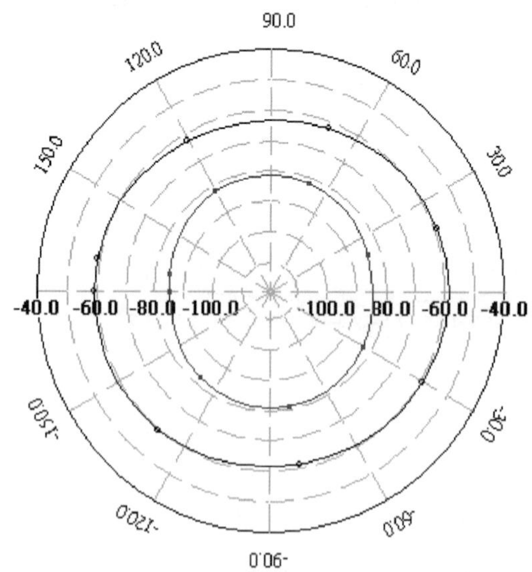

Azimuth Pattern Gain Display
(dBi)

步驟 6-12：模擬 3D 場型圖

參考步驟 1-14

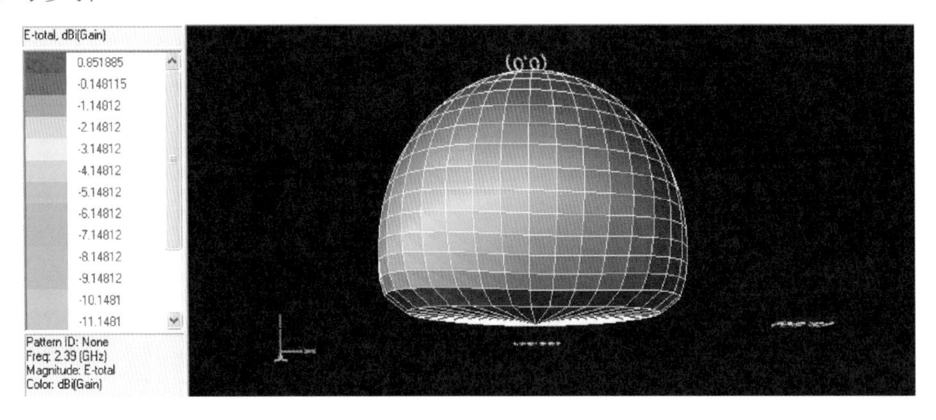

步驟 6-13：模擬電流分布

參考步驟 1-16

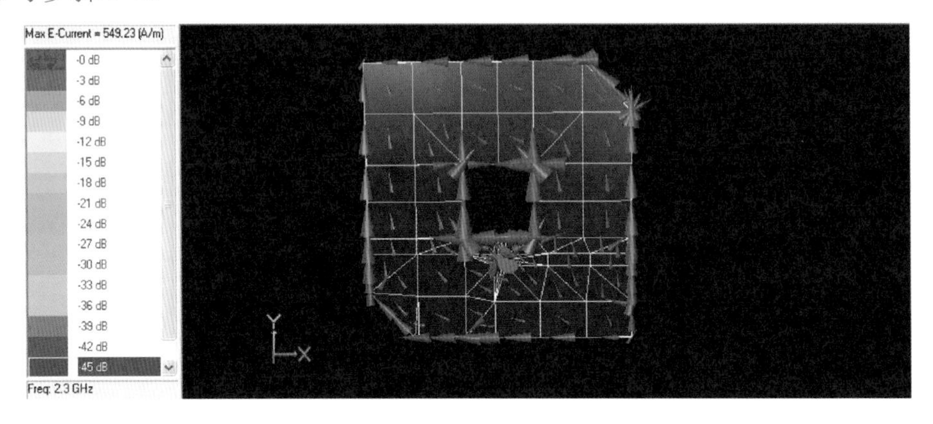

問題與討論：

Q1：假如在截角的時候將 Use Circumscribed Rectangle 欄位打勾的話會如何?

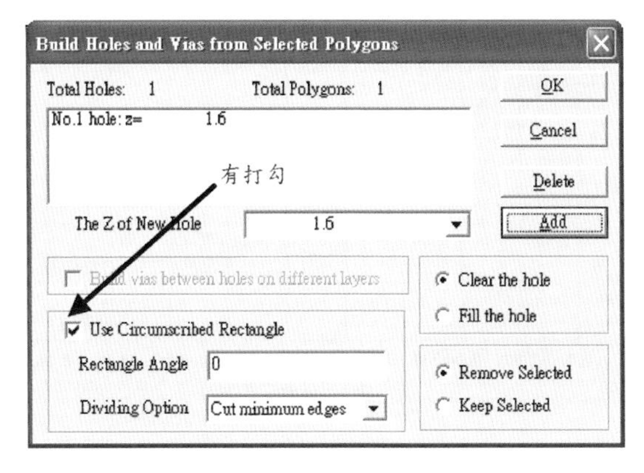

Ans：會出現以下圖示

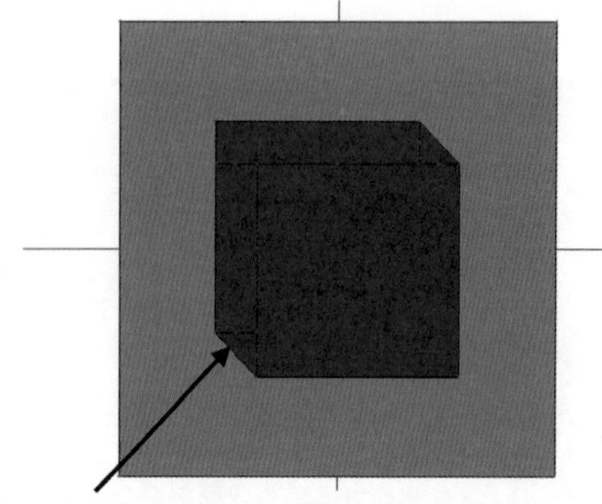

天線層不是被裁掉，反而是往裡面反折進去，模擬結果也有些許的不一樣。

實體與模擬 S11 的比較圖：

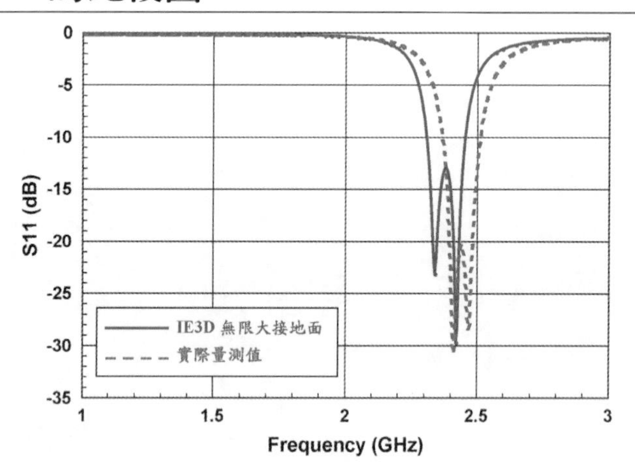

實體與模擬 AR 的比較圖：

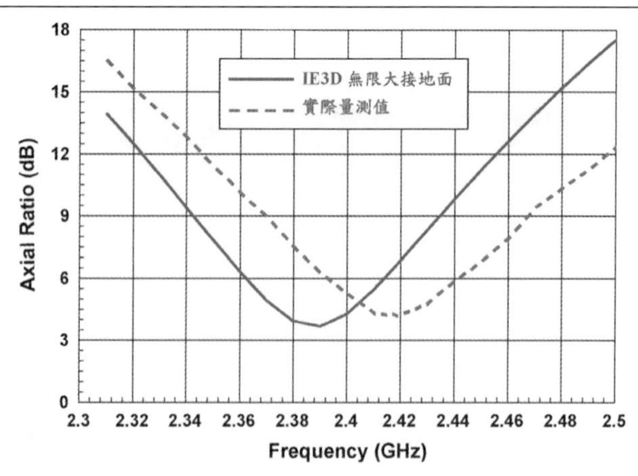

由於這次的模擬與實體的 AR 結果不是很理想(不在 3 dB 以下)，因此我們在實體天線上作了一些改變，也就是在截角兩端作稍微的修正來求取較好的 AR 值。從而發現在 **C = 24 mm**，也就是截角邊少了 0.7 mm 的情況下，AR 值有低於 3 dB。

此實體天線的改變也作了有限大接地的模擬加以比較，答案如下：

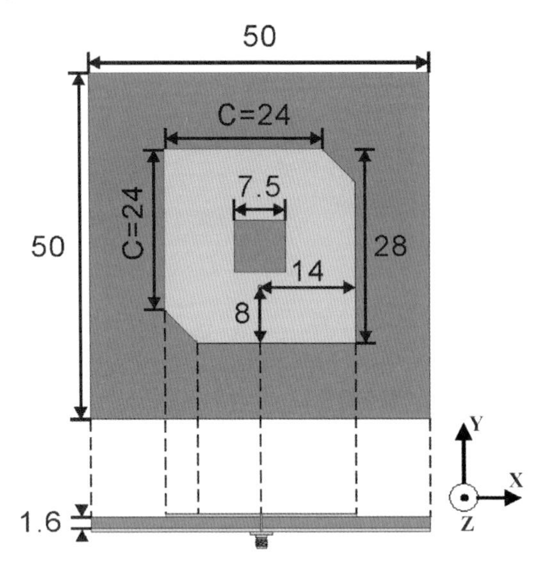

使用 FR4 電路板，高度為 1.6 mm，介電係數 = 4.4，並將接地面設為有限接地面。其中 **C** 長度改為 **24 mm**，也因此截角尺寸也有所改變。同軸 SMA 接頭的半徑為 0.65 mm。

以下是圓極化微帶天線在改變截角尺寸後的模擬結果：

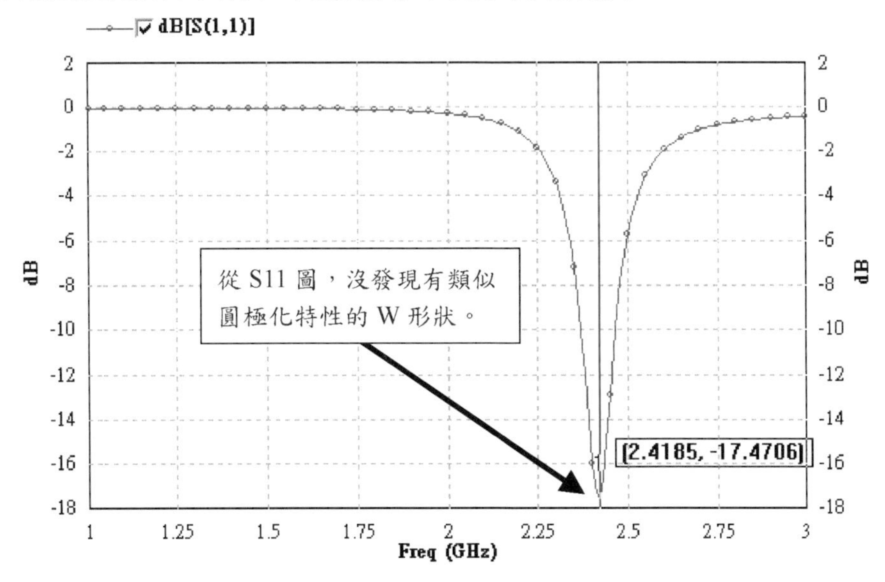

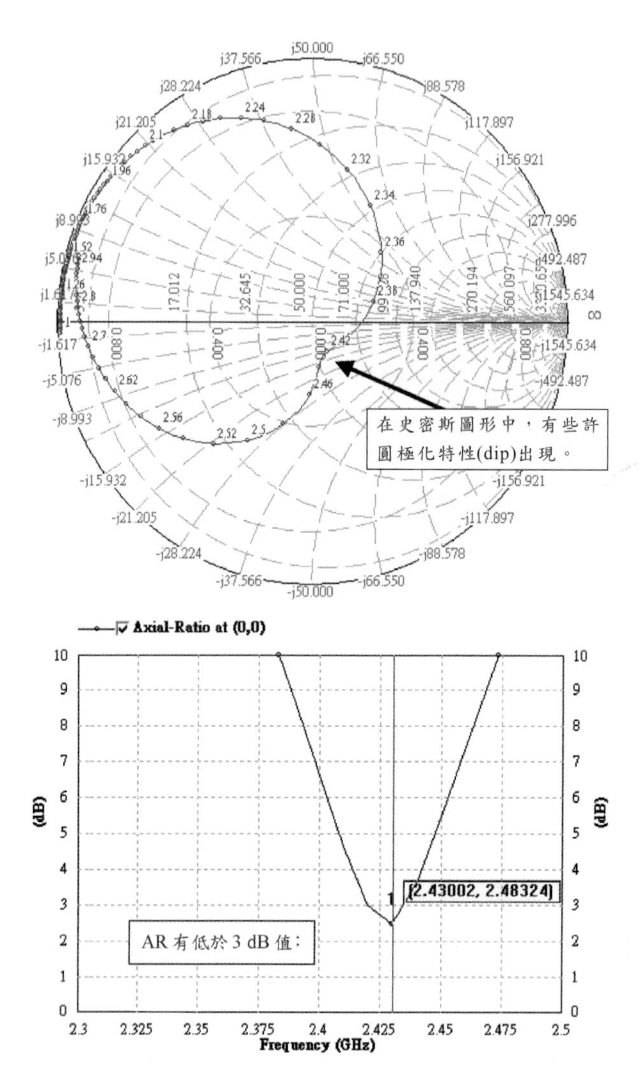

實做與模擬 S11 的比較圖：改變截角尺寸後

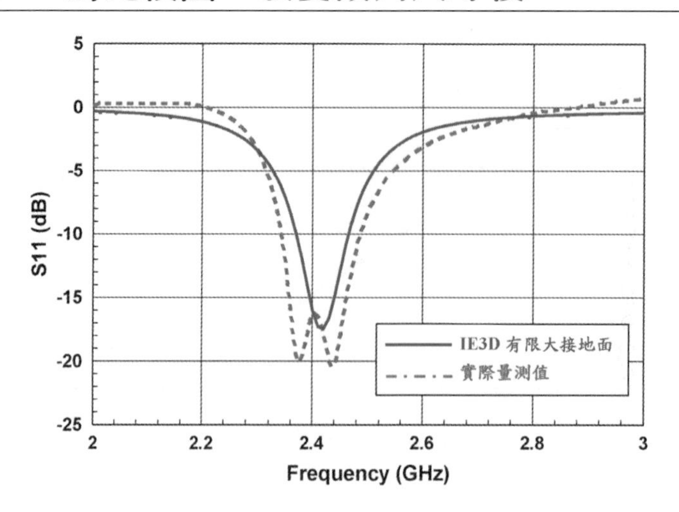

實做與模擬的 AR 比較圖：改變截角尺寸後

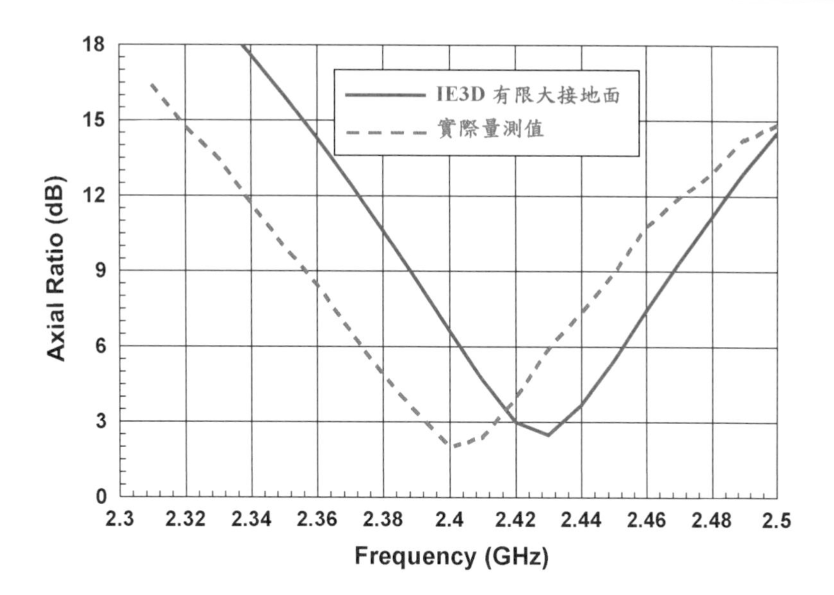

CHAPTER 7

槽孔耦合微帶天線

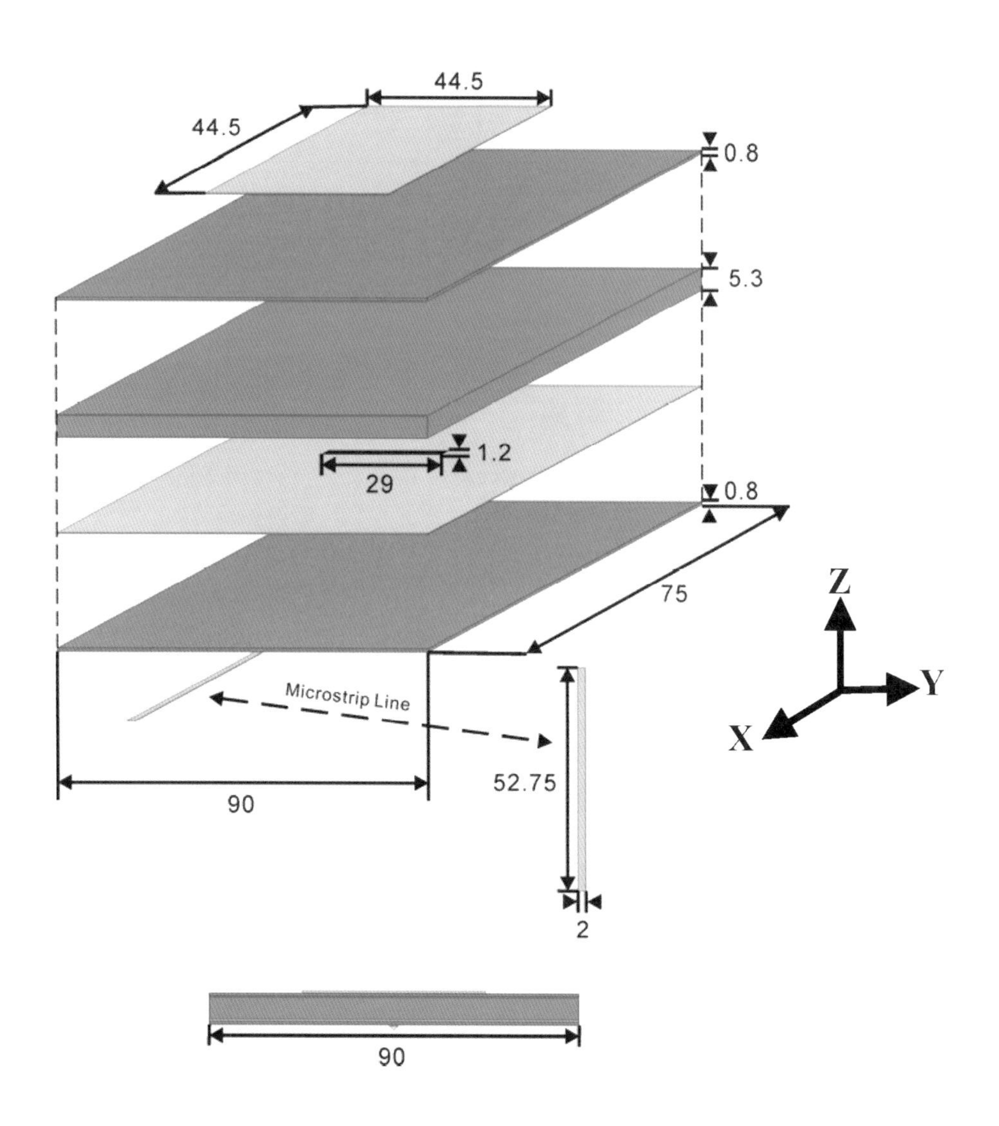

實驗目的

設計一個以微帶線饋入，操作在 2.4 GHz，並達成阻抗匹配之槽孔耦合微帶天線。

參數

使用 2 個高度爲 0.8 mm 的 FR4 電路板，介電係數爲 4.4。此天線被提高了 5 mm。印刷在第一層的 FR4(1)的底部，也就是在 5 mm 的高度，是一條長 52.75 mm，寬 2 mm 的微帶線。印刷在第一層的 FR4(1)的上部是一個長 90 mm，寬 75 mm 的接地面。在此次的模擬，我們將此接地面設爲無限大。在此接地面的中心點，挖了一個長度爲 29 mm，寬度爲 1.2 mm 的槽孔。夾在兩個 FR4 的中心是一層高度爲 5.3 mm 的保麗龍，在模擬時可視爲空氣。在保麗龍上的 FR4(2)，印刷了一個長寬爲 44.5 mm 的方形微帶天線。此方形微帶天線朝向上方。同軸 SMA 接頭的半徑爲 0.65 mm。

模擬步驟

重複第一章步驟之 1-1 到 1-6：

步驟 7-1：設介質參數

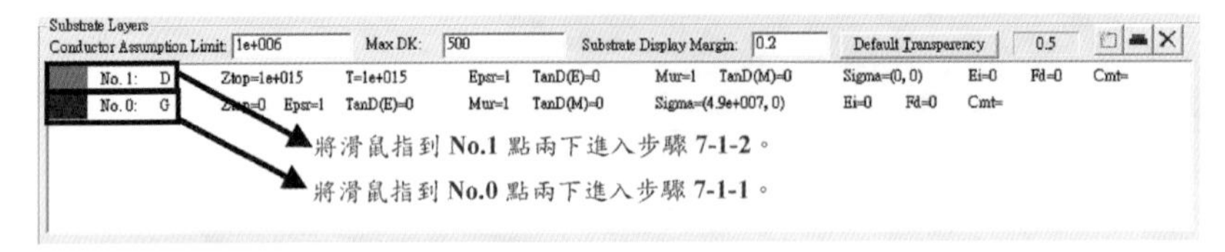
將滑鼠指到 No.1 點兩下進入步驟 7-1-2。
將滑鼠指到 No.0 點兩下進入步驟 7-1-1。

步驟 7-1-1：將 Layer 0 設為空氣

參考步驟 3-3-1

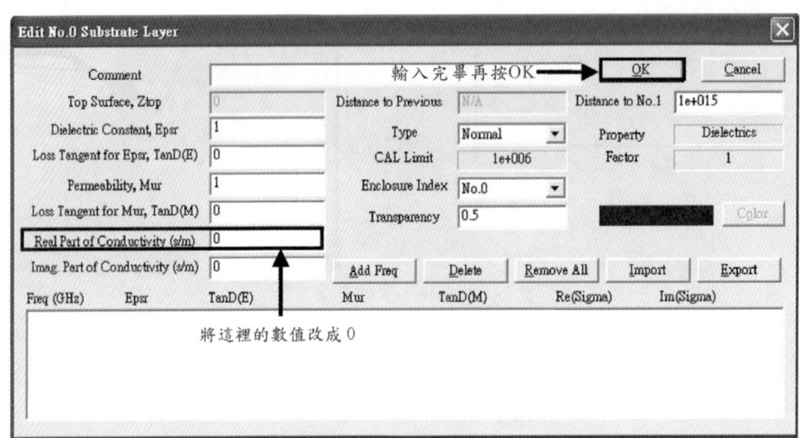
輸入完畢再按OK
將這裡的數值改成 0

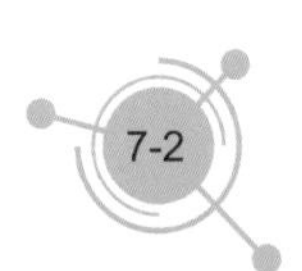

步驟 7-1-2：將地面高度提升 5 mm

參考步驟 3-3-2

Edit No.1 Substrate Layer

Comment				OK	Cancel
Top Surface, Ztop	5	Distance to No.0	5	Distance to Next	N/A
Dielectric Constant, Epsr	1	Type	Normal	Property	Dielectrics
Loss Tangent for Epsr, TanD(E)	0	CAL Limit	1e+006	Factor	1
Permeability, Mur	1	Enclosure Index	No.0		
Loss Tangent for Mur, TanD(M)	0	Transparency	0.5		Color
Real Part of Conductivity (s/m)	0				
Imag. Part of Conductivity (s/m)	0				

Add Freq　Delete　Remove All　Import　Export

Freq (GHz)　Epsr　TanD(E)　Mur　TanD(M)　Re(Sigma)　Im(Sigma)

輸入完畢再按OK

將這裡的數值改成 5

步驟 7-1-3：設定第一個 FR4 (1)

點選 來新增介質層參數。(參考步驟 3-3 新增介質層參數)

Insert New Substrate Layer by Top Surface Z-Coordinate

Comment				OK	Cancel
Top Surface, Ztop	5.8	Distance to No.1	0.8	Distance to Next	N/A
Dielectric Constant, Epsr	4.4	Type	Normal	Property	Dielectrics
Loss Tangent for Epsr, TanD(E)	0.02	CAL Limit	1e+006	Factor	4.40088
Permeability, Mur	1	Enclosure Index	No.0		
Loss Tangent for Mur, TanD(M)	0	Transparency	0.5		Color
Real Part of Conductivity (s/m)	0				
Imag. Part of Conductivity (s/m)	0				

Add Freq　Delete　Remove All　Import　Export

Freq (GHz)　Epsr　TanD(E)　Mur　TanD(M)　Re(Sigma)　Im(Sigma)

輸入完畢再按OK

第一層 FR4(1)的高度為 0.8 mm

步驟 7-1-4：設定高度 5.8 mm 為無限大接地面

點選 來新增介質層參數。(參考步驟 3-3 新增介質層參數)

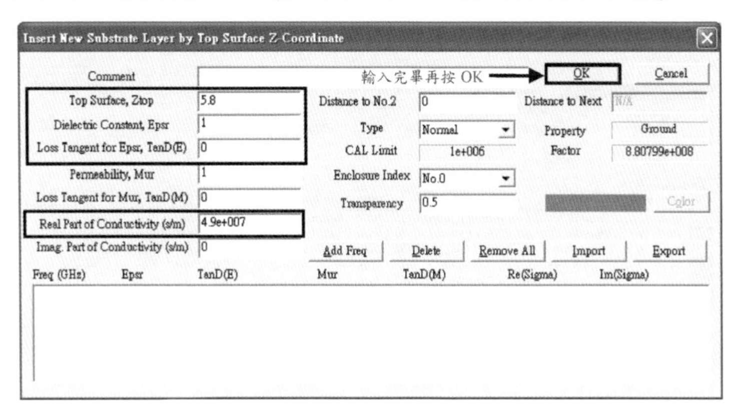

步驟 7-1-5：設定夾在兩個 FR4 中心的保麗龍

點選 來新增介質層參數。(參考步驟 3-3 新增介質層參數)

Insert New Substrate Layer by Top Surface Z-Coordinate

Comment　輸入完畢再按 OK → OK　Cancel

Top Surface, Ztop　11.1　Distance to No.2　5.3　Distance to Next　N/A

Dielectric Constant, Epsr　1　Type　Normal　Property　Dielectrics

Loss Tangent for Epsr, TanD(E)　0　CAL Limit　1e+006　Factor　1

Permeability, Mur　1　Enclosure Index　No.0

Loss Tangent for Mur, TanD(M)　0　Transparency　0.5　Color

Real Part of Conductivity (s/m)　0

Imag. Part of Conductivity (s/m)　0　Add Freq　Delete　Remove All　Import　Export

Freq (GHz)　Epsr　TanD(E)　Mur　TanD(M)　Re(Sigma)　Im(Sigma)

夾在兩個 FR4 中心的保麗龍(設為空氣)高度為 5.3 mm

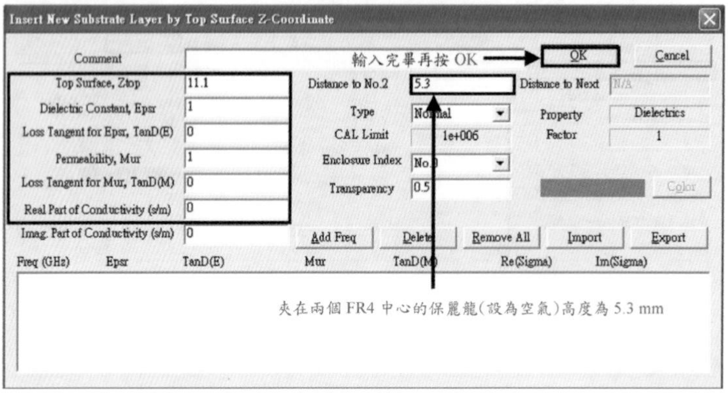

步驟 7-1-6：設定在保麗龍上的第二個 FR4 (2)

點選 來新增介質層參數。(參考步驟 3-3 新增介質層參數)

Insert New Substrate Layer by Top Surface Z-Coordinate

Comment　輸入完畢再按 OK → OK　Cancel

Top Surface, Ztop　11.9　Distance to No.4　0.8　Distance to Next　N/A

Dielectric Constant, Epsr　4.4　Type　Normal　Property　Dielectrics

Loss Tangent for Epsr, TanD(E)　0.02　CAL Limit　1e+006　Factor　4.40088

Permeability, Mur　1　Enclosure Index　No.0

Loss Tangent for Mur, TanD(M)　0　Transparency　0.5　Color

Real Part of Conductivity (s/m)　0

Imag. Part of Conductivity (s/m)　0　Add Freq　Delete　Remove All　Import　Export

Freq (GHz)　Epsr　TanD(E)　Mur　TanD(M)　Re(Sigma)　Im(Sigma)

第二層 FR4(2)的個高度為 0.8 mm

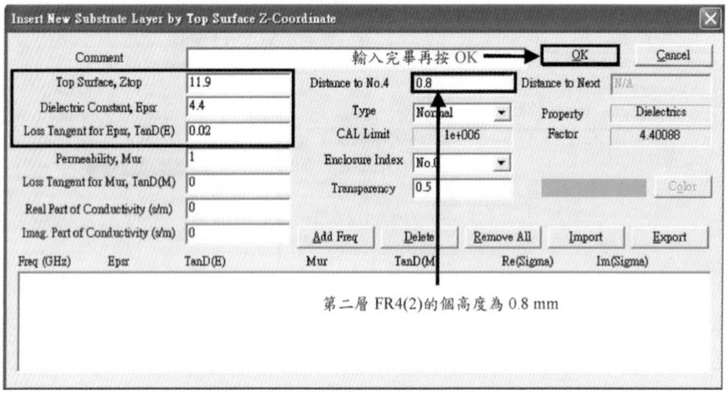

介質參數設定後會出現以下視窗：

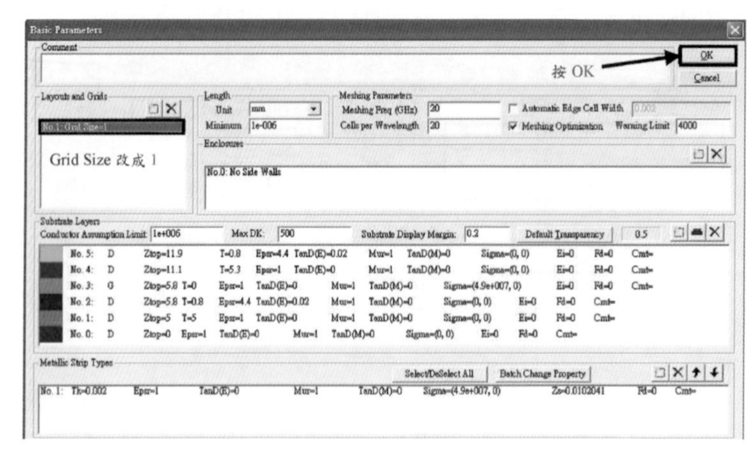

步驟 7-2：開始畫天線結構體

以上的參數在設定好了之後，就可以開始畫天線結構圖。從以下的視窗：

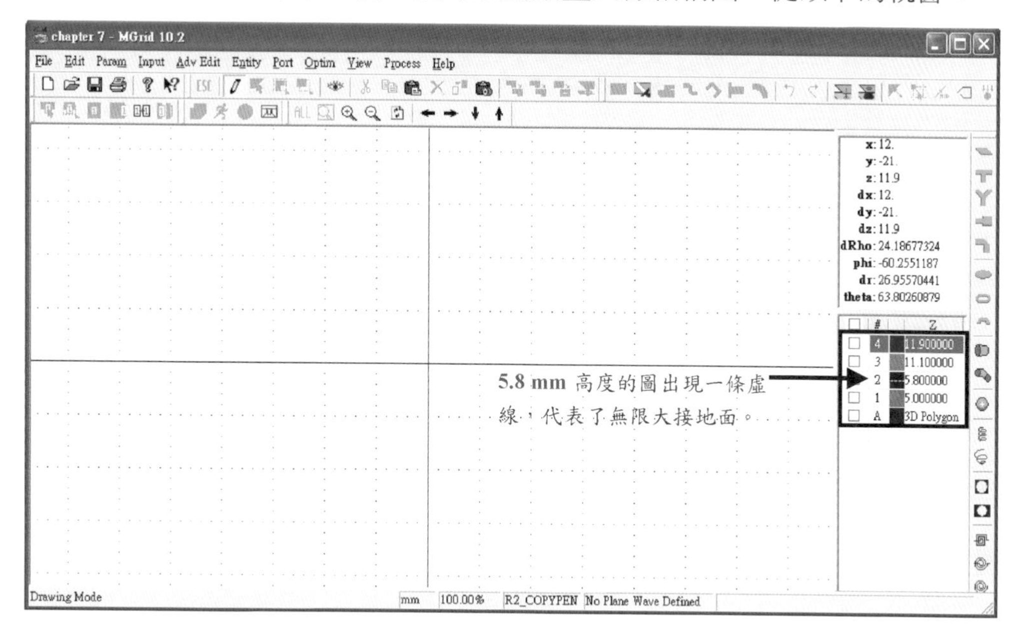

步驟 7-2-1：畫微帶線

首先我們先將滑鼠移到

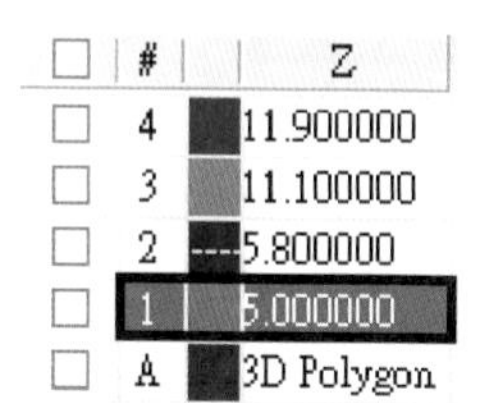

，點選 **5 mm** 綠色的部份將它反藍。

由於微帶線是矩形狀，從“**Entity**”中選取“**Rectangle**”：

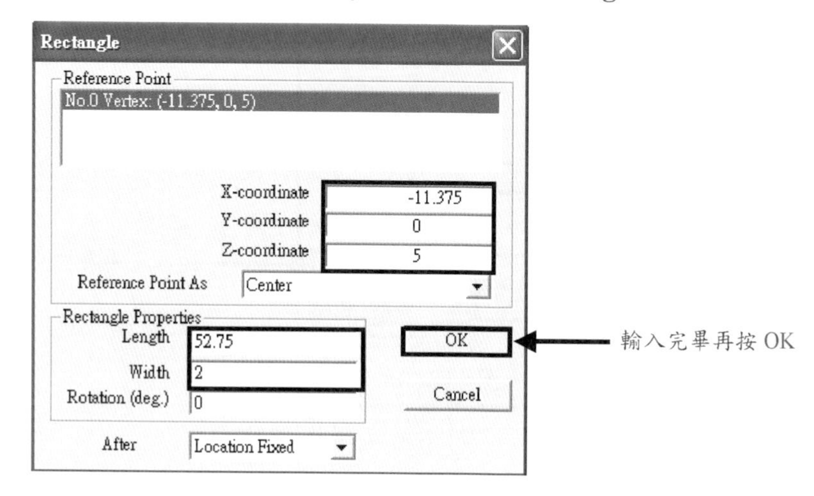

會出現以下圖形：

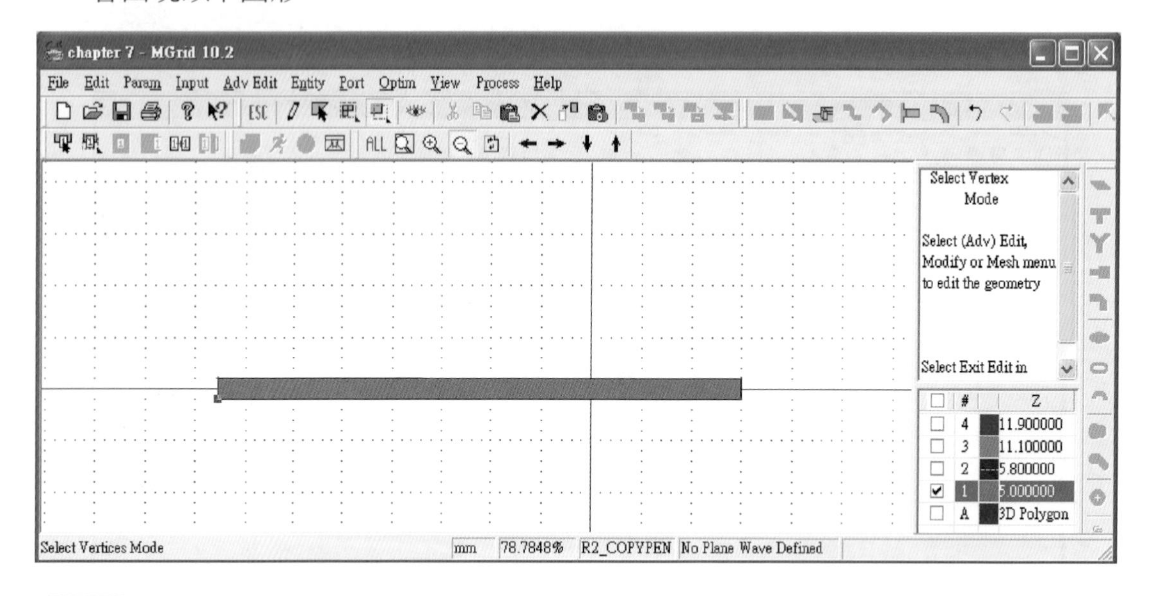

步驟 7-2-2：在無限大接地面上挖槽孔

首先我們將滑鼠移動到  ，點選 **5.8 mm** 藍色的部份將它反藍。

由於槽孔是矩形狀，從“**Entity**”中選取“**Rectangle**”：

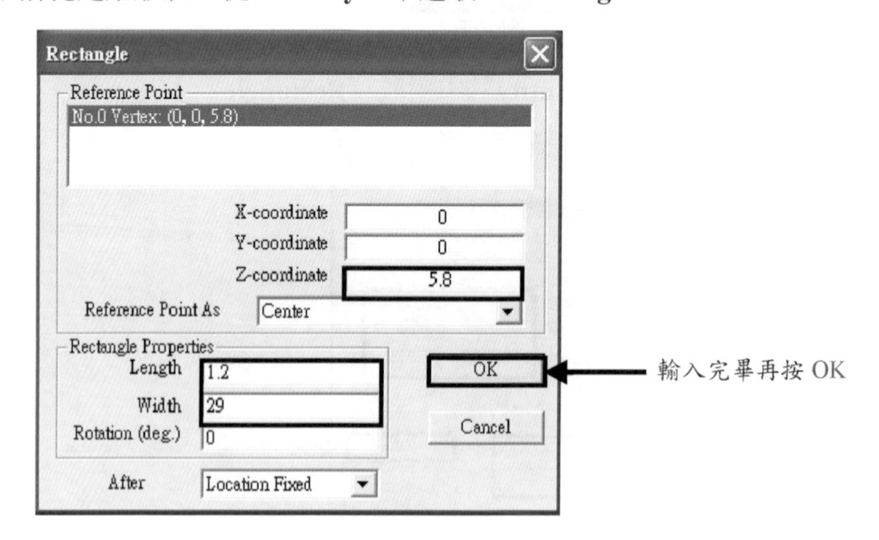

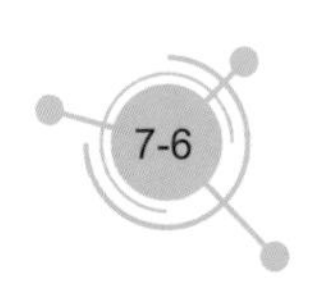

設定完畢後會出現以下圖形：

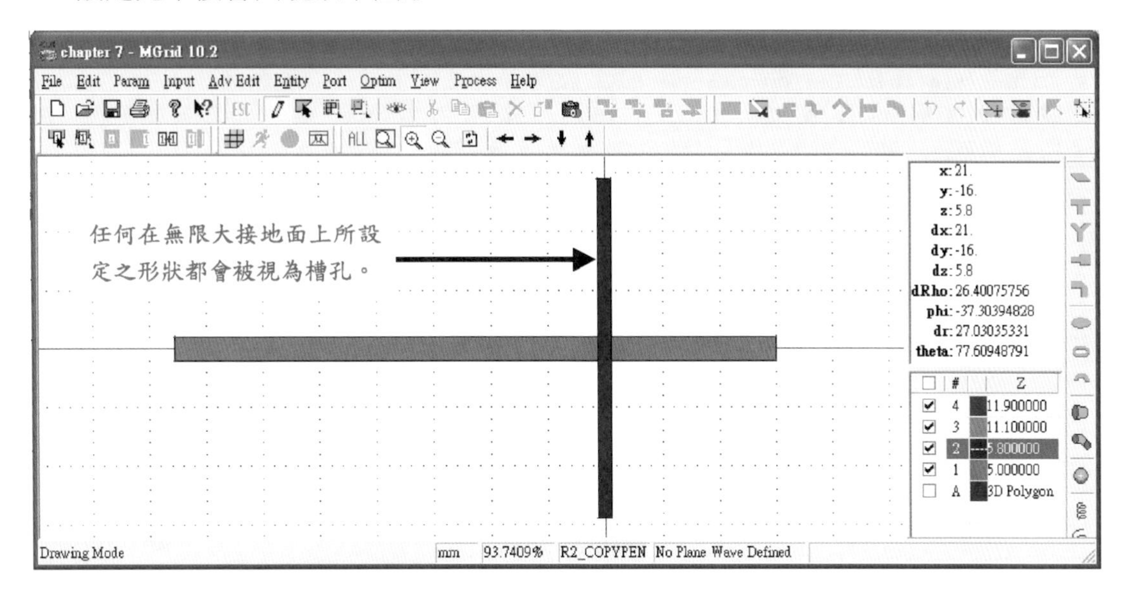

步驟 7-2-3：畫方形天線

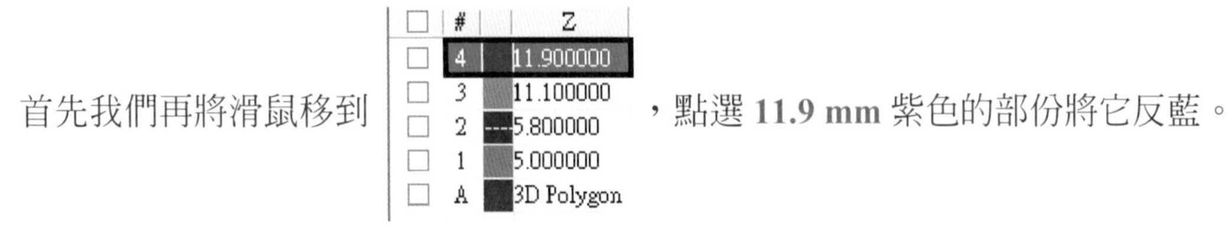

首先我們再將滑鼠移到（上圖），點選 **11.9 mm** 紫色的部份將它反藍。

由於天線是矩形狀，從“**Entity**”中選取“**Rectangle**”：

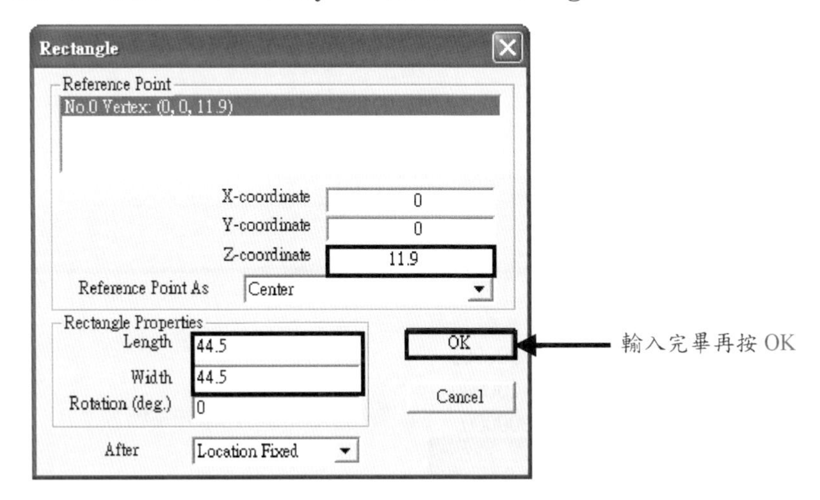

會出現以下的畫面：

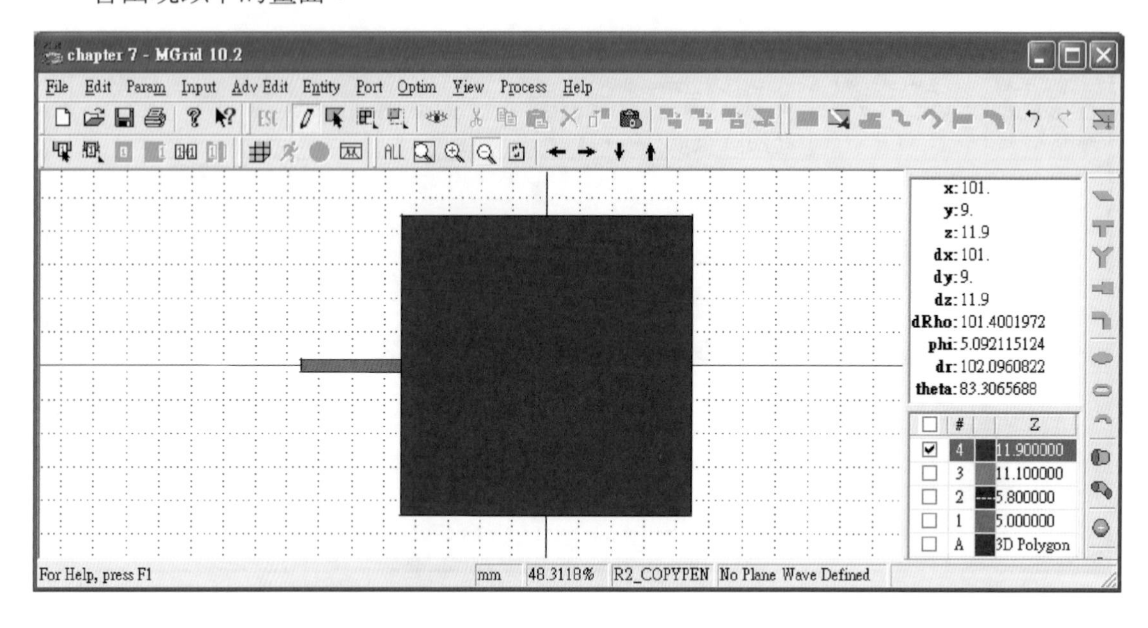

步驟 7-3：設定(Probe)饋入點

參考步驟 3-5

(I) 點選“**Define Port**” 後進入以下視窗：

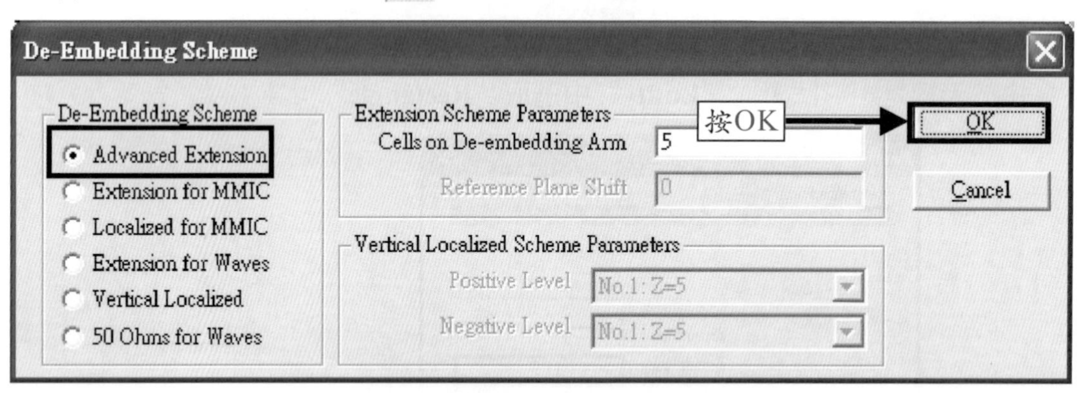

(II) 將滑鼠移到

#	Z
4	11.900000
3	11.100000
2	5.800000
1	5.000000
A	3D Polygon

，點選綠色的部份將它反藍。

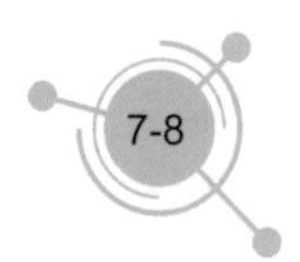

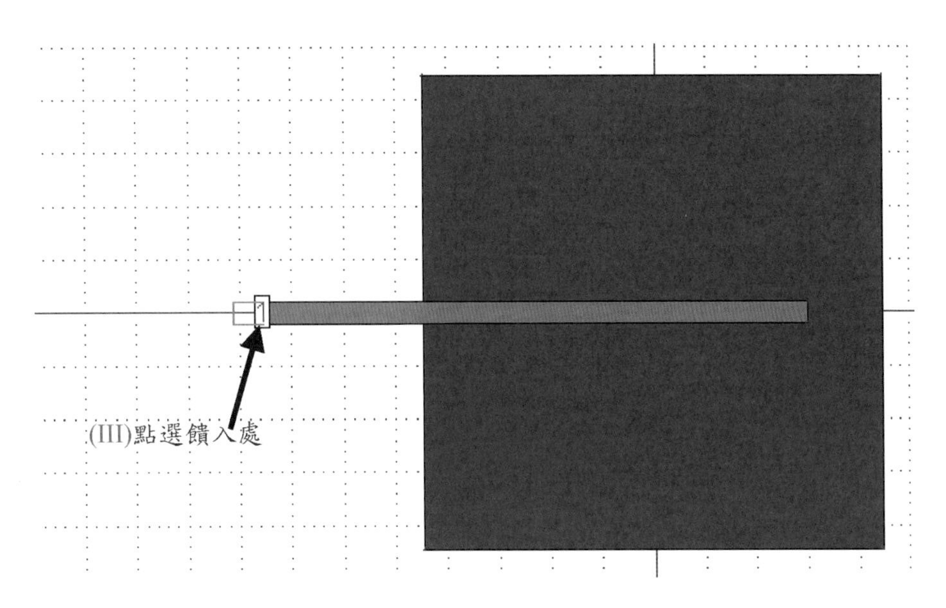

註(1)：由於接地面爲無限大，因此無須設饋入之負點**(Define Negative Port)**。

(IV) 完成設定後另存新檔。

步驟 7-4：模擬天線

參考步驟 1-11

在點入 後，若出現以下疑問視窗，點 **"No Change"** 便可進入 **"Simulation Setup"**。

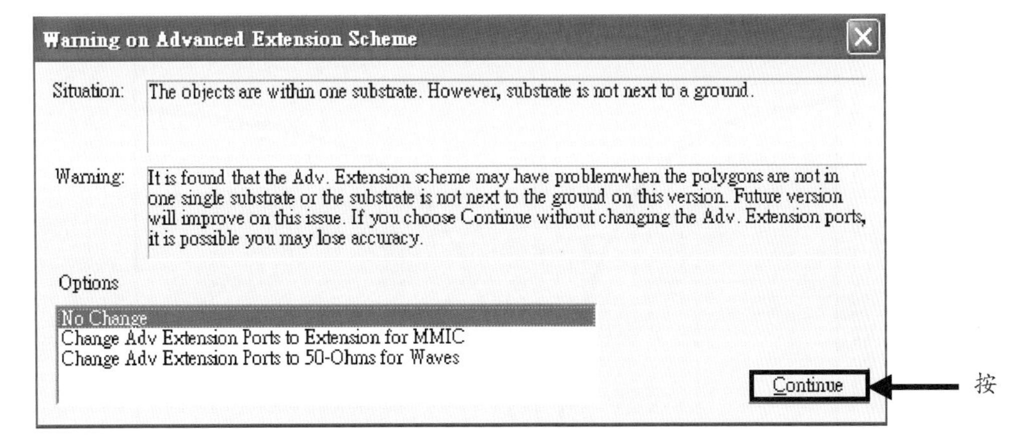

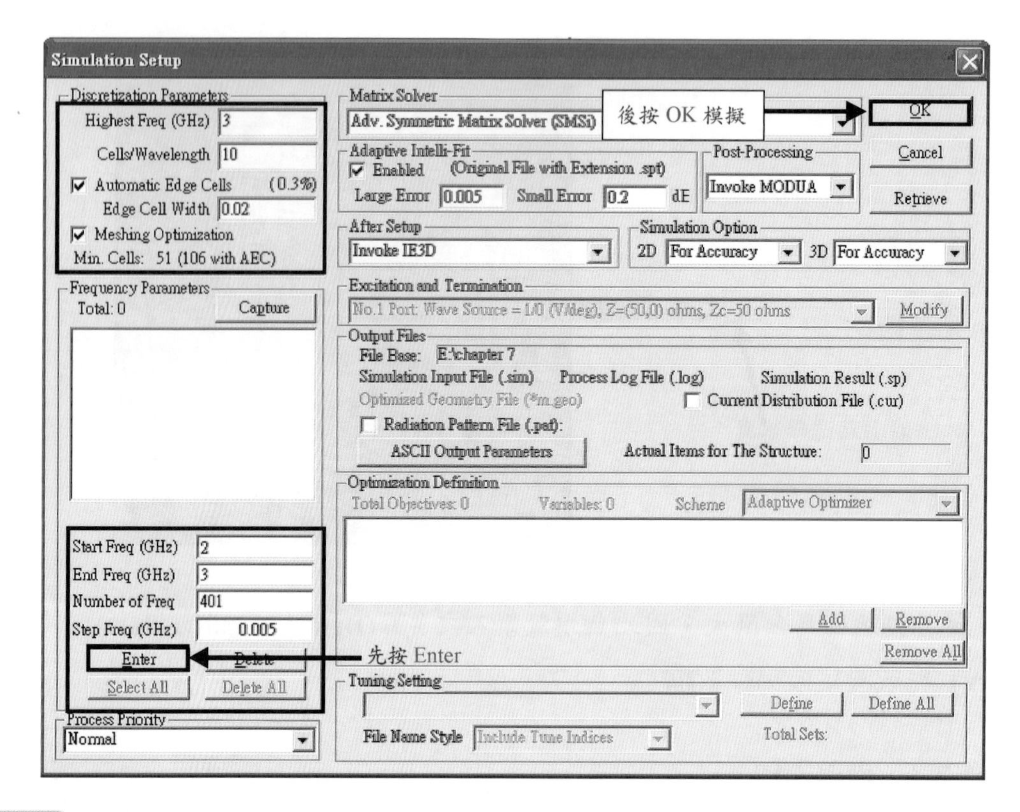

步驟 步驟 7-5：顯示 S11 圖

參考步驟 1-12-1

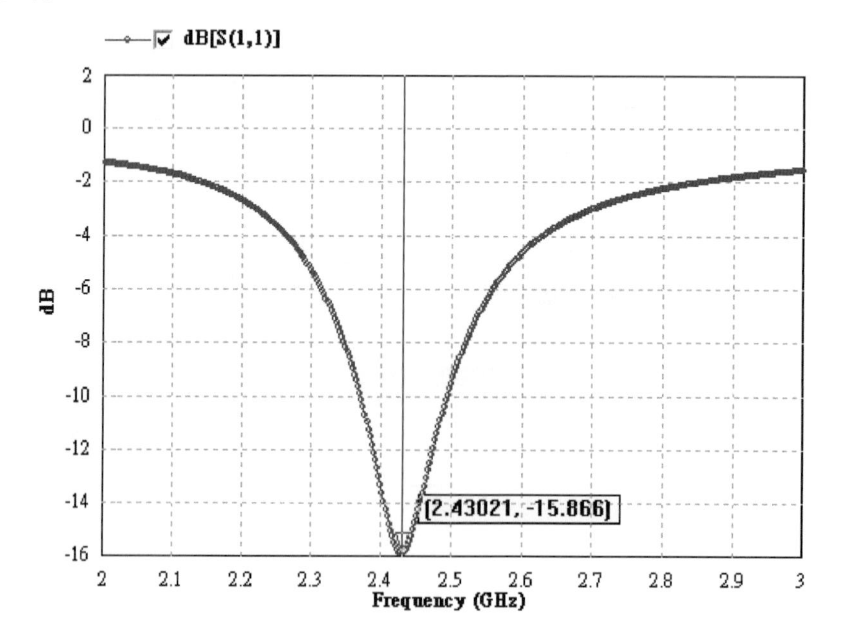

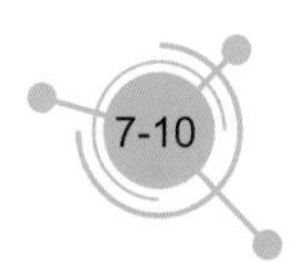

步驟 7-6：顯示史密斯圖

參考步驟 1-12-3

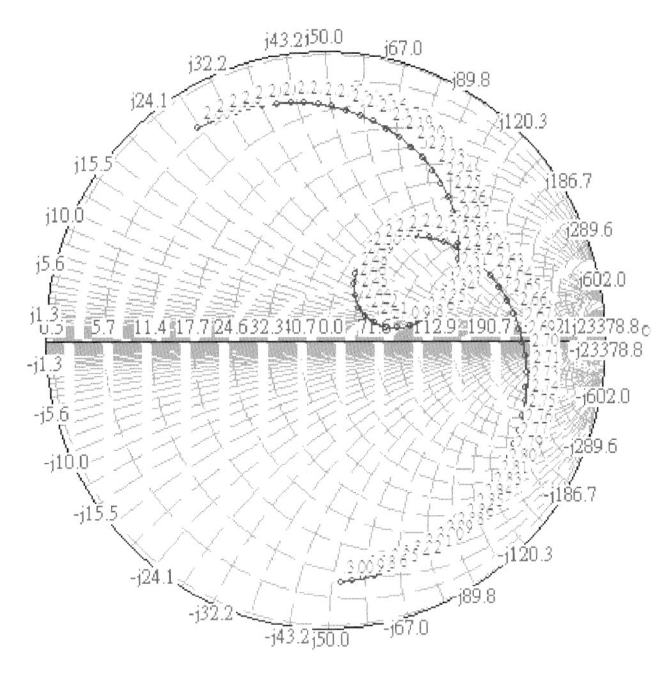

步驟 7-7：顯示阻抗關係圖

參考步驟 1-12-4

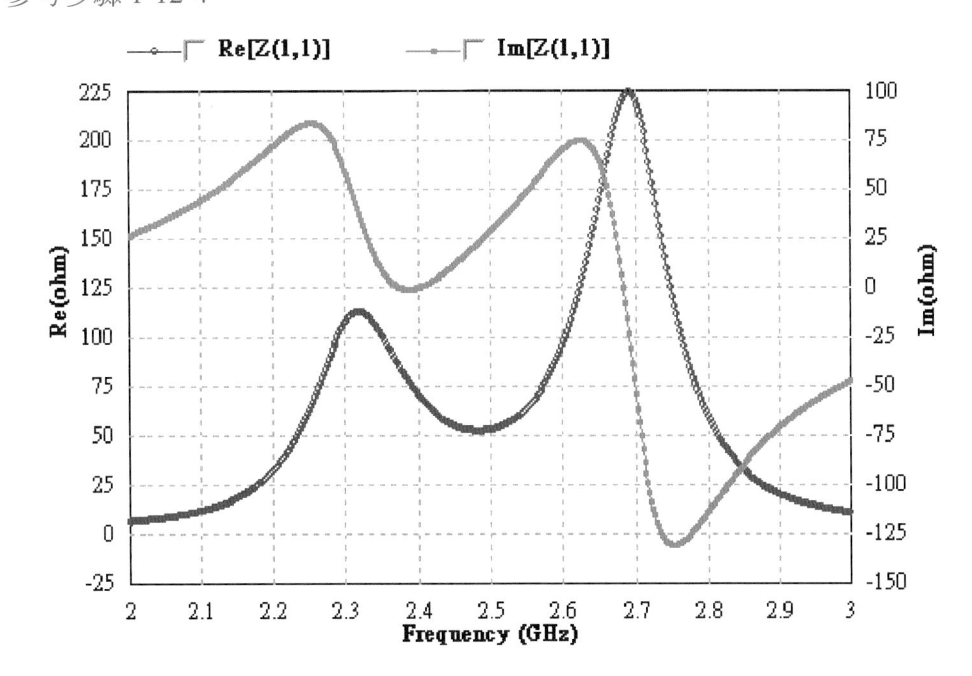

步驟 7-8：顯示 VSWR 的關係圖

參考步驟 1-12-6

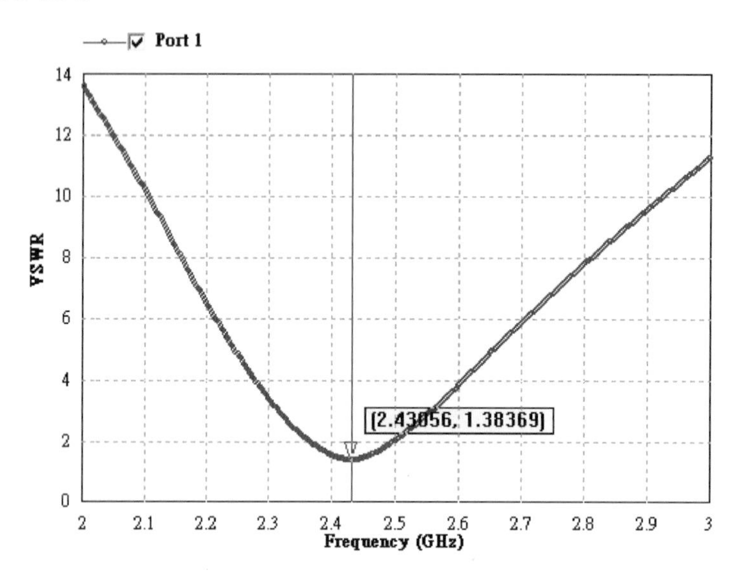

步驟 7-9：取得輻射場型

參考步驟 1-13

註(2)：E-plane 與 H-plane 是一起取得，共振頻率是 2.43 GHz。

E-plane (X-Z Plane)，H-plane (Y-Z Plane)

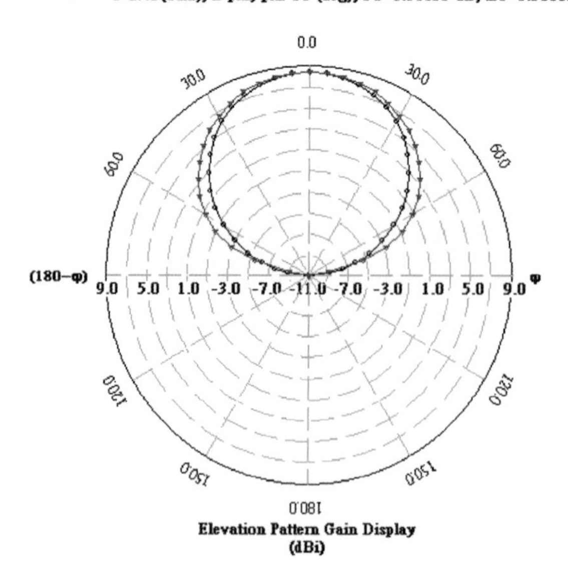

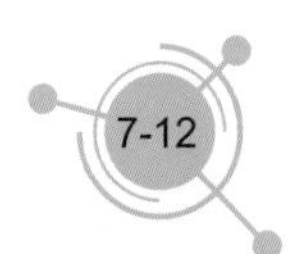

(X-Y Plane)

f=2.43(GHz), E-theta, theta=90 (deg), PG=-78.5219 dB, AG=-81.4809 dB
f=2.43(GHz), E-phi, theta=90 (deg), PG=-93.9019 dB, AG=-96.5963 dB

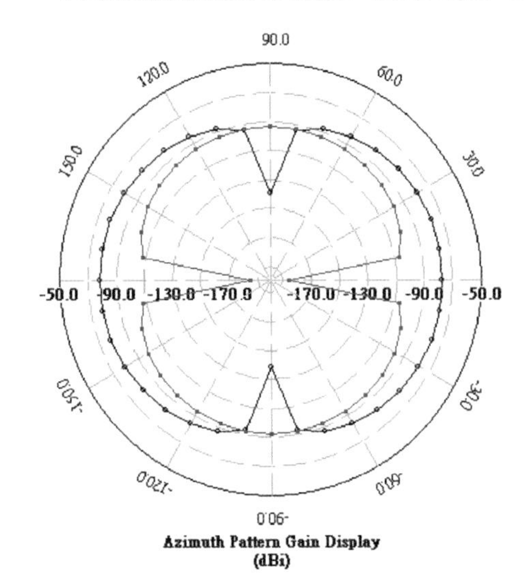

步驟 7-10：模擬 3D 場型圖

參考步驟 1-14

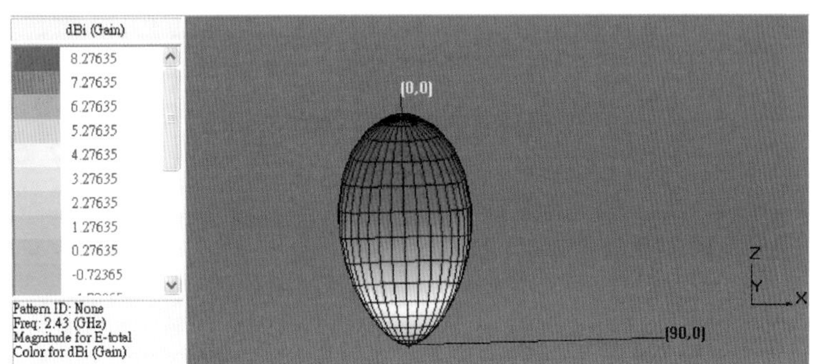

步驟 7-11：模擬電流分布

參考步驟 1-15

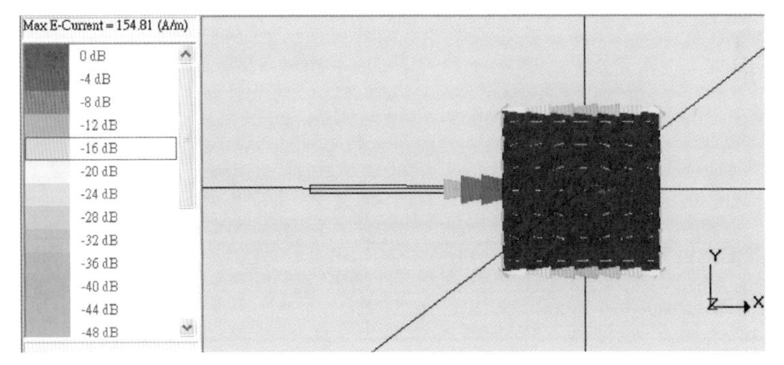

問題與討論：

Q1： 在關閉 IE3D 後，若重新開啟 IE3D，要如何再取得 S11 與場型圖。

Ans：首先，要記得若你是用同一個檔案去模擬場型圖的話，那麼，您之前的 S11 值會被覆蓋。因此，必需在模擬場型圖前，建議用不同的檔案名稱。

如何再取得 S11：

(I) 重新開啟檔案後，從"Process"中選取"Display S-parameter"。

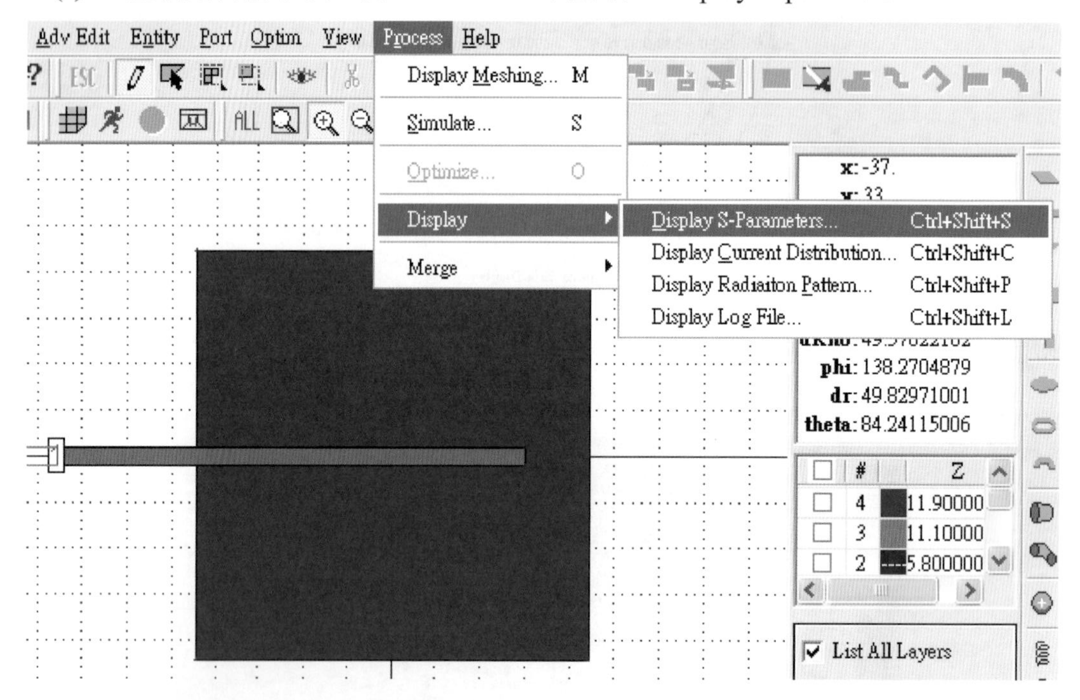

(II) 再選取帶有"**.sp**"的檔案。

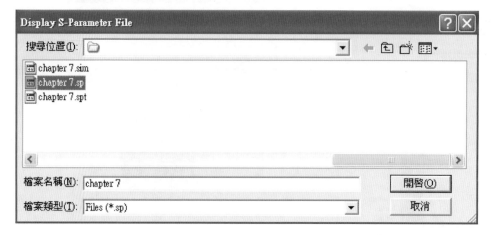

如何再取得場型圖：

(I)　重新開啟檔案後，從“Process”中選取“Display Radiation Pattern”。

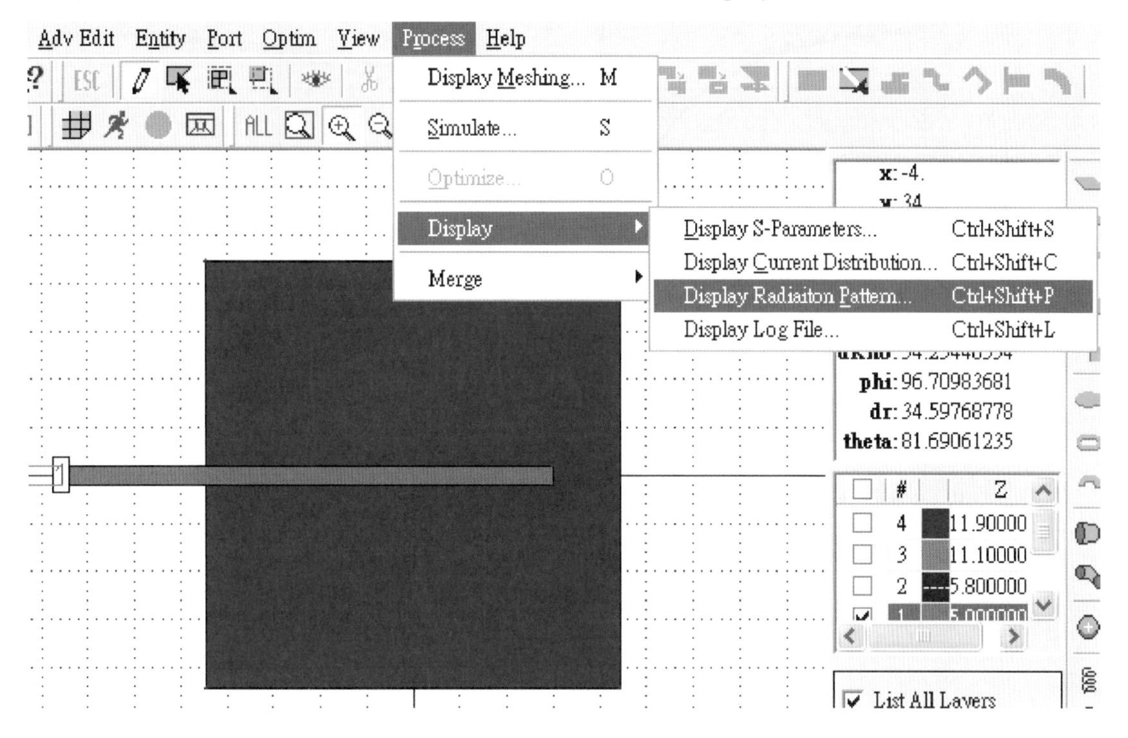

(II)　再選取帶有“.pat”的檔案。

Display Radiation Pattern

搜尋位置(I):

chapter 7

檔案名稱(N): chapter7　開啟(O)

檔案類型(T): Files (*.pat)　取消

實體與模擬 S11 的比較：

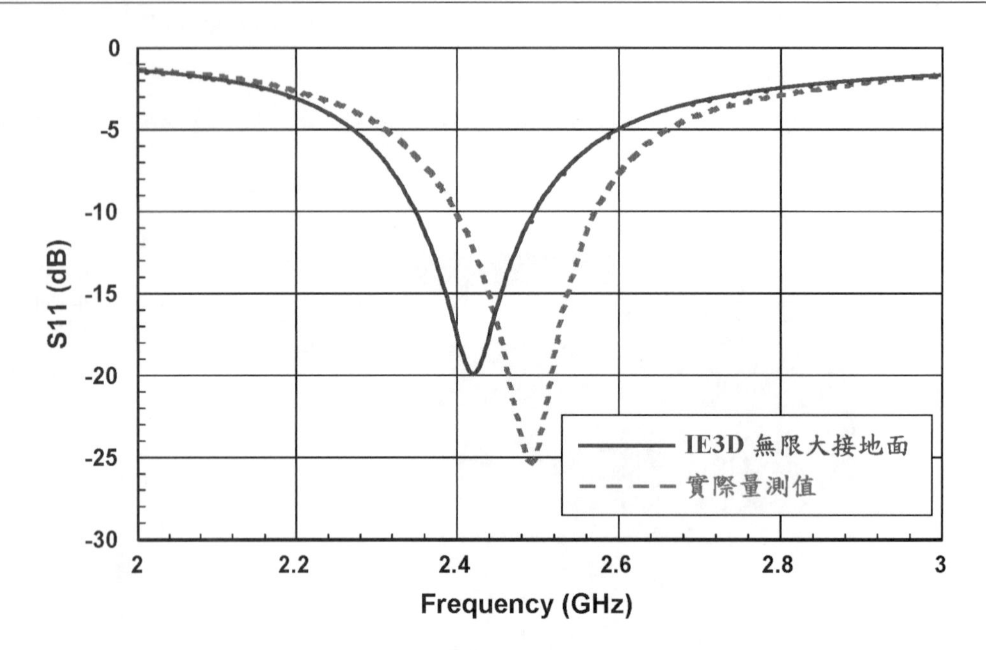

CHAPTER 8

圓極化陣列天線

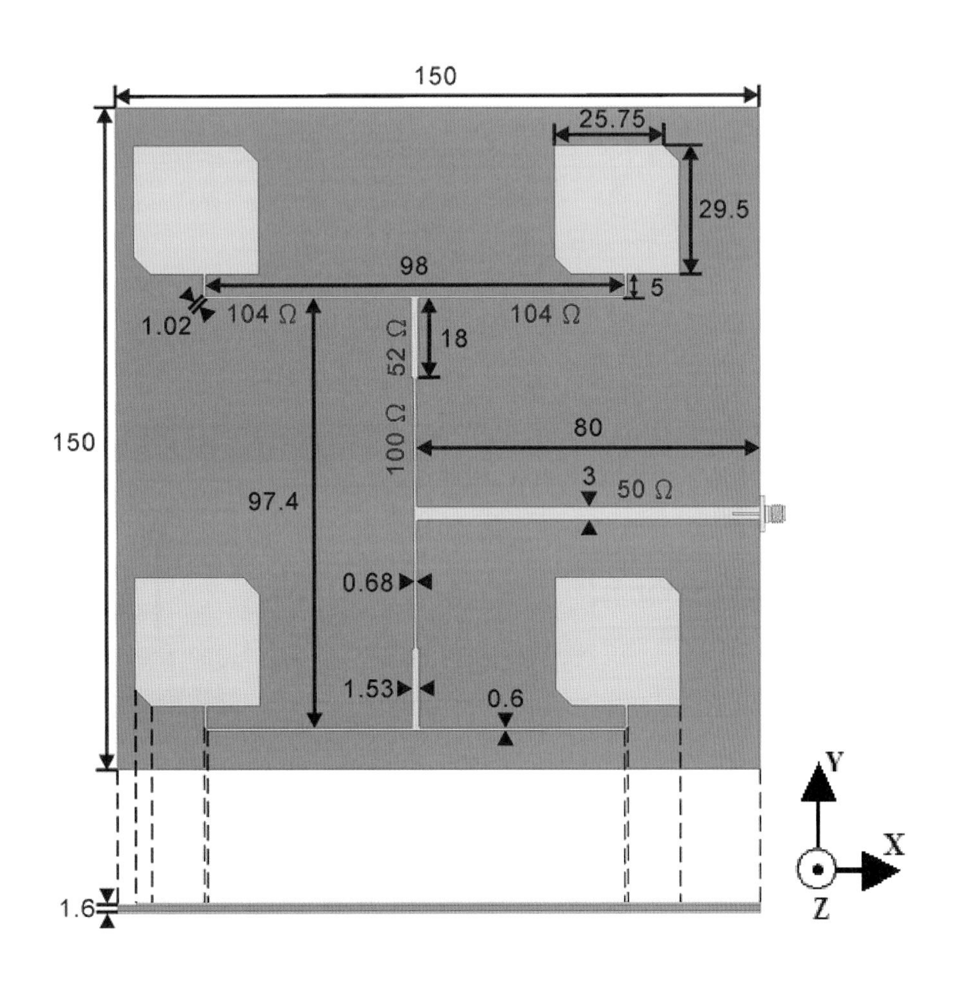

實驗目的

設計一個以微帶線饋入，圓極化中心頻率操作在 **2.44 GHz** 附近，並達成阻抗匹配之 2×2 圓極化陣列微帶天線。此天線是由四個截角之圓極化微帶天線所組成。

參　數

使用 FR4 電路板，高度為 1.6 mm，介電係數 = 4.4，模擬時將接地面設為無限大接地面。實作之天線接地面為 150×150 mm^2。同軸 SMA 接頭的半徑為 0.65 mm。

模擬步驟

重複第一章步驟之 1-1 到 1-6：

步驟 8-1：設介質參數

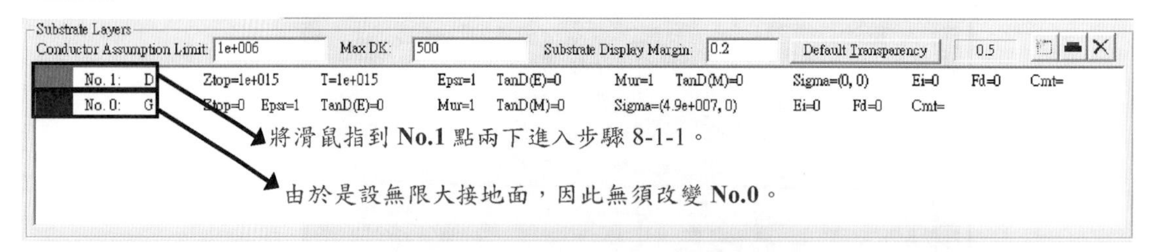

將滑鼠指到 **NO. 1**；這個欄位裡，點兩下進入以下畫面：

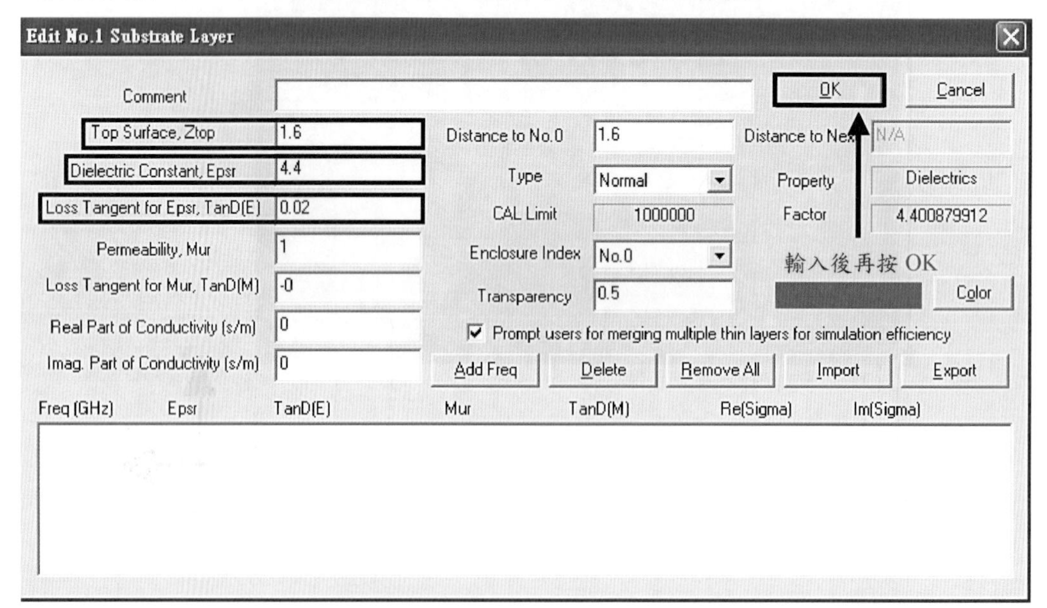

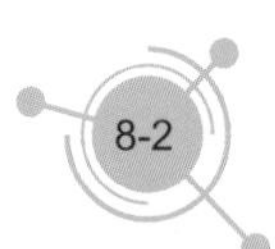

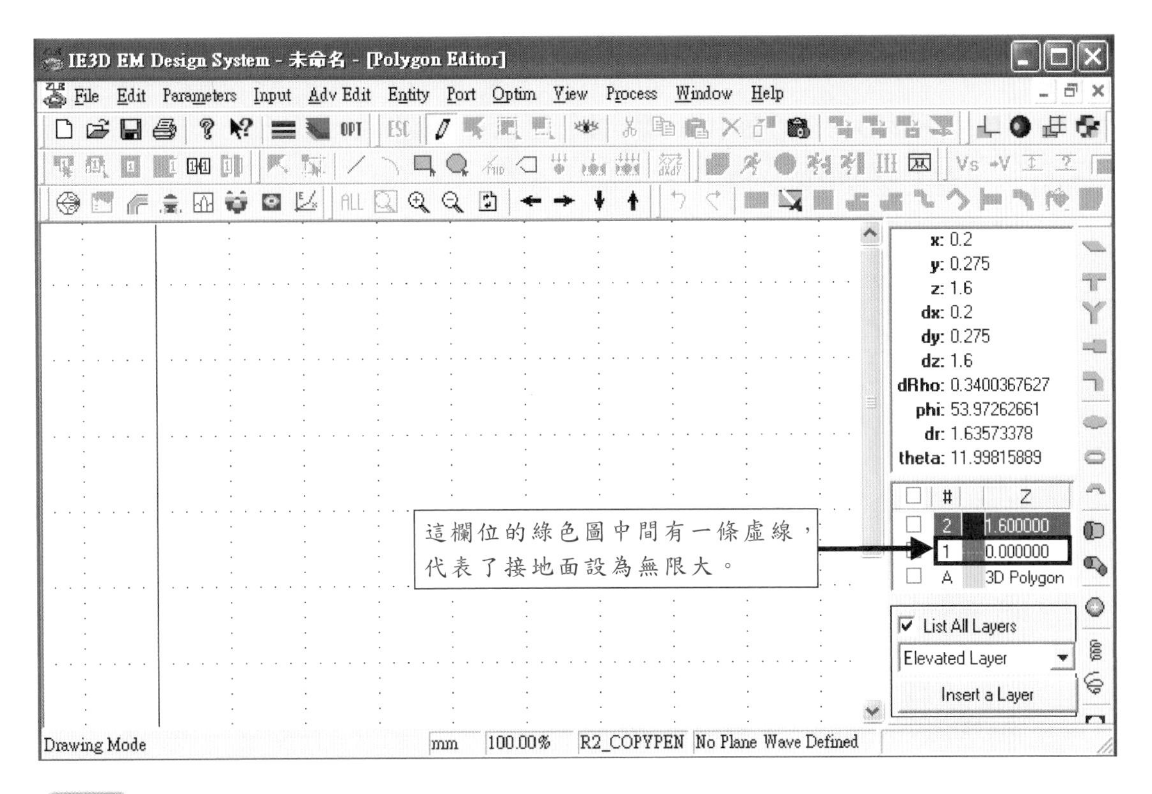

步驟 8-2：畫圓極化天線

可參考第六章

步驟 8-2-1：畫圓極化矩形天線

從“**Entity**”中選取“**Rectangle**”，長寬各輸入 29 mm。

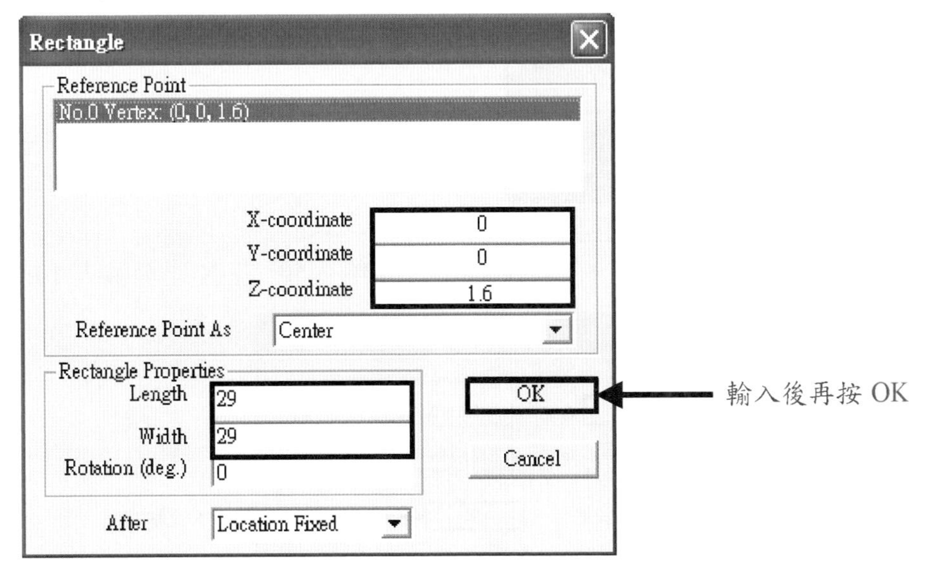

步驟 8-2-2：將天線作截角

會出現以下圖形：按畫面中的 ALL 按鈕可以看全圖。

(I) 先將天線右上角截掉。

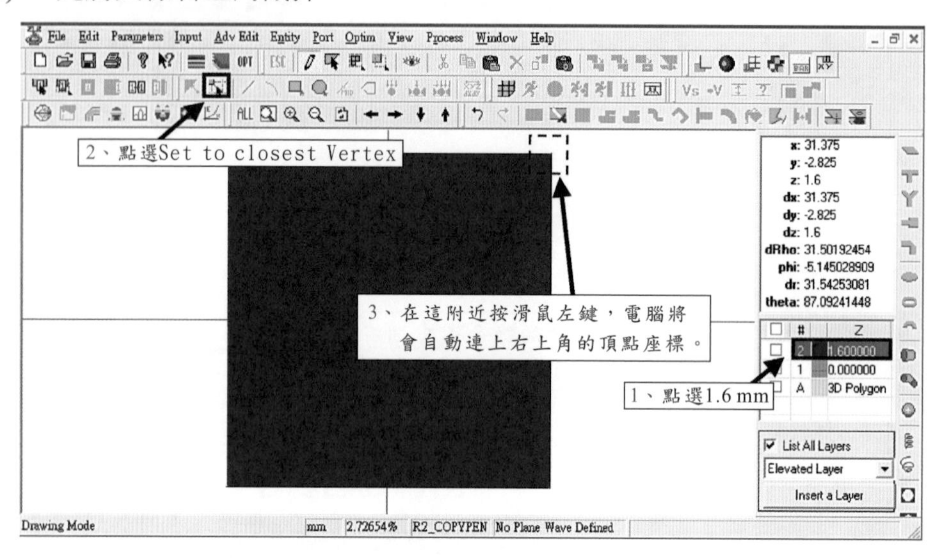

(II) 會出現下圖：

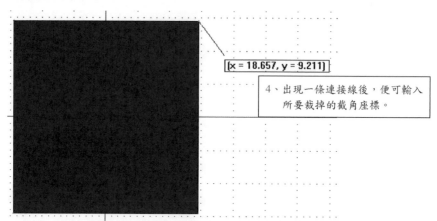

(III) 使用座標表示法繪畫，在鍵盤上按『**Shift+A**』，在 **X** 座標輸入 **10.75 mm**。

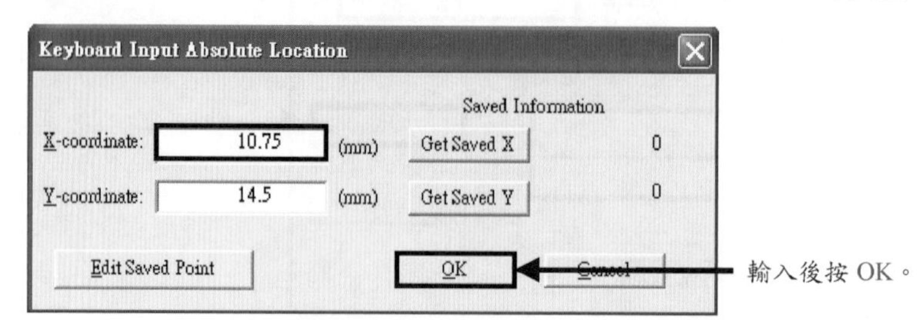

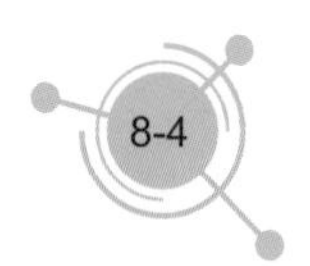

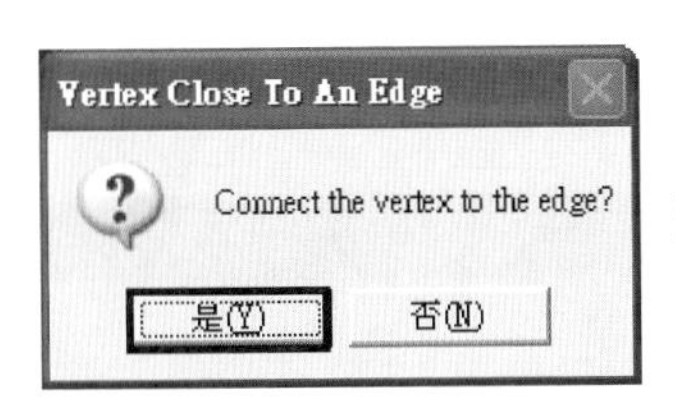

若出現疑問視窗，按『是(Y)』即可。

(IV) 再使用座標表示法繪畫，在鍵盤上按『**Shift+A**』，輸入以下座標數據。

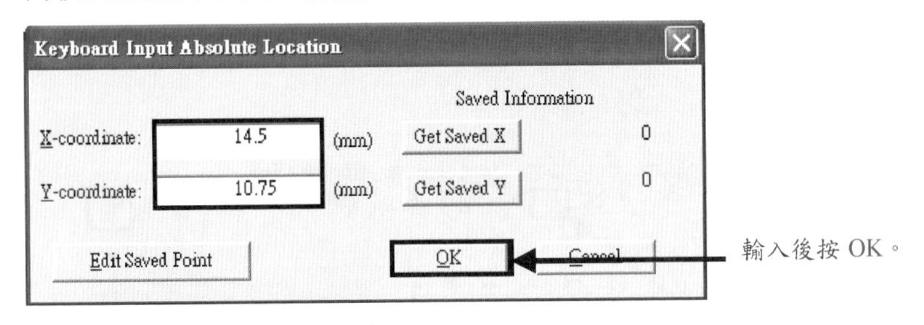

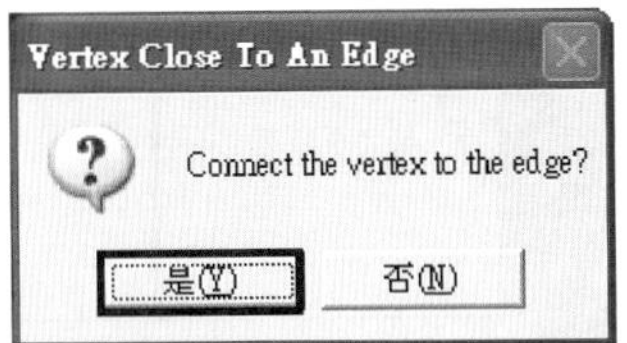

若出現疑問視窗，按『是(Y)』即可。

(IV) 連上頂點。

若出現以下疑問視窗，按『是(Y)』即可。

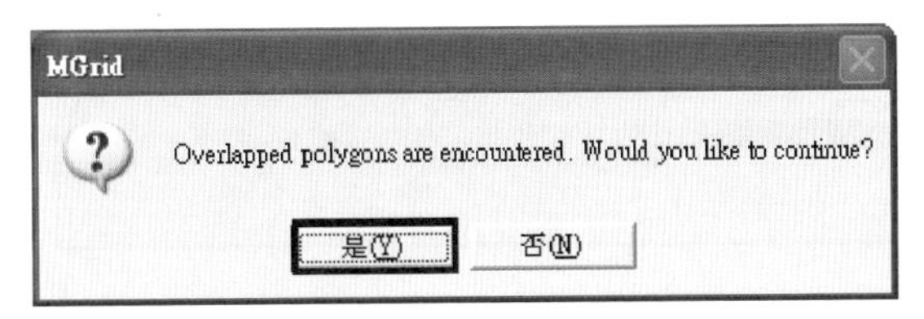

或若出現以下疑問視窗，按『No Action』即可。

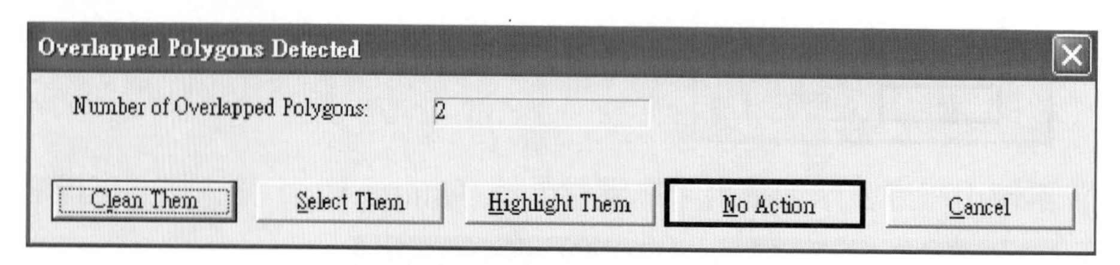

(V)　出現下圖後：可參考步驟 2-1-3。

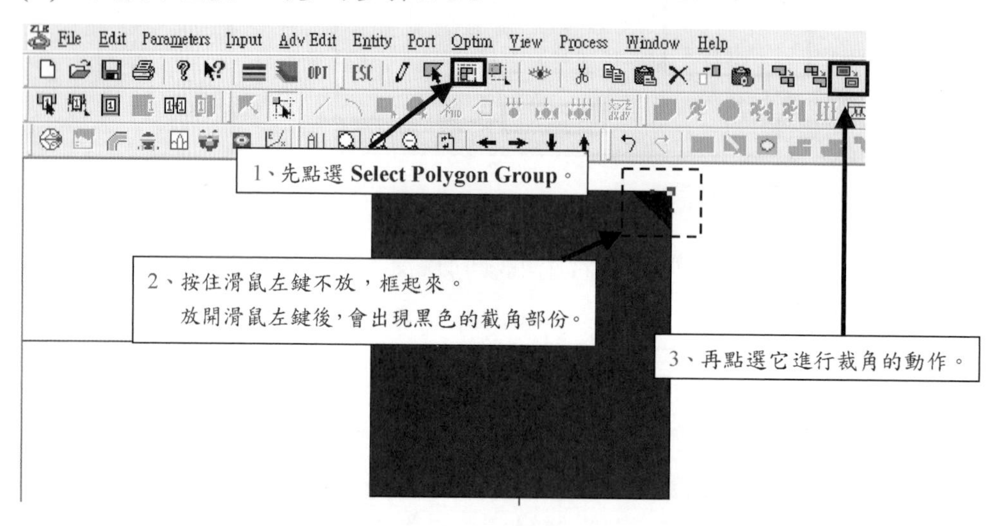

之後會出現以下視窗：

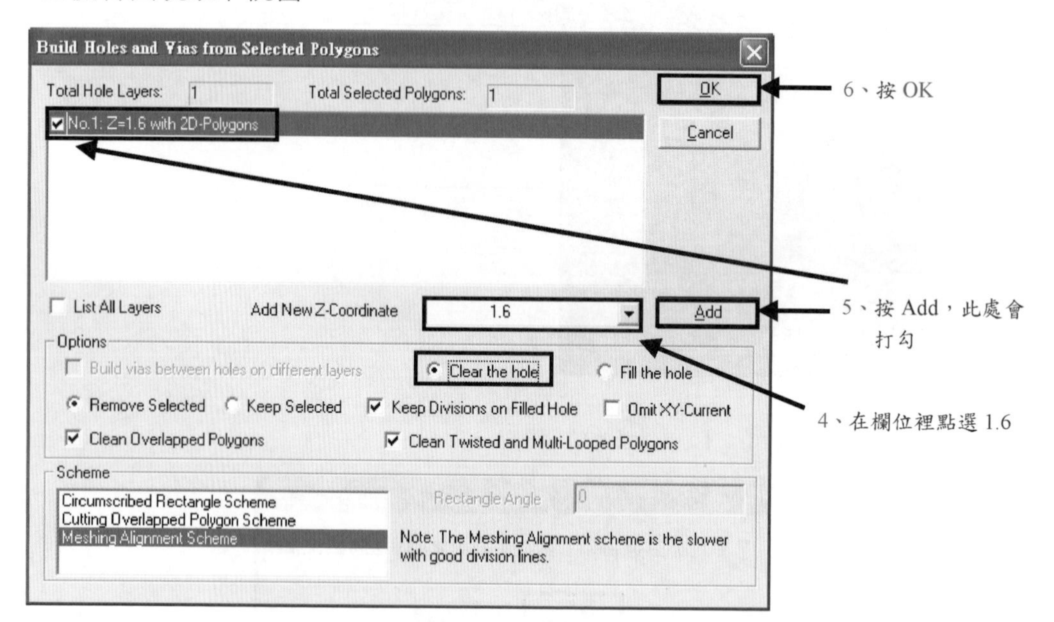

完成後會出現以下圖形：

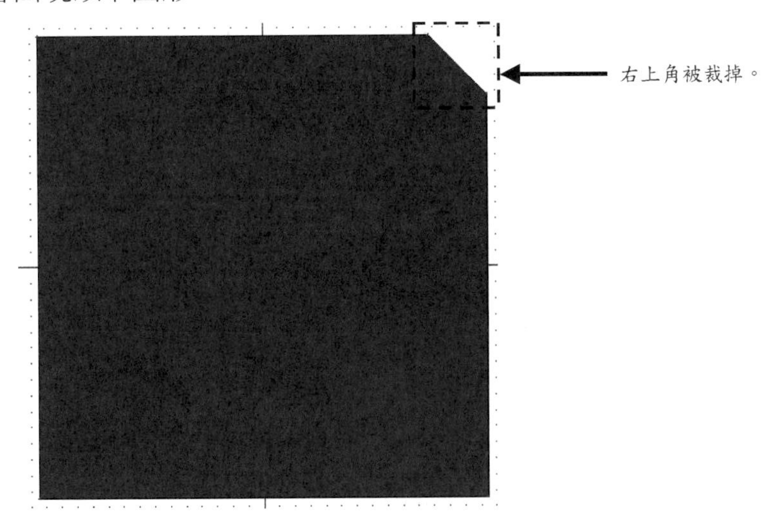

(VI) 接下來是截掉左下角的部分，步驟和以上一樣。以下是裁掉左下角所需用到的座標：

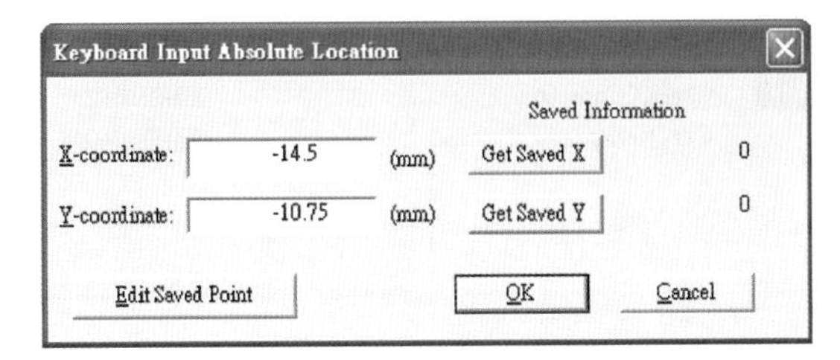

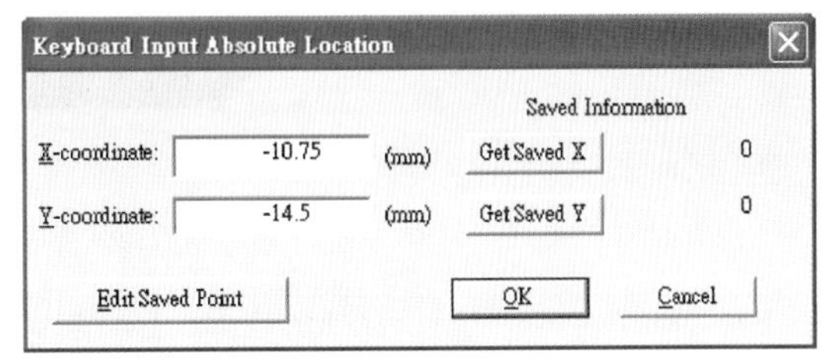

(VII) 之後會出現以下圖形：

步驟 8-3：COPY 單一天線

可參考第四章，步驟 4-2-3

此步驟是將單 1 天線變成 1×2 的陣列天線。

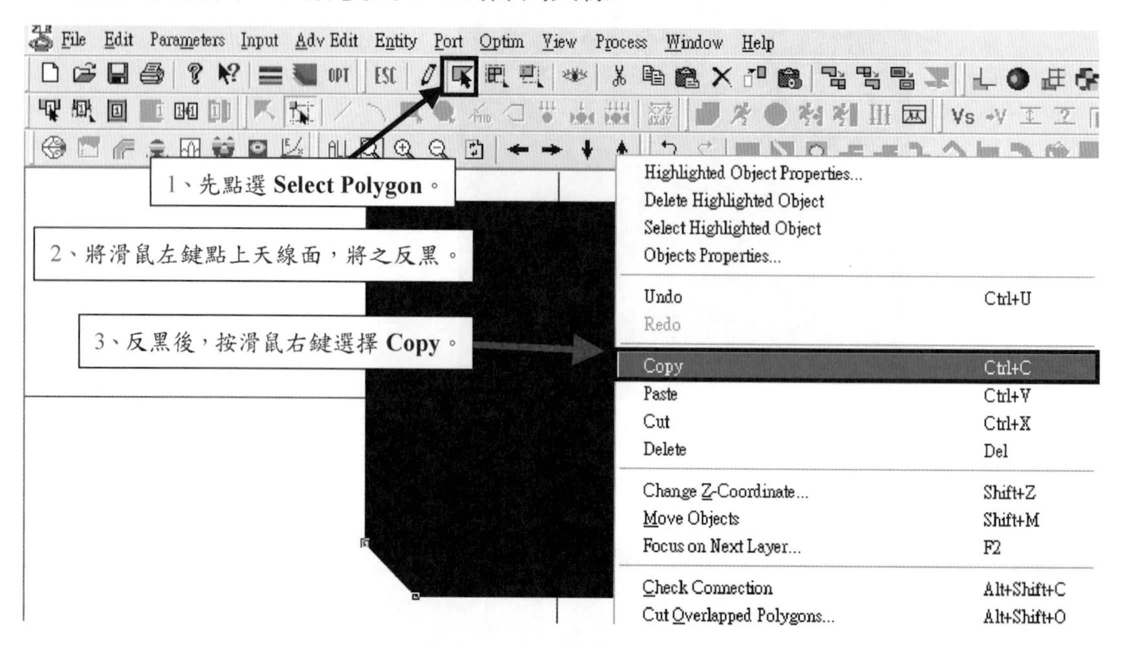

4、接著按『Ctrl+V』，或按滑鼠右鍵再點選“Paste”，會出現下圖：

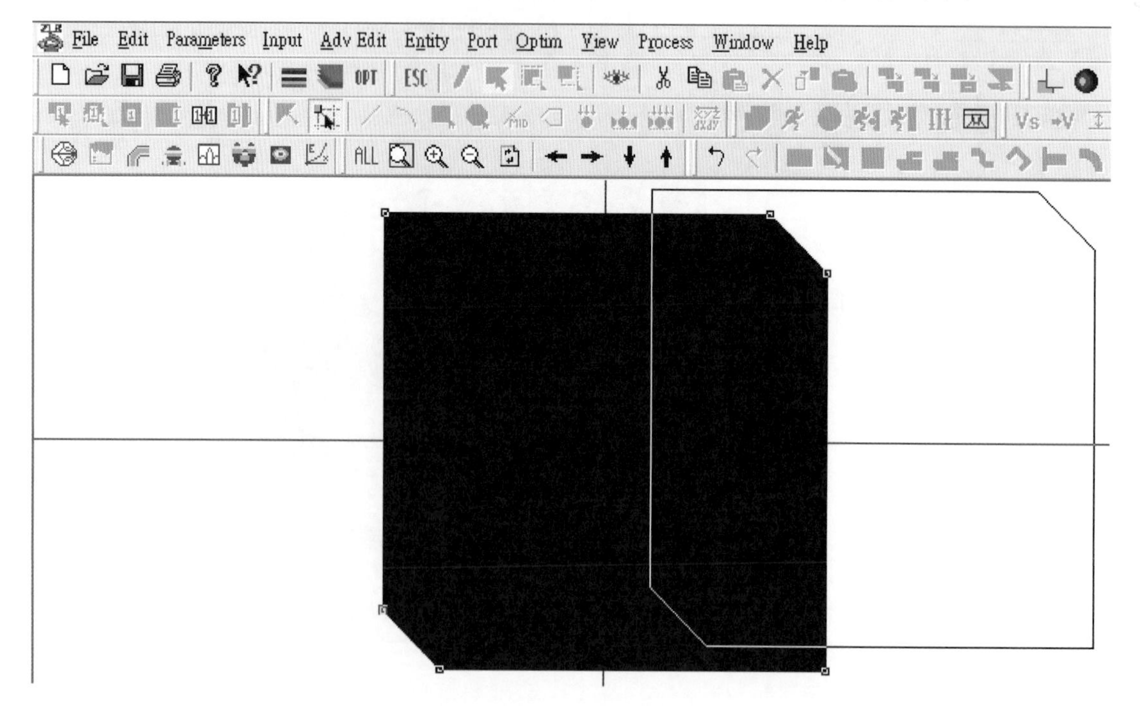

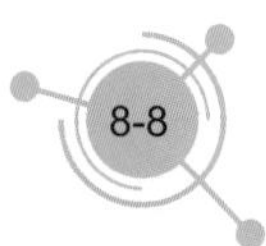

5、按滑鼠左鍵後會出現以下視窗，再輸入以下數據：

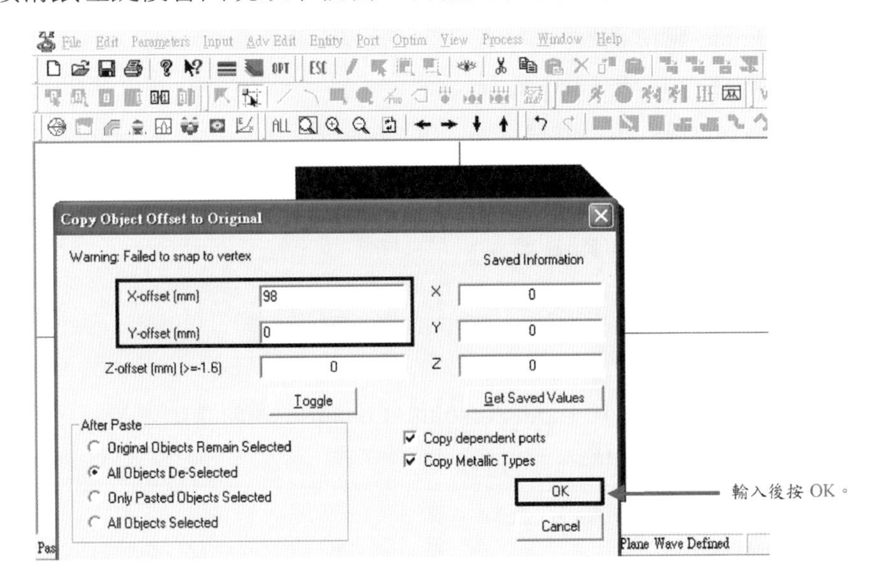

6、完成後如下圖：

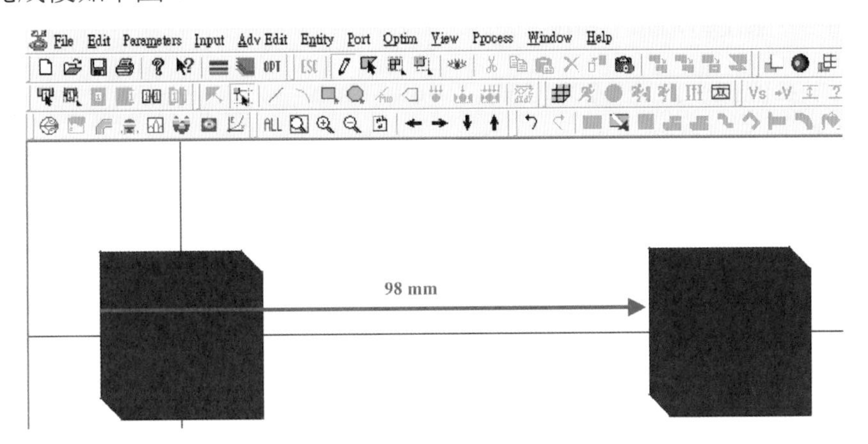

步驟 8-4：畫傳輸線連接兩個天線

(I) 此傳輸線可使用“座標表示法”繪畫。首先按鍵盤的『**Shift+A**』，再輸入以下數據：

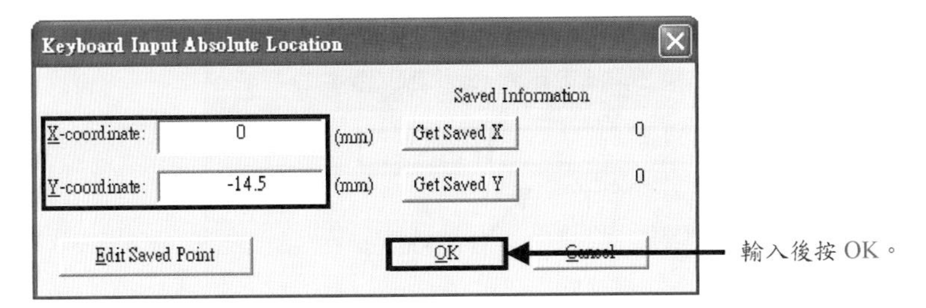

(II) 再一次進入 Keyboard Input Absolute Location 視窗：

X-coordinate 欄位裡輸入『0』

Y-coordinate 欄位裡輸入『-19.8』

輸入完後即可按 OK。

(III) 再一次進入 Keyboard Input Absolute Location 視窗：

X-coordinate 欄位裡輸入『98』

Y-coordinate 欄位裡輸入『-19.8』

輸入完後即可按 OK。

(IV) 再一次進入 Keyboard Input Absolute Location 視窗：

X-coordinate 欄位裡輸入『98』

Y-coordinate 欄位裡輸入『-14.5』

輸入完後即可按 OK。

步驟 8-4-1：點選 Build Path

輸入完畢之後按下滑鼠右鍵，點選“**Build Path**”：

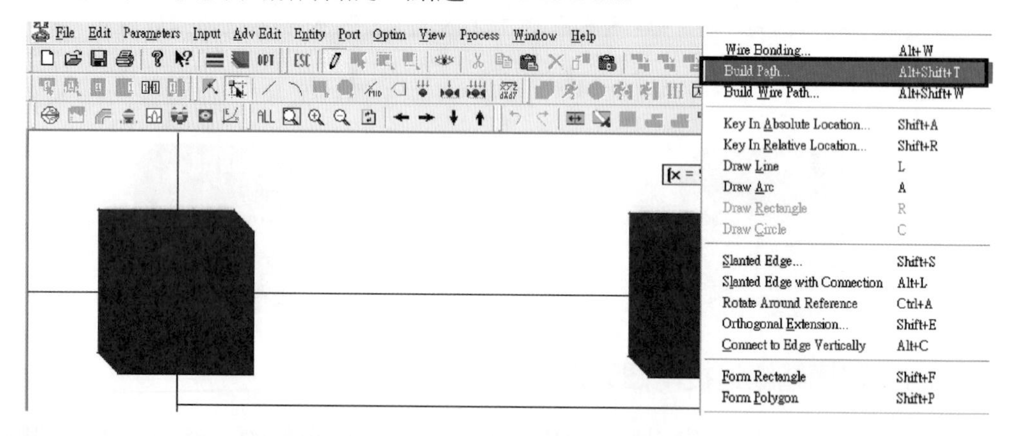

步驟 8-4-2：輸入路徑寬度

會出現如下視窗，路徑寬度輸入 **0.6** 後再按 **OK**。

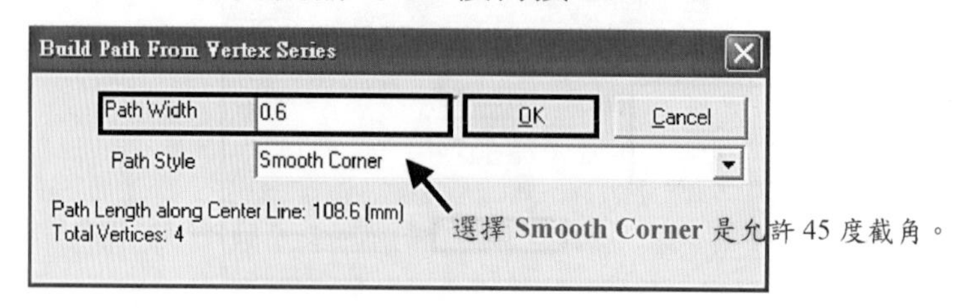

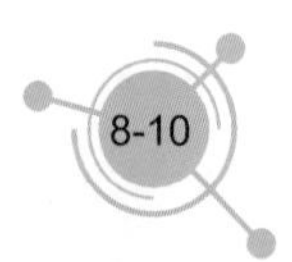

之後會出現下圖：

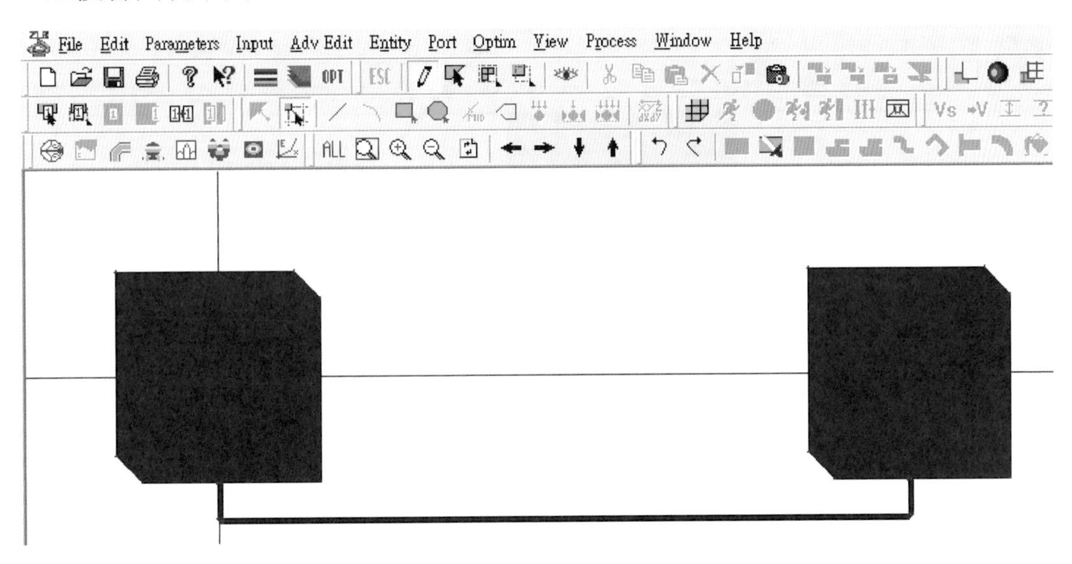

步驟 8-5：修改傳輸線的截角長度

註(1)：由於截角長度不是傳輸線厚度的 1.8 倍，因此必須調整。調整尺寸可參考第三章問題與討論。

1、首先點選 ，將左邊截角之傳輸線放大如下圖：

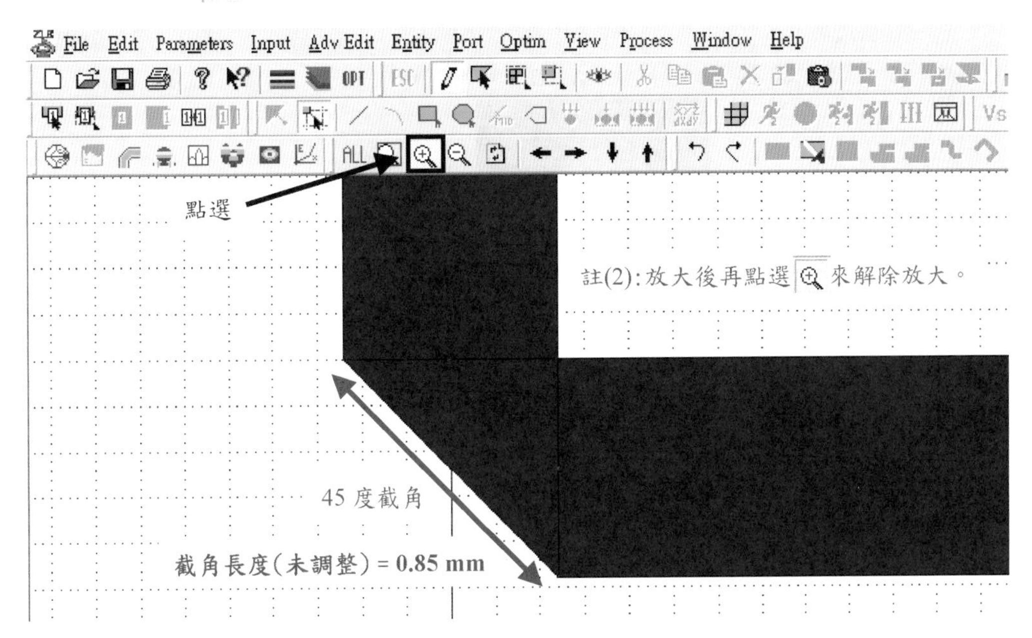

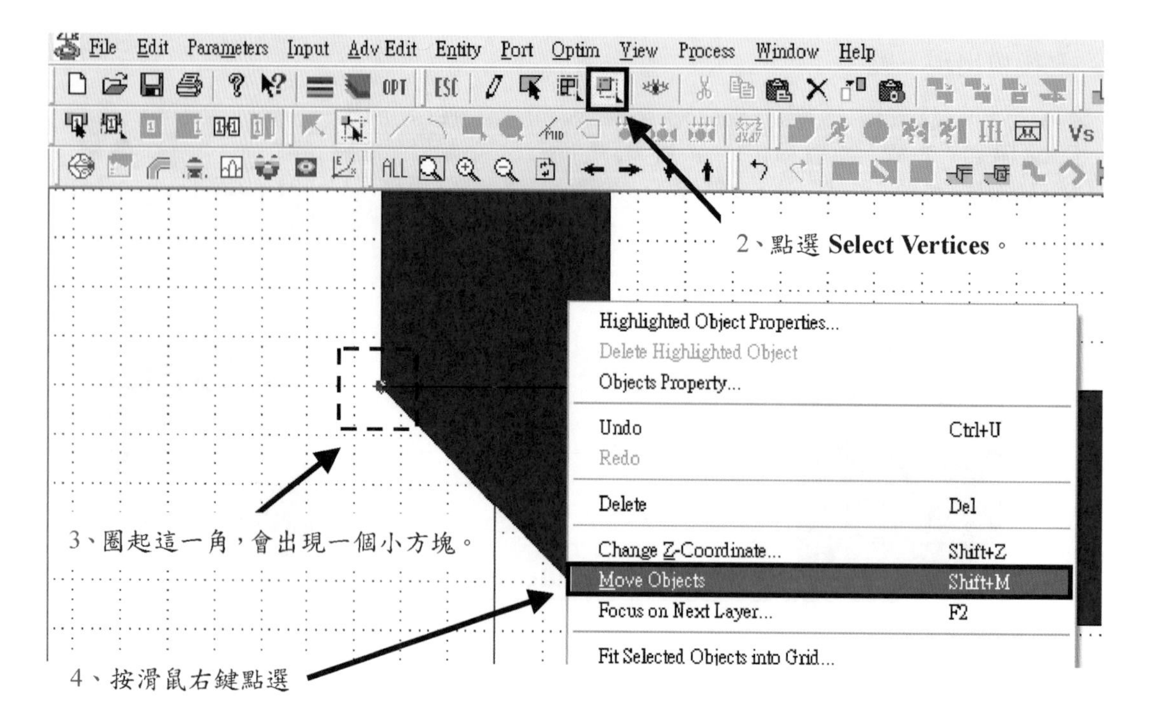

點選“**Move Objects**”後會出現一條可移動之白線，再按滑鼠左鍵會出現下圖：

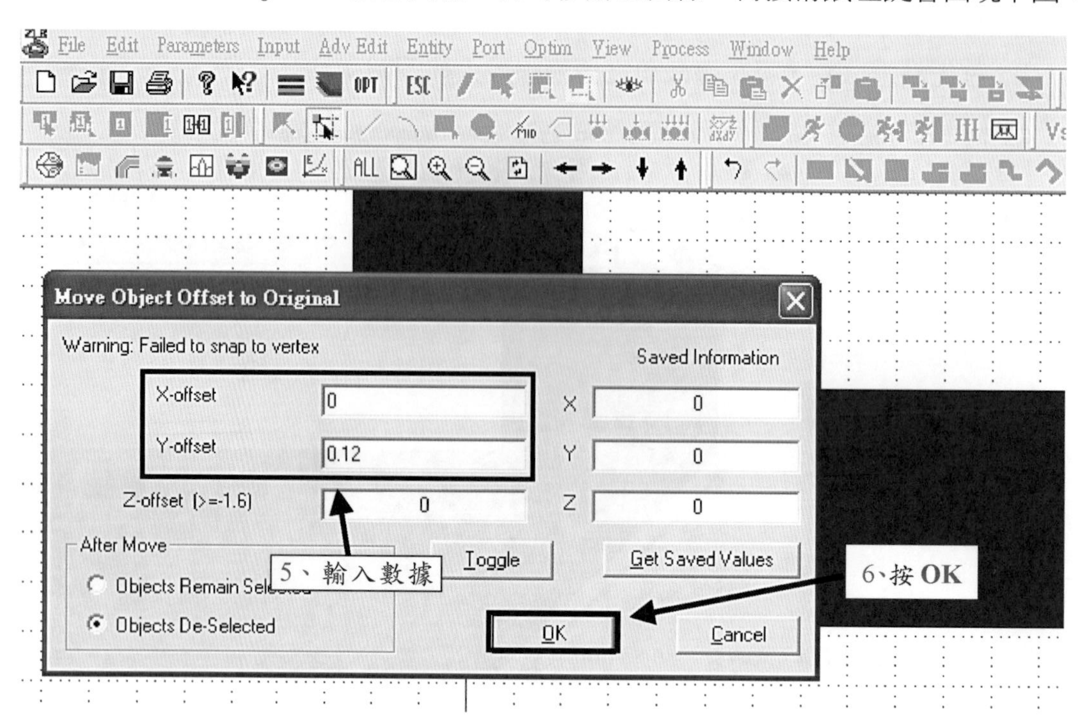

註(3)：所輸入之 Y-offset = 0.12 是根據傳輸線之寬度及所需要之截角長度來計算。

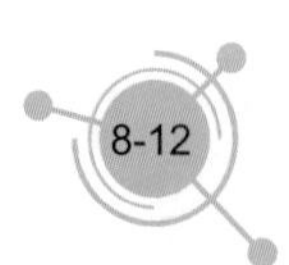

會出現下圖：

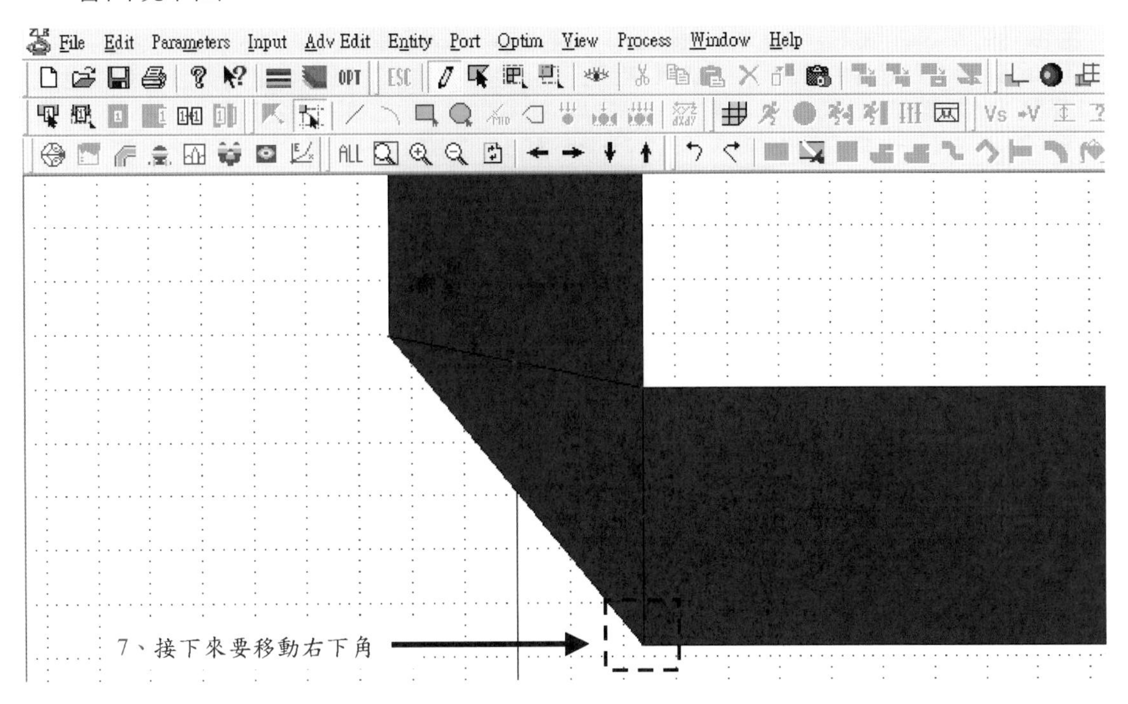

要移動上圖的右下角，同樣使用“**Move Objects**”如下：

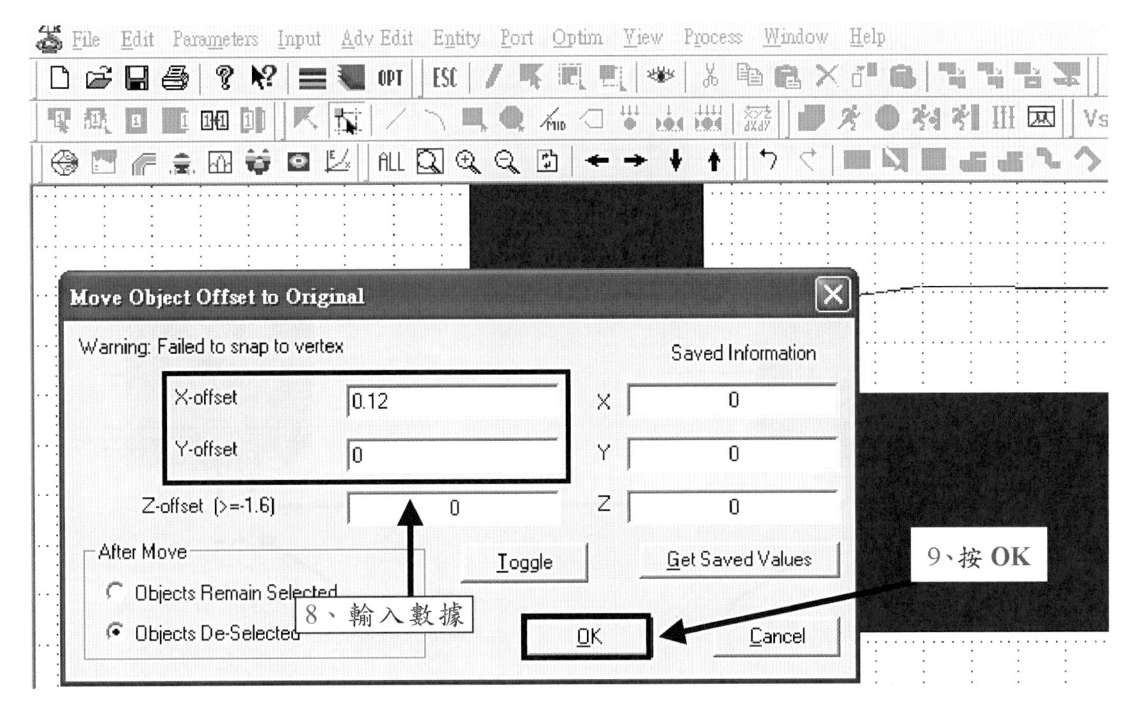

完成後會出現下圖：

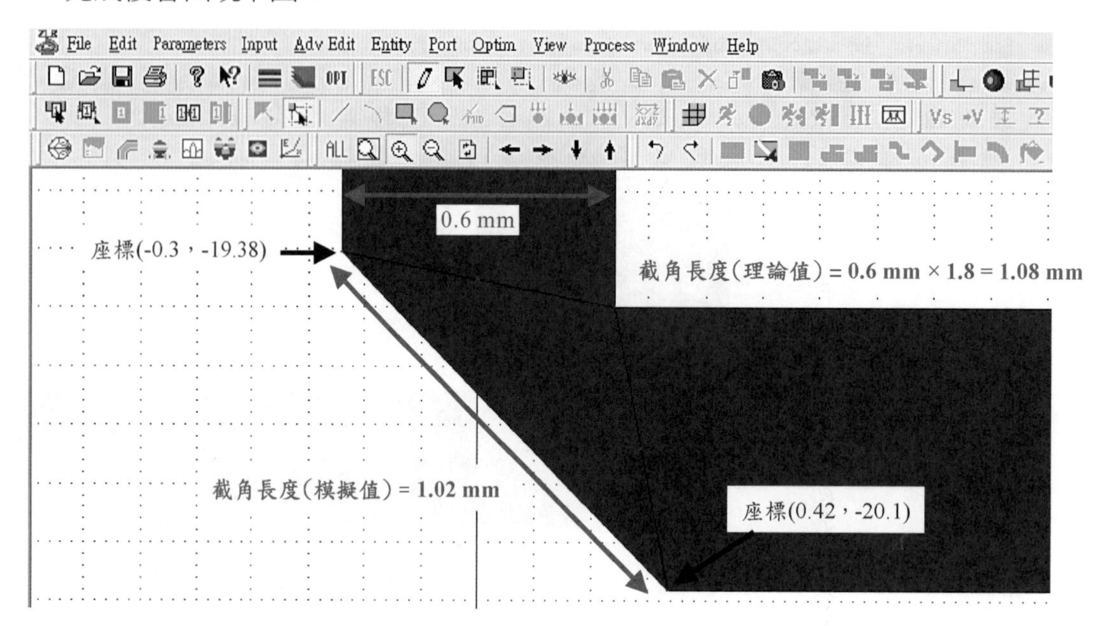

註(4)：截角長度之理論值爲 1.08 mm，而實際模擬值在調整後爲 1.02 mm，兩者相差只有 0.06 mm，因此在可接受之範圍。

至於右手邊之截角長度：

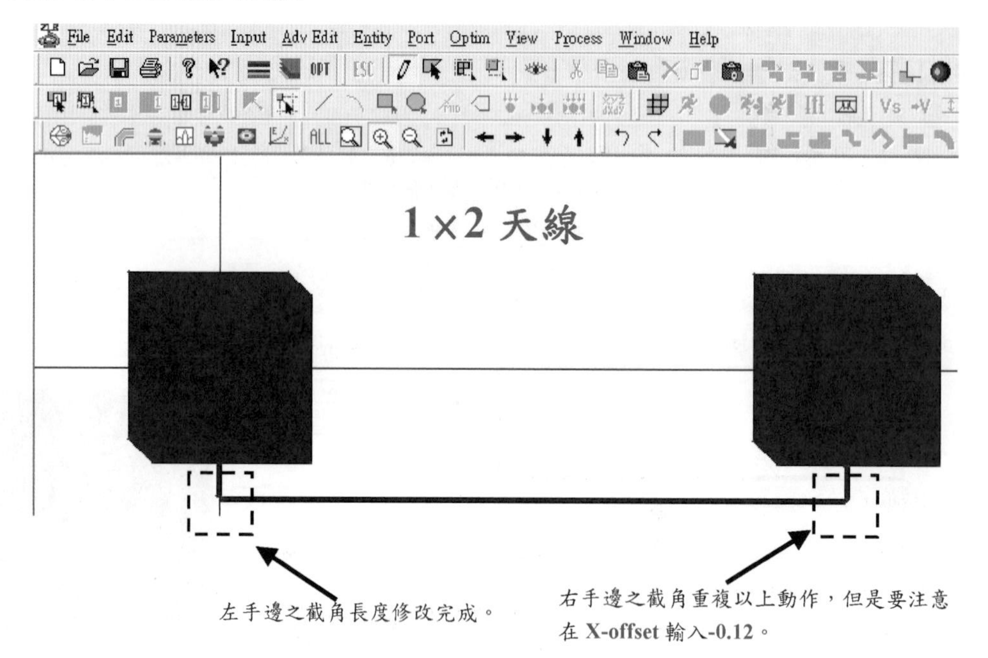

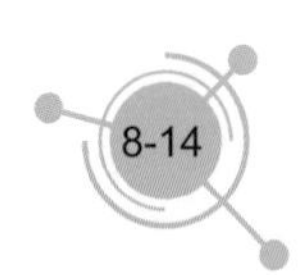

10、利用相同方法“Move Objects”來取得右手邊之截角修改後之圖形：

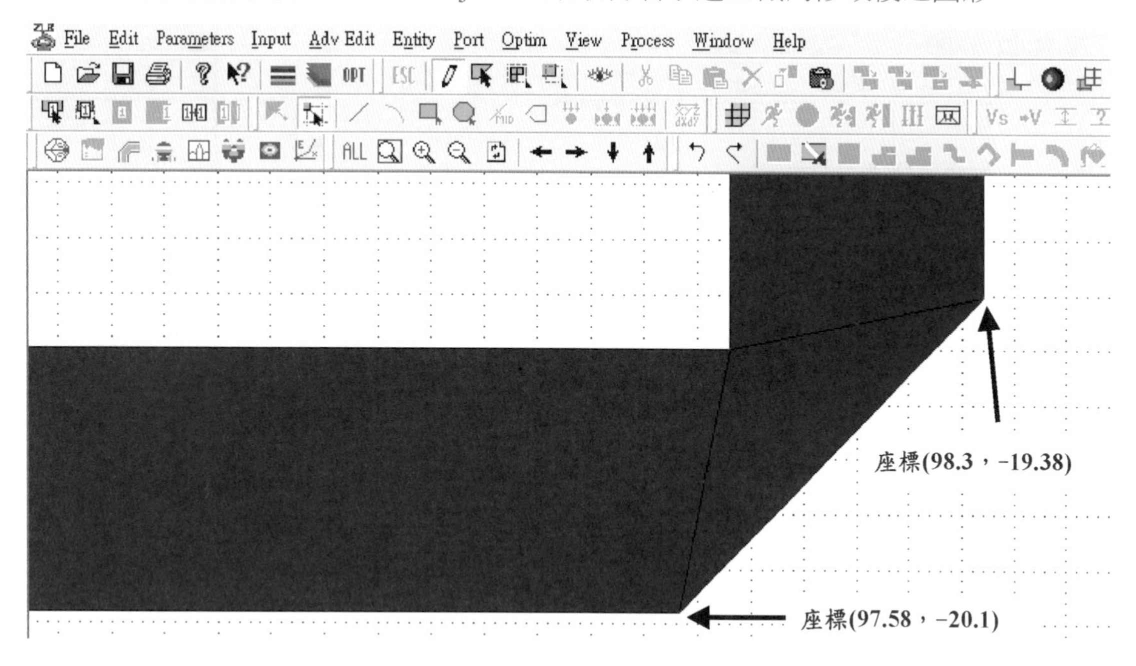

步驟 8-6：COPY 1 × 2 天線

此步驟是將 **1×2** 天線變成 **2×2** 的陣列天線。可參考步驟 8-3。

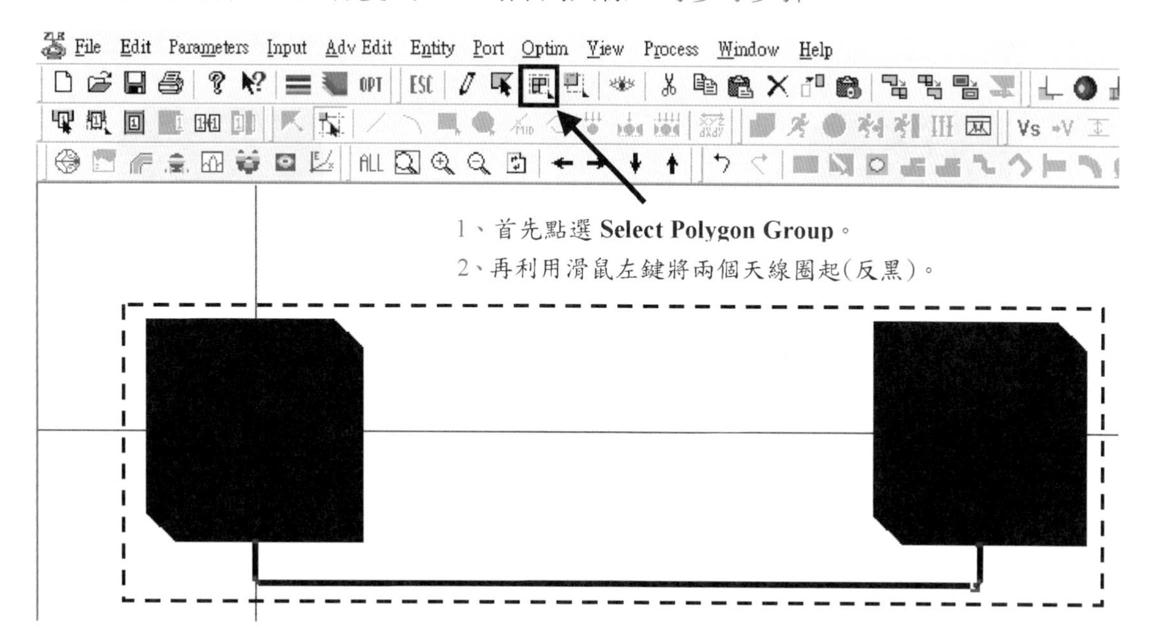

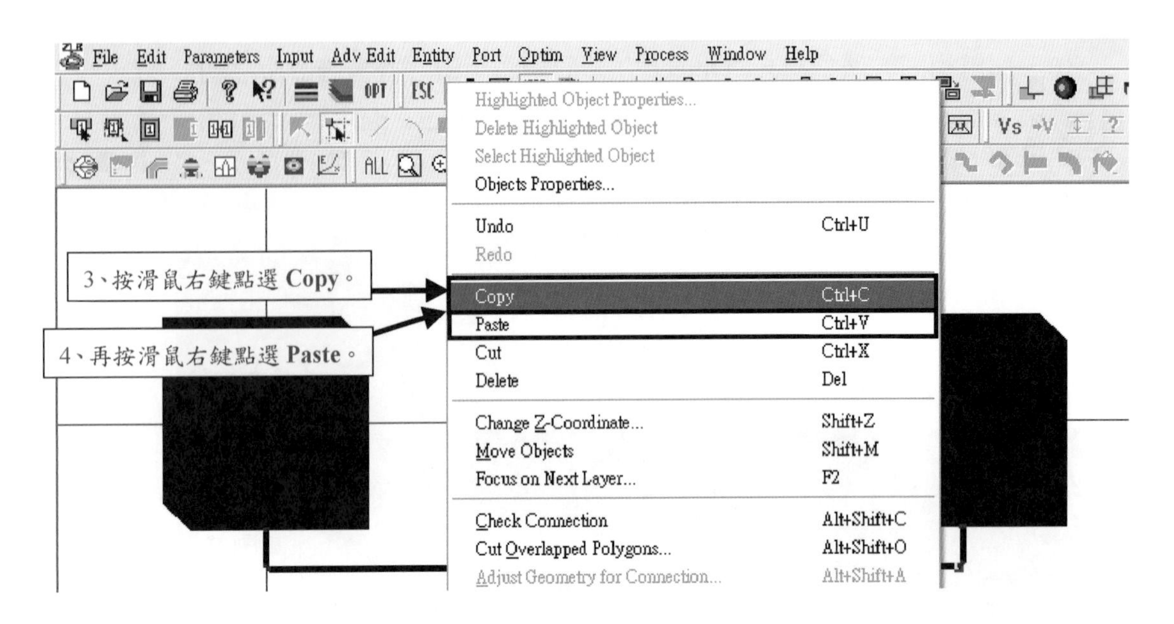

點選 **Paste** 會出現以下圖形：

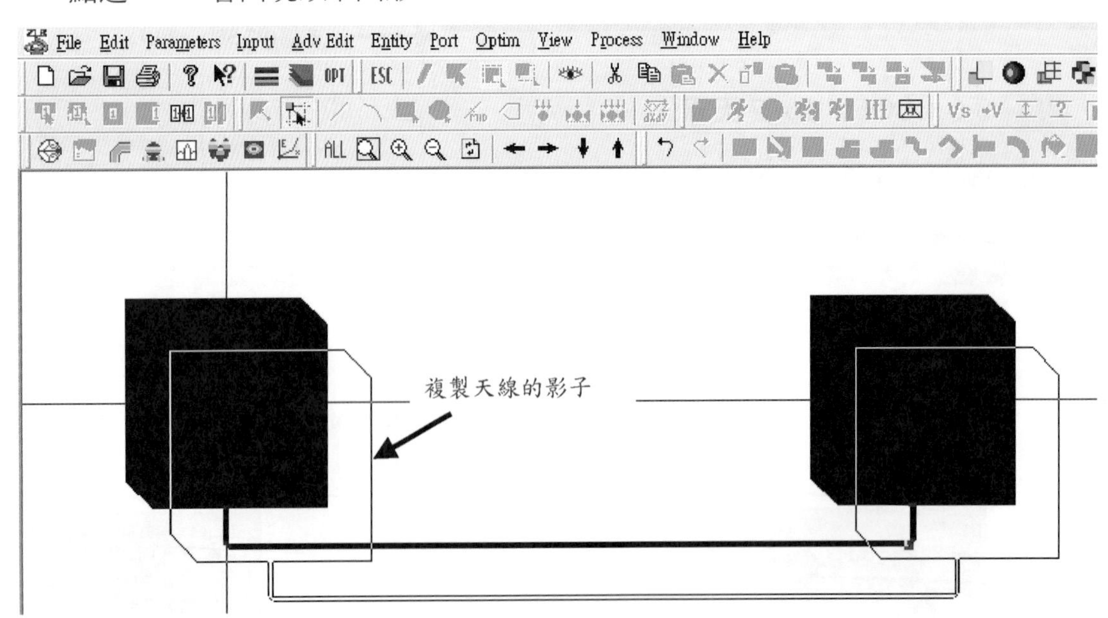

5、再按滑鼠左鍵會出現以下圖形：

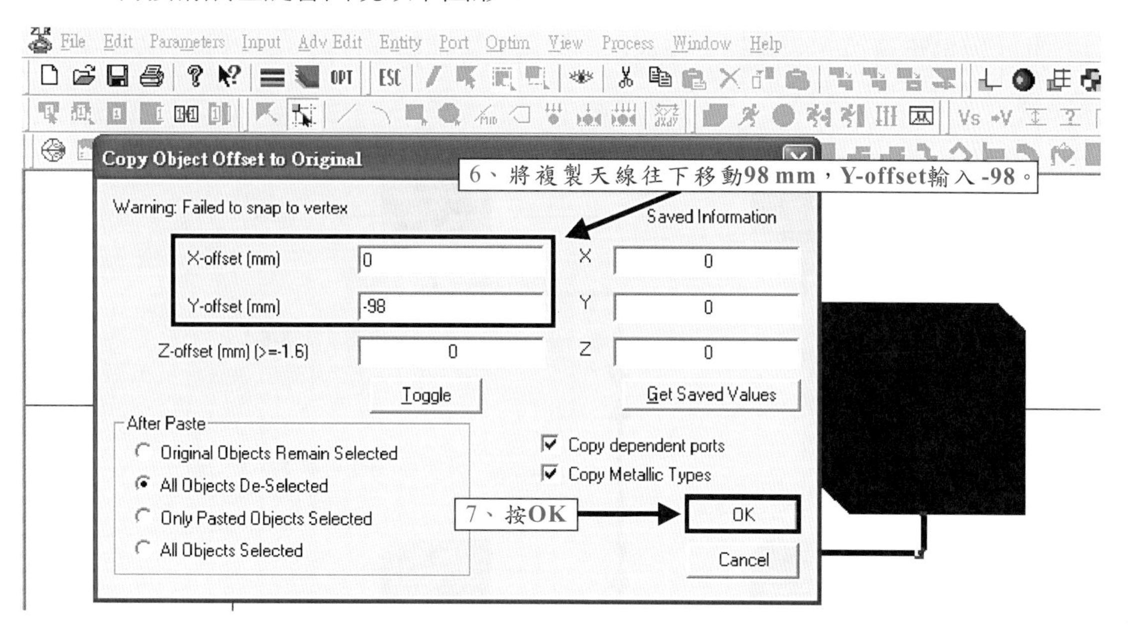

完成後會出現下圖：

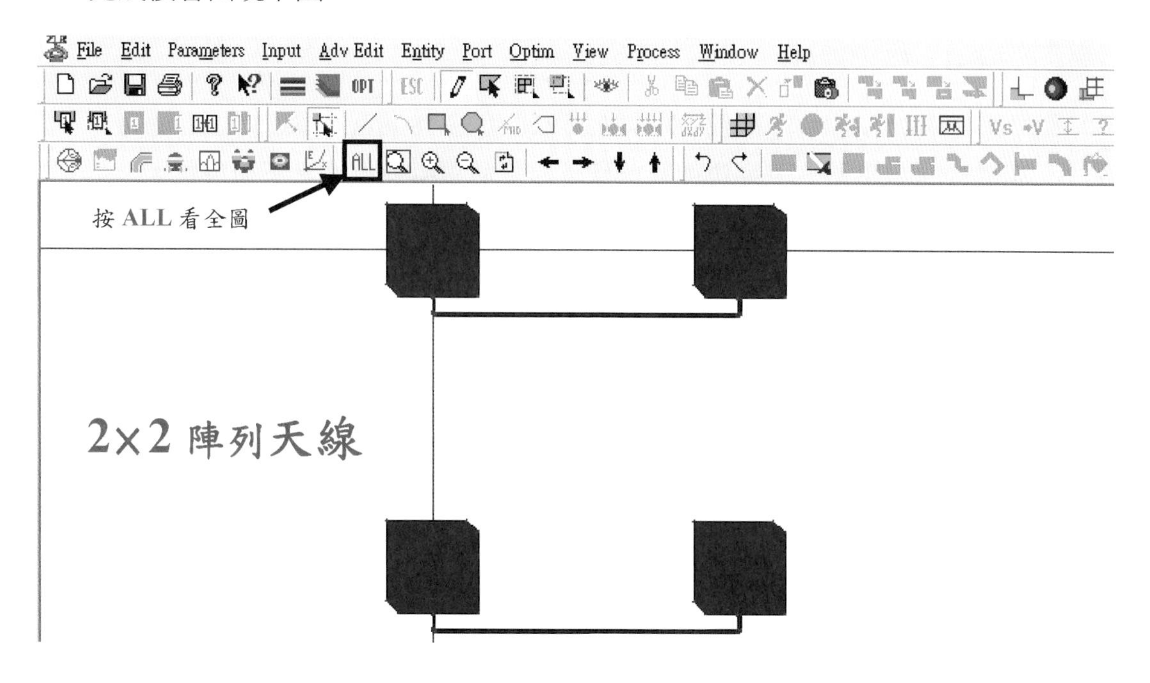

步驟 8-6：連接天線

此步驟是將這 **2×2** 的陣列天線利用微帶傳輸線連接在一起，總共有三條微帶傳輸線要畫。

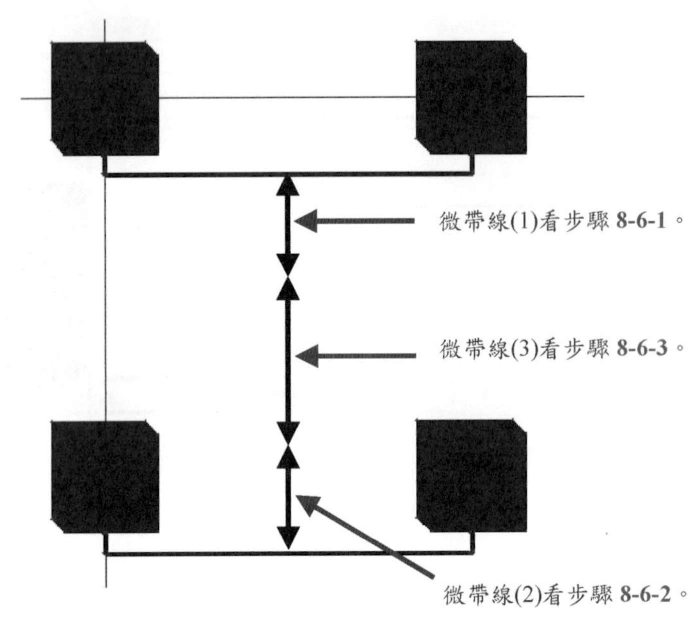

微帶線(1)看步驟 8-6-1。
微帶線(3)看步驟 8-6-3。
微帶線(2)看步驟 8-6-2。

步驟 8-6-1：微帶線(1)

微帶線(1)初始點中心座標爲**(49，-20.1)**，長度爲 **18 mm**，寬度爲 **1.53 mm**。
註(5)：至於如何利用簡單的方法得知一條傳輸線的中心座標會在下面解釋。

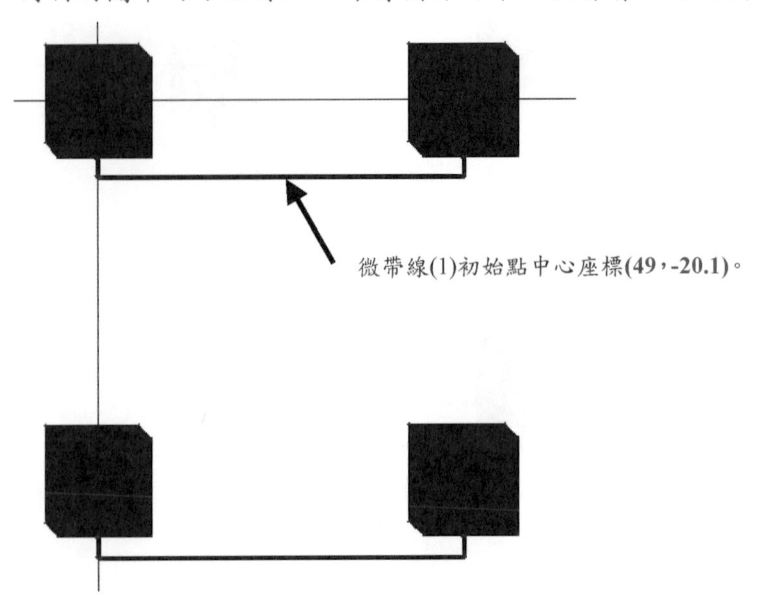

微帶線(1)初始點中心座標(49，-20.1)。

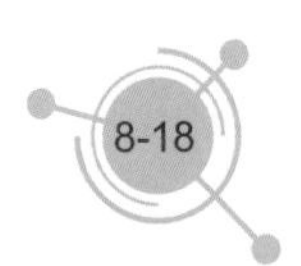

(I) 此微帶傳輸線可使用“座標表示法”繪畫。首先按鍵盤的『**Shift+A**』，再輸入以下數據：

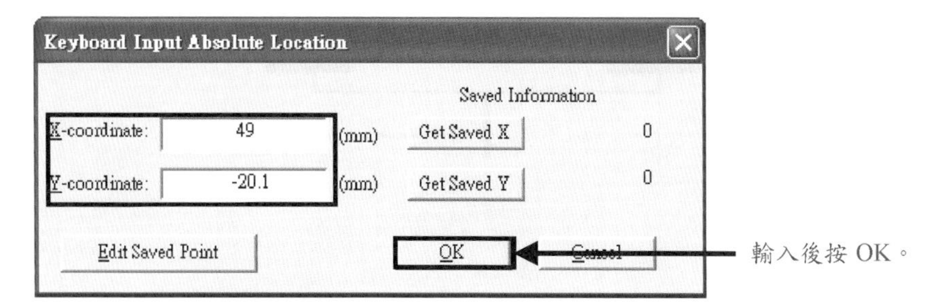

(II) 再一次進入 Keyboard Input Absolute Location 視窗：

X-coordinate 欄位裡輸入『49』

Y-coordinate 欄位裡輸入『-38.1』

輸入完後即可按 OK。

(III) 按滑鼠右鍵點選 Build Path：

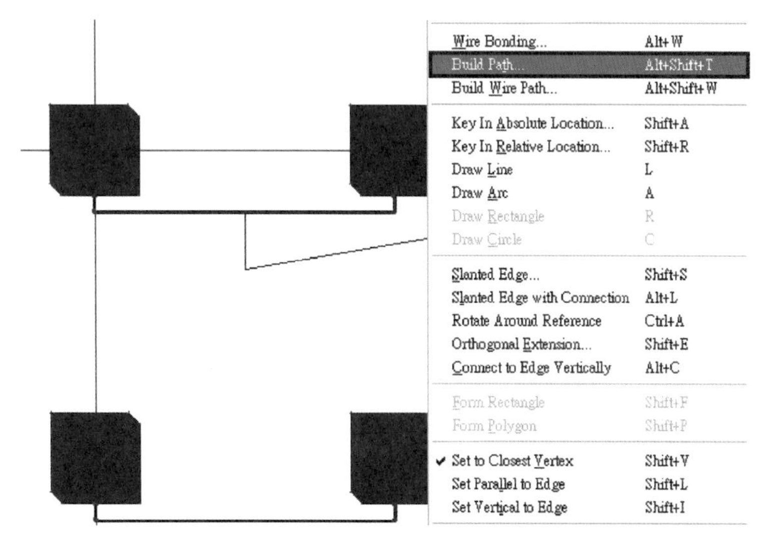

(IV) 會出現如下視窗，路徑寬度輸入 **1.53** 後再按 **OK**。

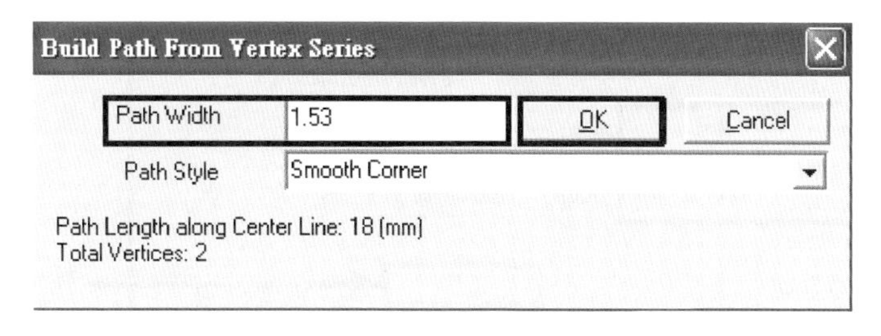

完成後會出現下圖：

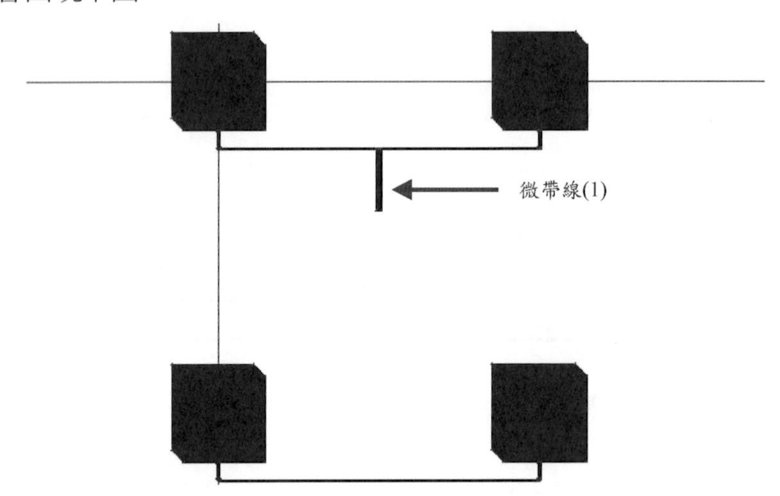

步驟 8-6-2：微帶線(2)

微帶線(2)初始點中心座標為**(49，-117.5)**，長度為 **18 mm**，寬度為 **1.53 mm**。

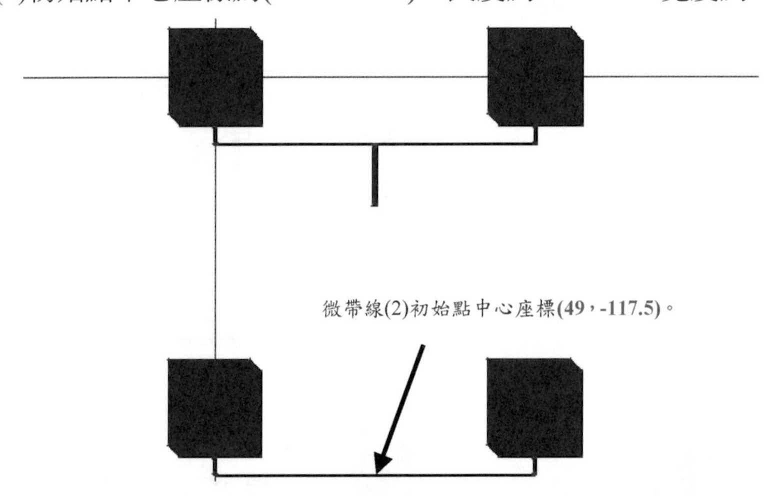

(I) 此微帶傳輸線可首先使用“座標表示法”繪畫。首先按鍵盤的『**Shift+A**』，再輸入以下數據：

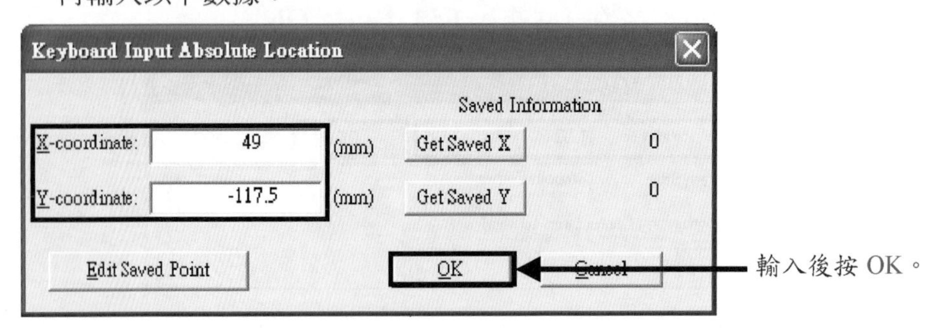

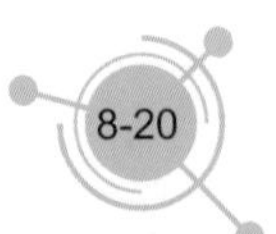

(II) 接下來再按鍵盤的『**Shift+R**』，進入 Keyboard Input Relative Location 相對座標表示法視窗：

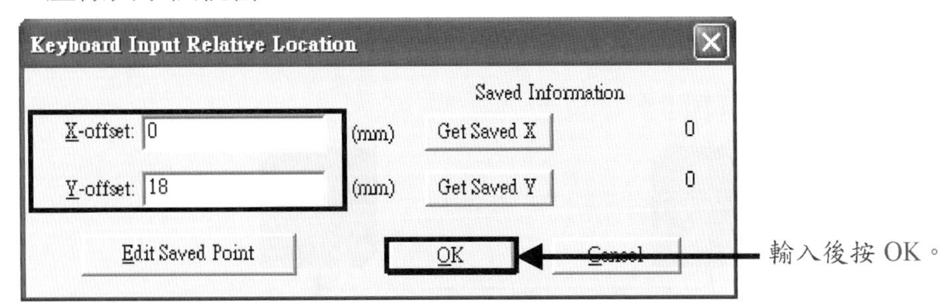

註(6)：請看第四章的問題與討論，關於各種畫法的技術。

(III) 按滑鼠右鍵點選 Build Path 後，會出現如下視窗，路徑寬度輸入 **1.53** 後再按 **OK**。

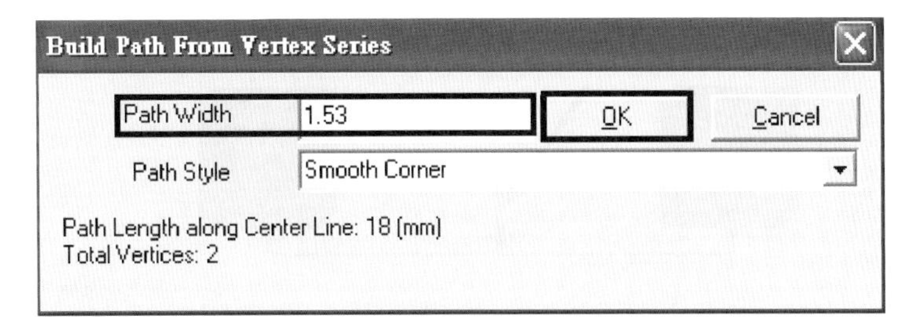

完成後會出現下圖：

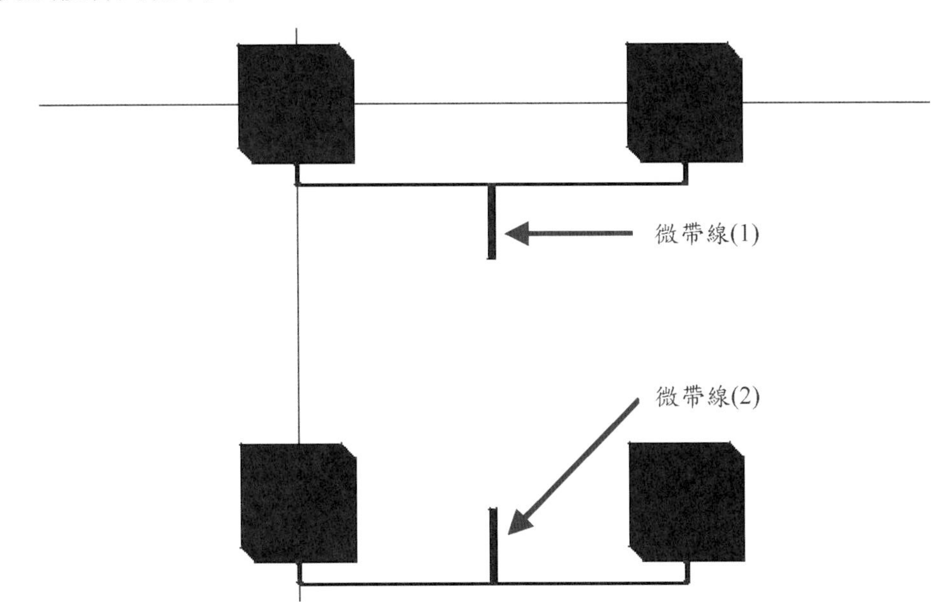

步驟 8-6-3：微帶線(3)

(I) 微帶線(3)其實就是一個 1/4 波長阻抗轉換器，連接微帶線(1)與微帶線(2)。其初始點中心座標爲(49，-38.1)，終點中心座標爲(49，-99.5)，長度爲 61.4 mm，寬度爲 0.68 mm。

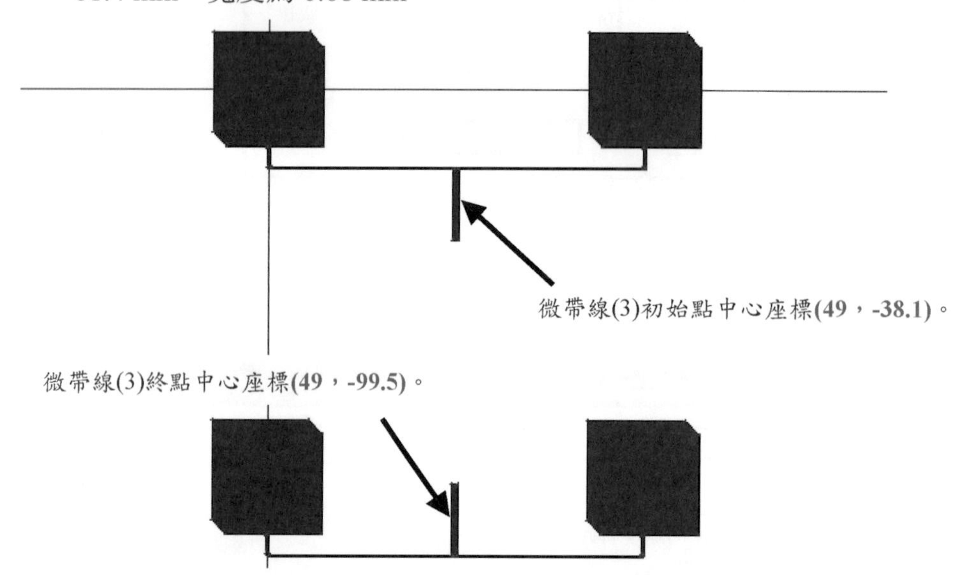

除了用輸入座標法來點在微帶線(3)之初始點中心座標，還有另外比較簡單的方法，就是利用插入中心點 Insert Mid-Point 方法。此方法就是圈出兩個座標點，再利用 或點選 Input ➔ Insert Mid-Point 來取得兩點之中心座標。接下來是先教導如何找出微帶線(3)之初始中心點與終點中心座標。

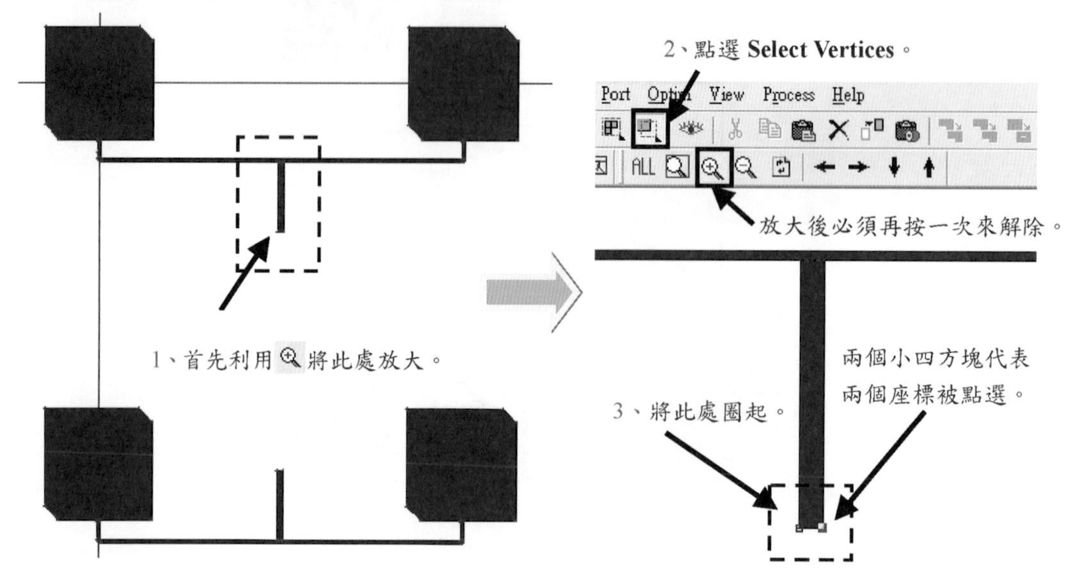

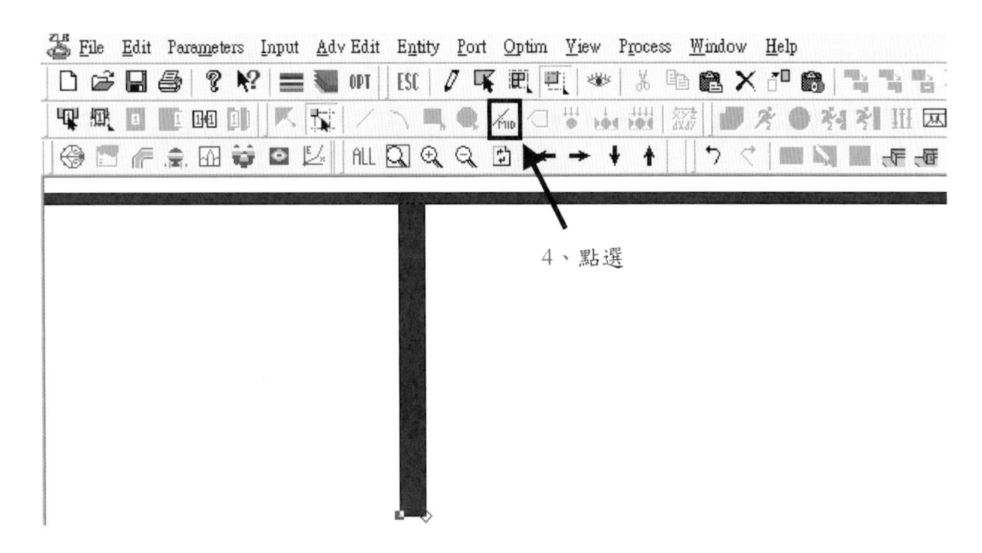

會出現以下視窗：

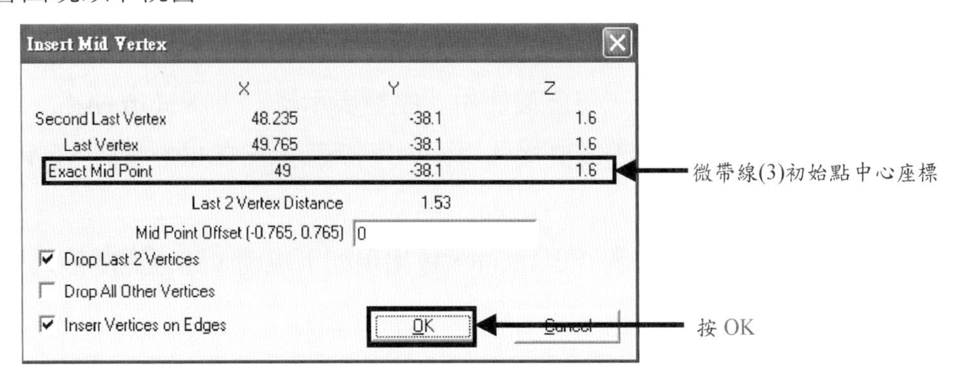

按 OK 後可直接連到微帶線(3)初始點中心座標。

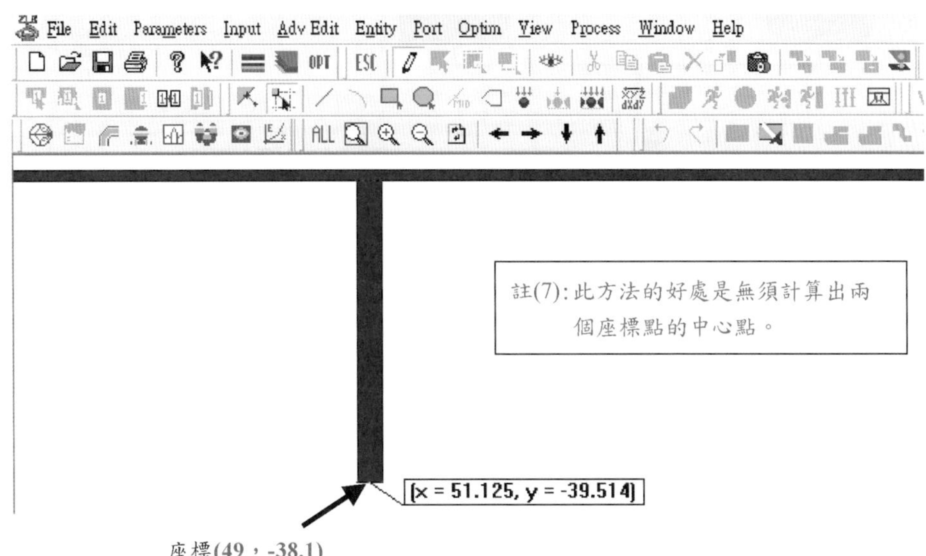

(II) 接下來重複以上的作法來找出微帶線(3)終點中心座標。

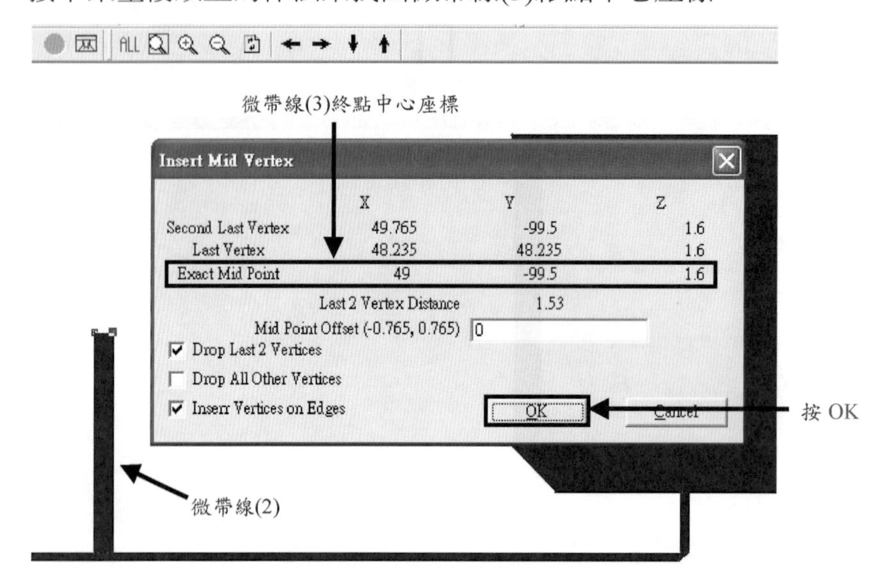

(III) 得知兩點中心座標後，可直接使用"座標表示法"，『**Shift+A**』，來繪畫微帶線(3)。或在完成**(I)**後直接利用相對座標表示法『**Shift+R**』，在 **Y-Offset** 輸入**-61.4**。

(IV) 之後再按滑鼠右鍵點選 Build Path，會出現如下視窗，路徑寬度輸入 **0.68** 後再按 **OK**。

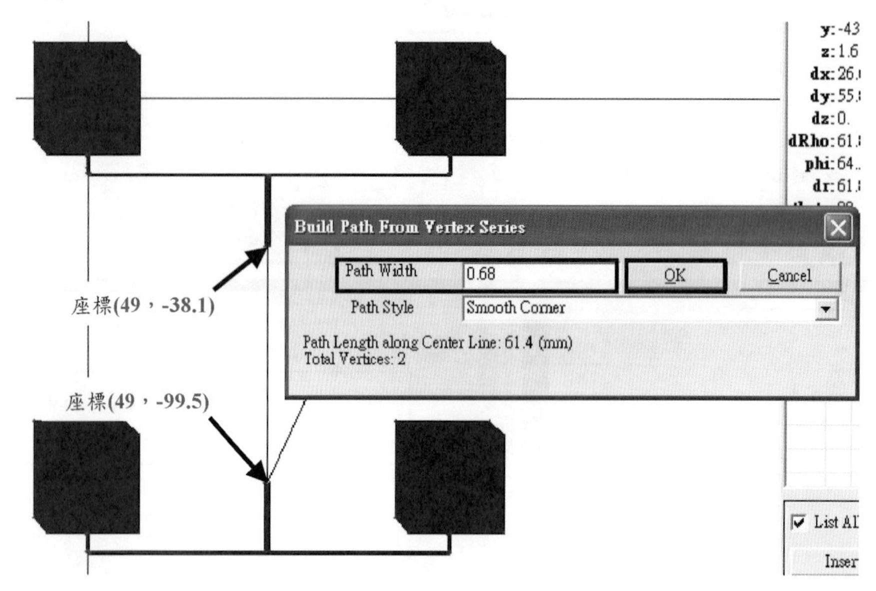

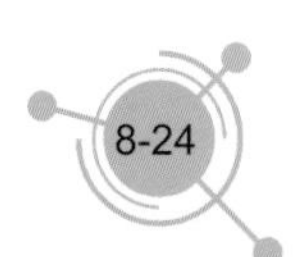

完成後會出現下圖：

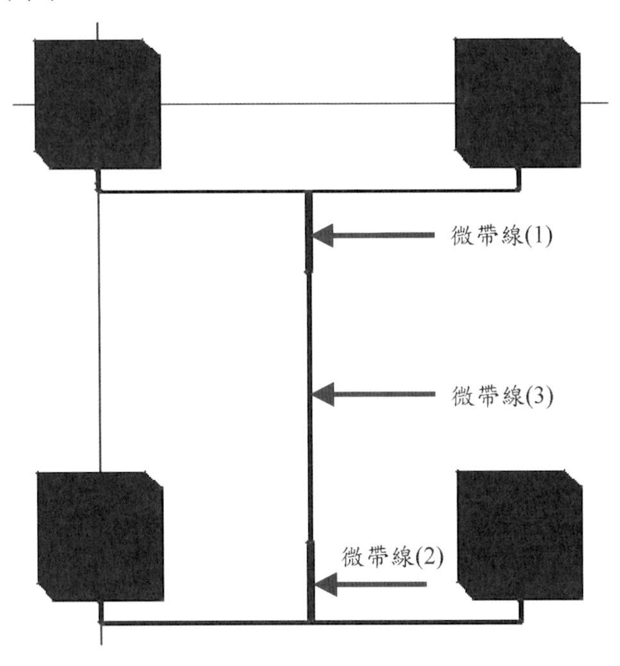

步驟 8-7：饋入之微帶線

此天線之饋入線其實就是一條連接微帶線(3)的 50 Ω 傳輸微帶線。如何取得微帶線(3)之中間座標如下：

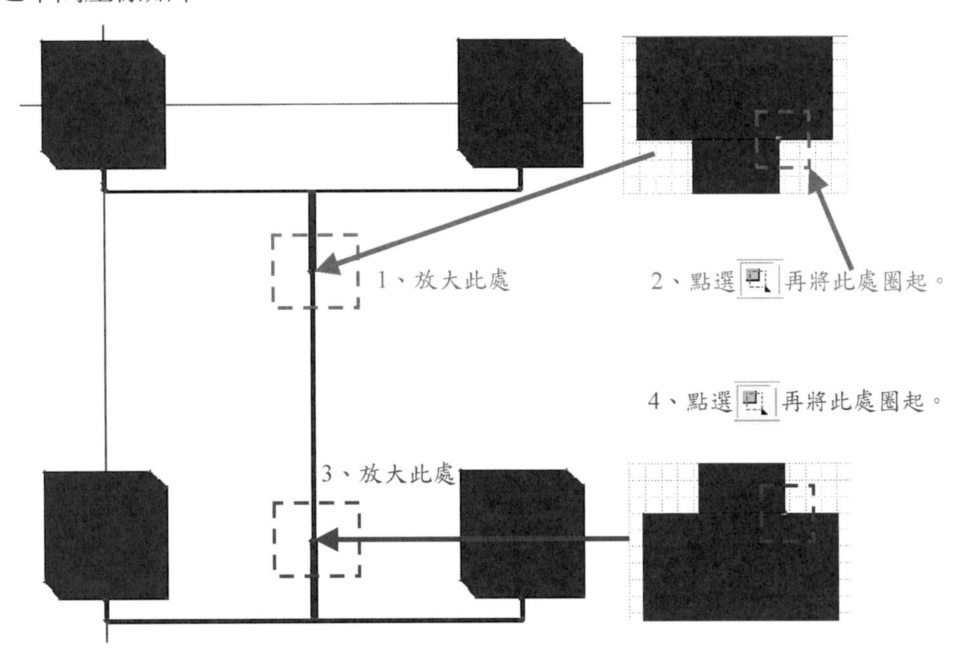

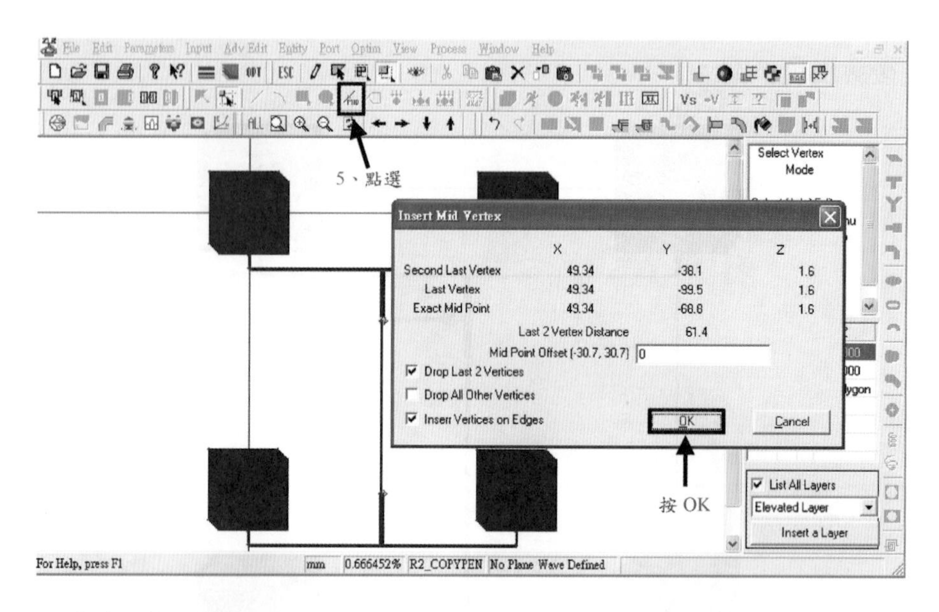

按 OK 會出現如下圖：

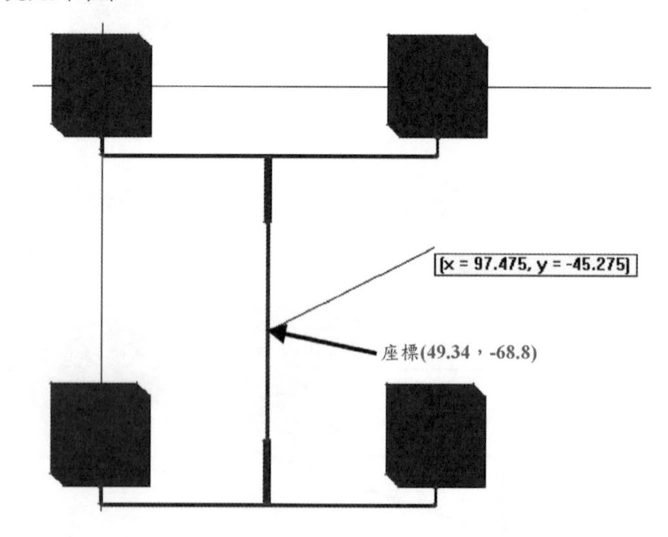

步驟 8-7-1：

(I) 此微帶線的長度為 **80 mm**，因此接下來按鍵盤的『**Shift+R**』，進入相對座標表示法視窗：

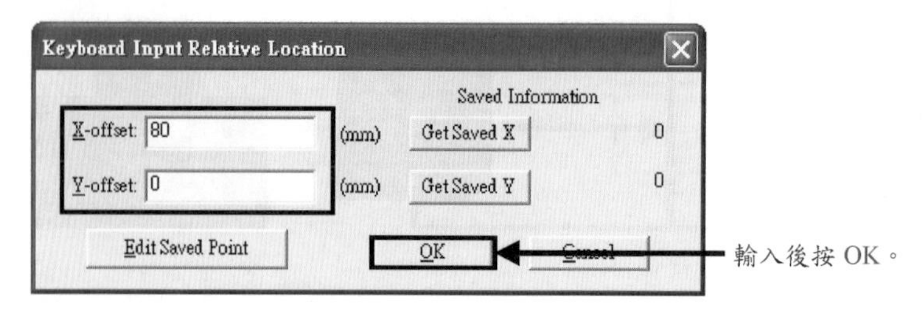

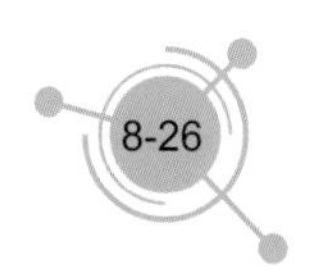

(II)　接著再按滑鼠右鍵點選 Build Path 後，會出現如下視窗，路徑寬度輸入 **3** 後再按 **OK**。

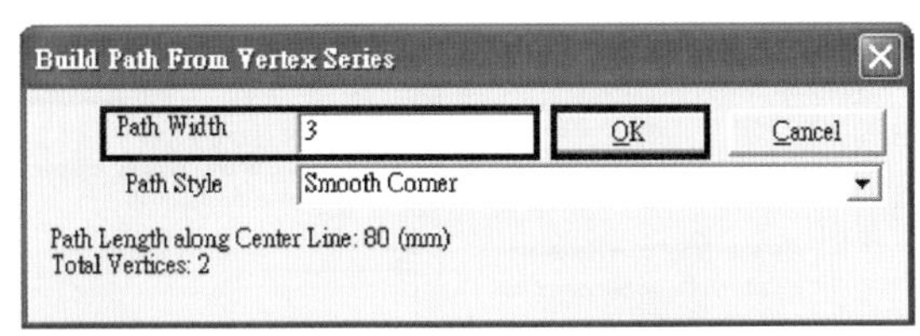

完成後會出現下圖：

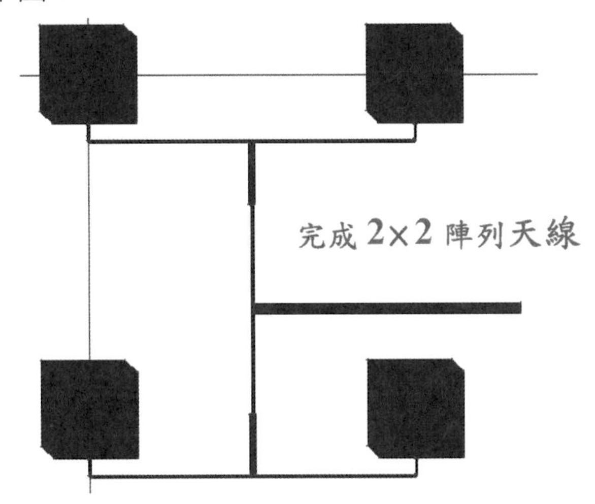

步驟 8-8：設定 Probe(饋入點)

註(8)：由於此天線是設定無窮大接地面，因此不需要設定負端(Define Negative Port)。

(I)　首先，從 Port 點選 Define Port：

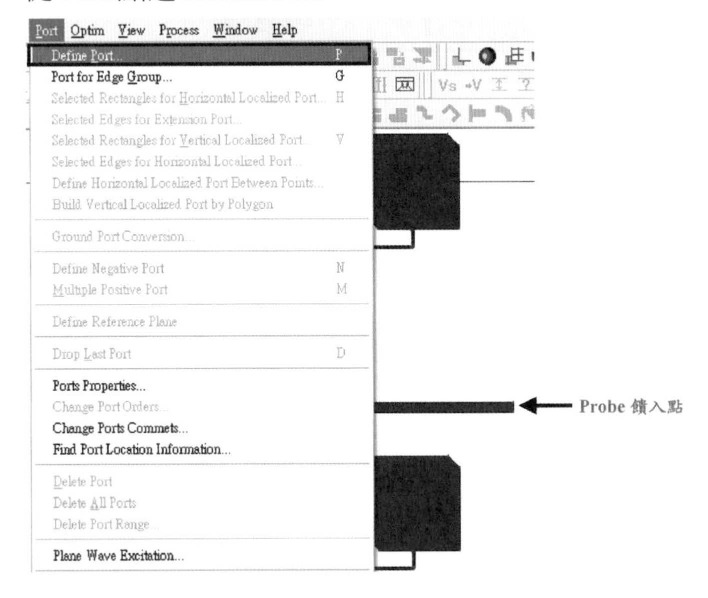

(II) 接着會出現如下視窗，再按 **OK**。

De-Embedding Scheme

De-Embedding Scheme
- Advanced Extension
- Extension for MMIC
- Localized for MMIC
- Extension for Waves
- Vertical Localized
- Horizontal Localized
- 50 Ohms for Waves

Vertical Localized Scheme Parameters
Positive Level: No.1: Z=0
Negative Level: No.1: Z=0

OK | Cancel

Note: Adding length of 1-3 cells on ports close to discontinuities may improve simulation accuracy but slow down speed.

Extension Scheme Parameters
Cells on De-embedding Arm: 5 | Reference Plane Shift: 0
Added Length on Port: 0 | Added Cells: 0
Keep Reference Plane After Adding

General Extension Port Parameters (Applied to All Extension Ports)
Auto Adjustment | Good Reference: 10
Min Extension: 5 | Min Length Ratio: 3
Max Extension: 80 | Coupled Ports Settings

(III) 最後利用滑鼠點向 **Probe** 饋入點，完成後會出現下圖：

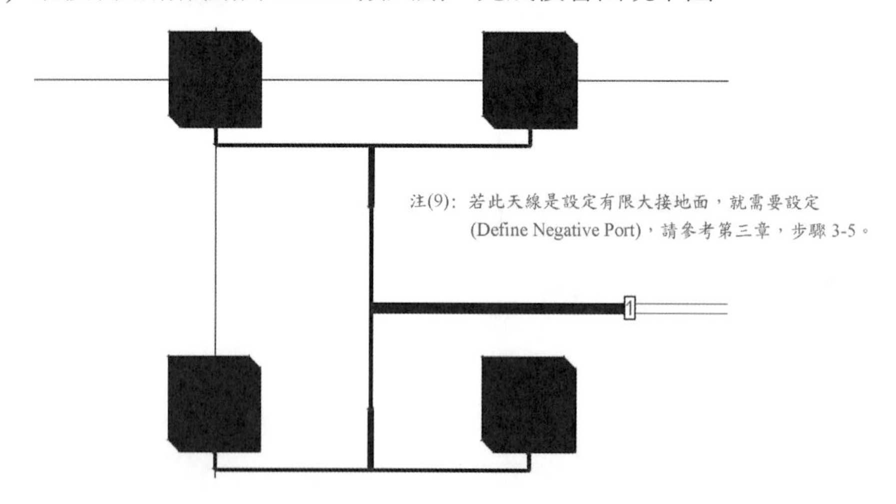

注(9)：若此天線是設定有限大接地面，就需要設定 (Define Negative Port)，請參考第三章，步驟 3-5。

步驟 8-9：模擬天線

參考步驟 1-11

在點入 後，便可進入“**Simulation Setup**”。記得要存檔。

(I) 輸入頻率與點數，按 OK 之後請將所有點數選取。

Enter Frequency Range

Start Freq (GHz): 2
End Freq (GHz): 3
Number of Freq: 201
Step Freq (GHz): 0.005

OK | Cancel

- Linear
- Exponential

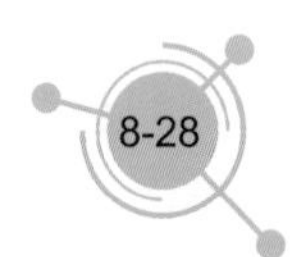

(II) 檢查 Width 是否接近 0.02，結束後按 OK。

Automatic Meshing Parameters

Basic Parameters

Highest Frequency (GHz):	3
Cells per Wavelength	10
Estimated Max Cell Size	6.0816
Low Freq Setting	Nf=3 at 0.0006 GHz
Meshing Scheme	Classical
Rectanglizations	3 Times
Enable FASTA	Edit FASTA Parameters
FASTA Info	(4/0/1/0.7/-0.5/1)

FASTA (Full-wave Accelerated Simulation Technology Algorithm) allows you to efficiently get results with slightly lower accuracy.

☑ Meshing Optimization　☐ Merge Polygons

☐ Remove Vertices on Curvature

Warning Limit　5000　Not Exceeded!

Automatic Edge Cells Parameters

AEC Layers	1	Multi-Layer Ratio	0.4
AEC Ratio	0.0035	Width	0.0212856
AEC Level	Applied to open edges only		

都設定完後回到 **Simulation Setup** 視窗並開始模擬。

步驟 8-10：顯示 S11 圖

參考步驟 1-12-1

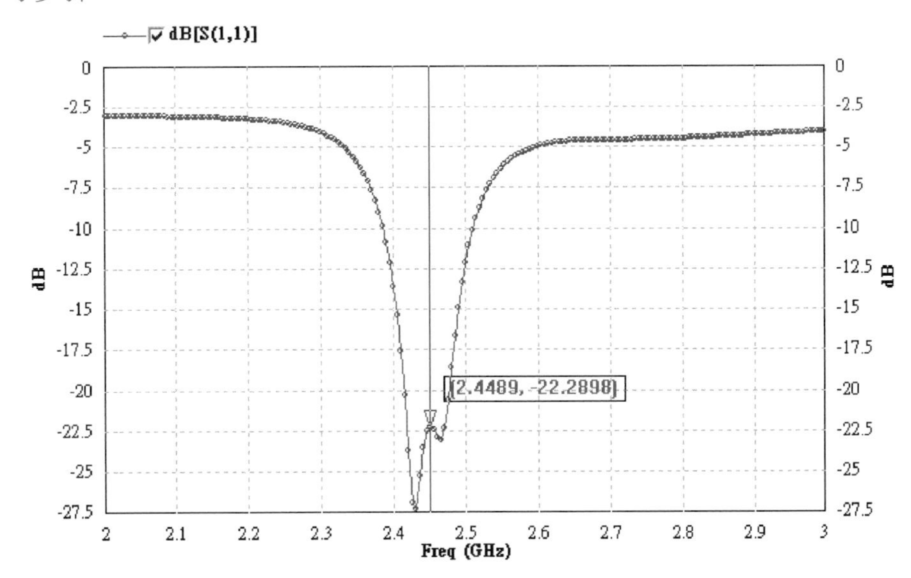

步驟 8-11：顯示史密斯圖

參考步驟 1-12-3

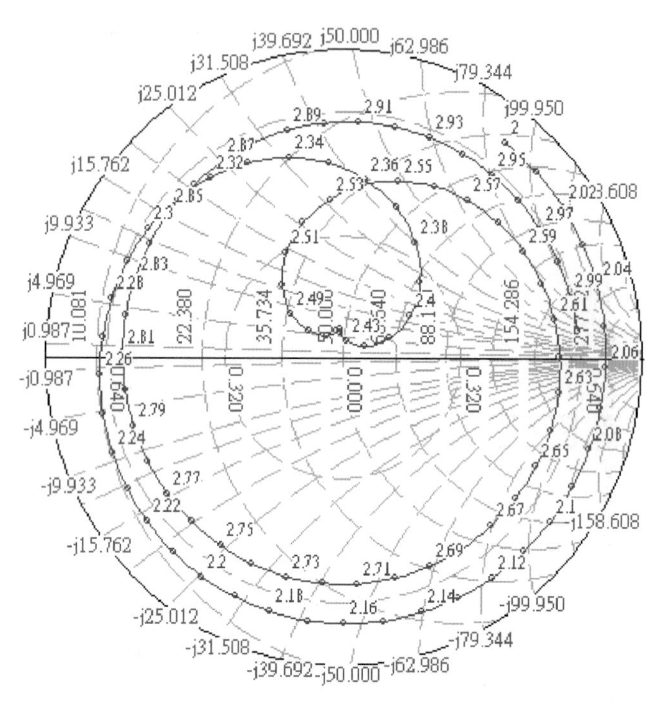

步驟 8-12：顯示阻抗關係圖

參考步驟 1-12-4

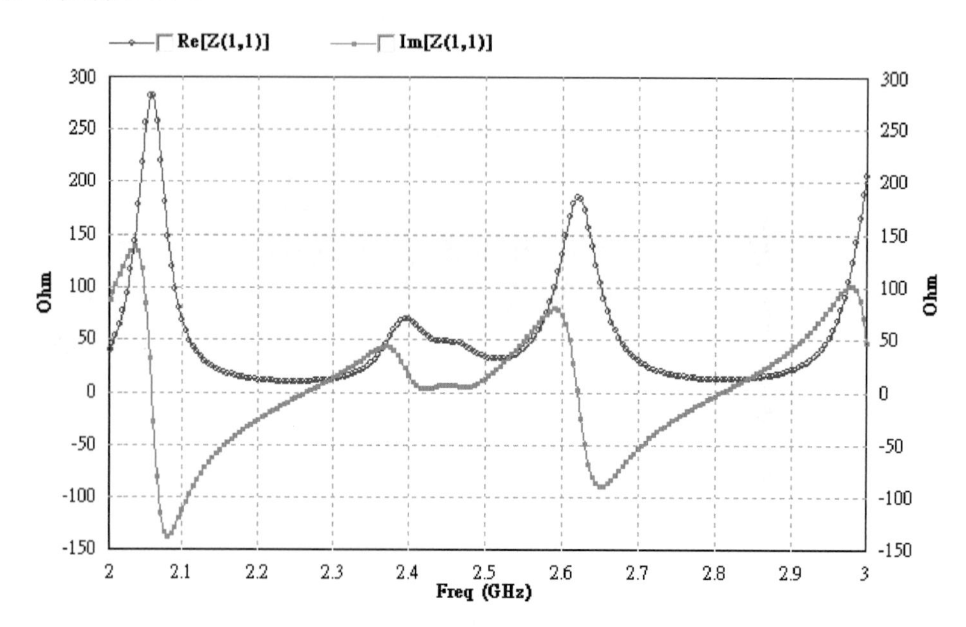

步驟 8-13：顯示 VSWR 的關係圖

參考步驟 1-12-6

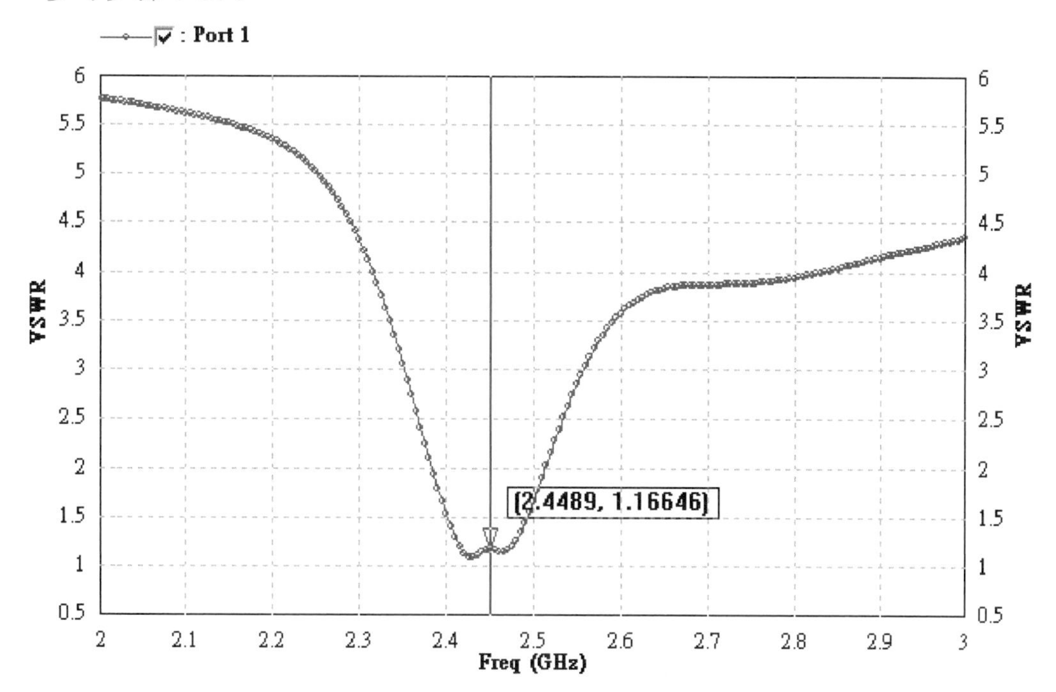

步驟 8-14：取得 3 dB AR(軸比)數據圖

參考步驟 6-10

以此天線來說，大約只要模擬 **2.4** 至 **2.5 GHz**，點數只要設 **11** 點便可。

要取得 **AR** 值，就需要首先模擬輻射場型。所需要的最佳圓極化輻射場型之頻率，要從 **AR** 數據圖取得。

首先從點選 開始：

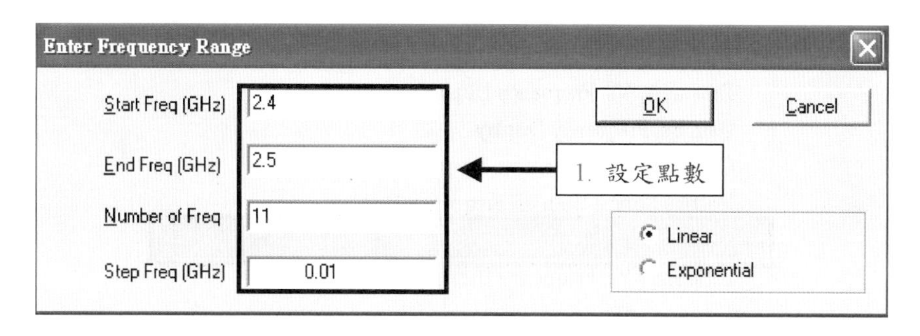

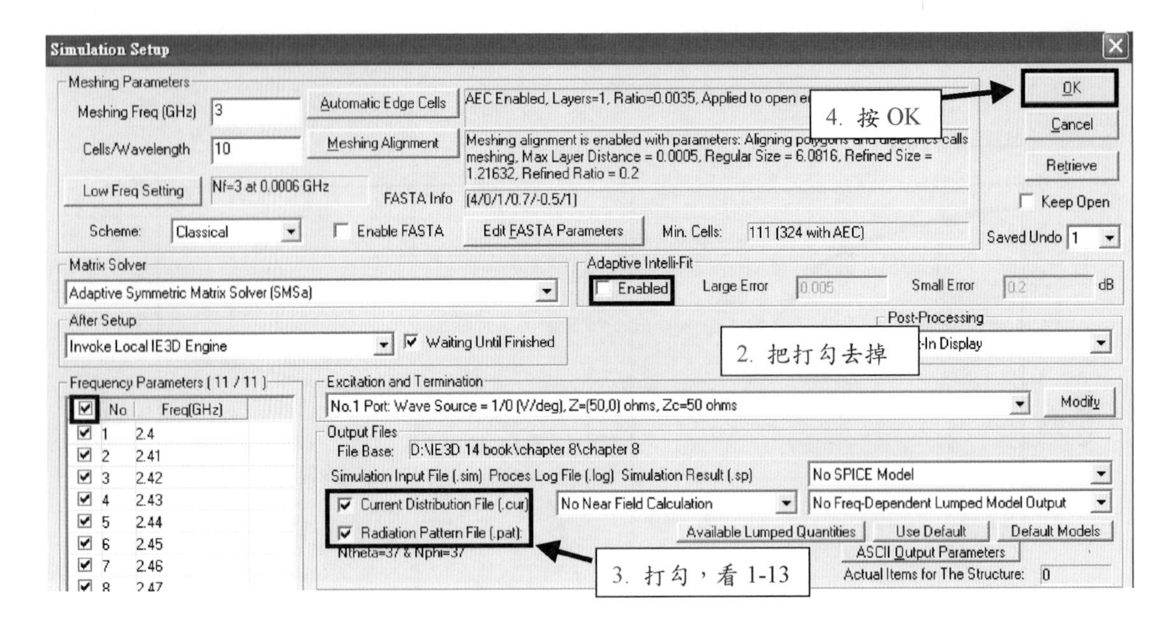

模擬完畢後，依照以下操作：

Window Help

Display Polygon Editor Shift+2
Switch to Last 3D Geometry Display Shift+3
2D Meshing Display

Display 3D Geometry
Display 3D Meshing
Display 3D Current Distribution

Display 3D Near Field Distribution
Display 2D Near Field Plots

Display 3D Radiation Pattern
Display 2D Radiation Pattern
Display Radiation Pattern Properties...
Directivity Vs. Frequency Display...
Gain Vs. Frequency Display...
Conjugate Match Gain vs. Frequency Display...
Voltage Source Gain vs. Frequency Display...
Axial Ratio Vs. Frequency Display...
Efficiency Vs. Frequency Display...

會出現以下視窗：

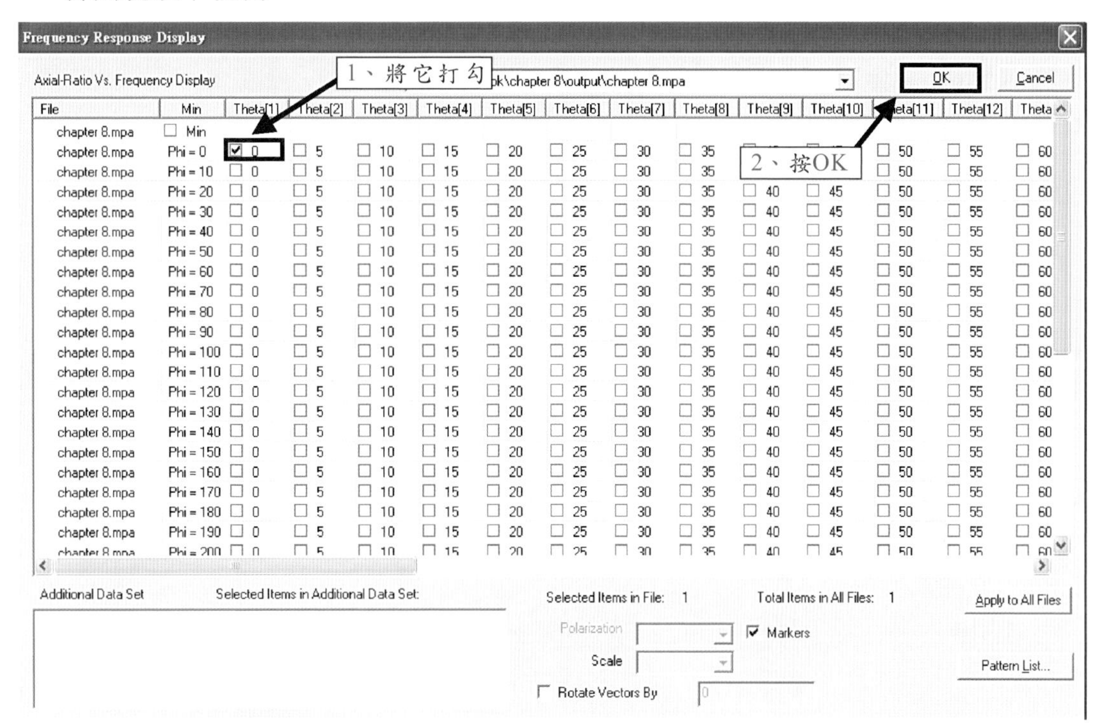

會出現以下視窗：

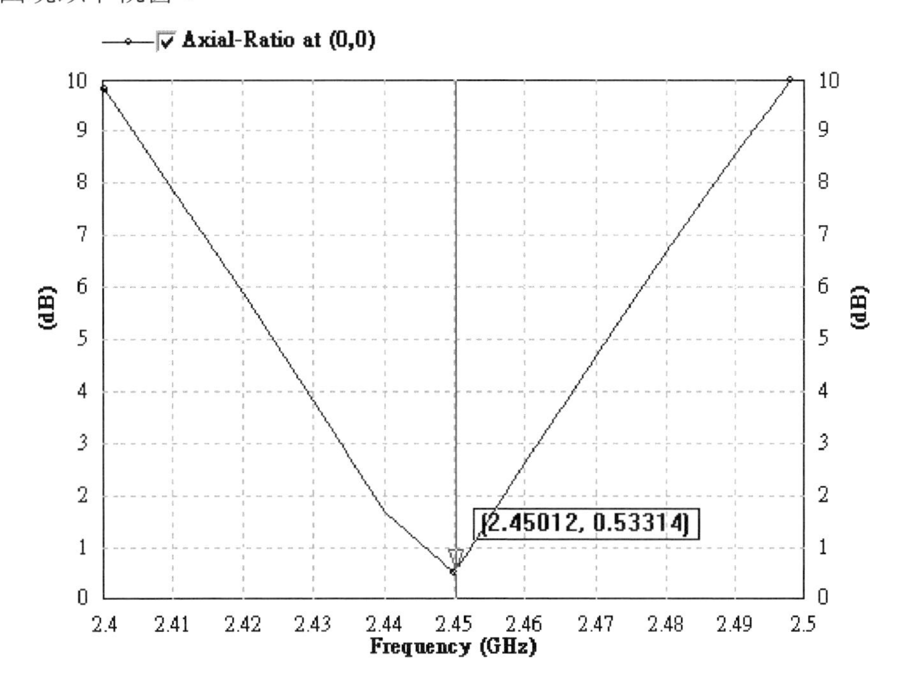

從 **AR** 圖，可得知圓極化 AR 最低點之頻率在 **2.45 GHz**。

步驟 8-15：取得輻射場型

參考步驟 1-13 及 6-11

註(10)：E-plane 與 H-plane 是分別取得，共振頻率是 **2.45** GHz。

註(11)：場型是從 2.4 模擬至 2.5 GHz。

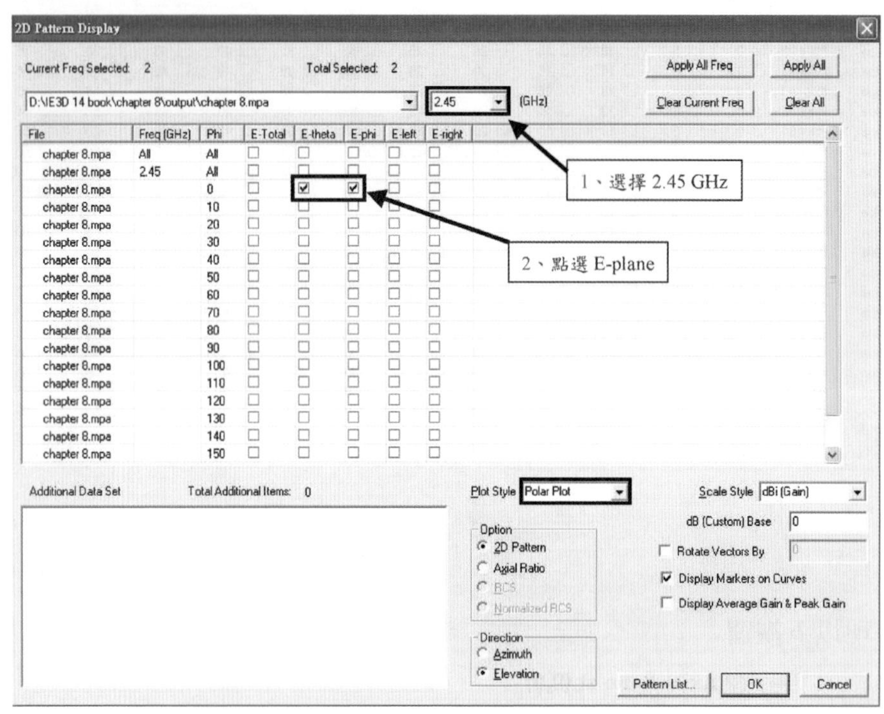

E-plane (X-Z Plane)

f=2.45(GHz), E-theta, phi=0 (deg), PG=3.82993 dB, AG=-4.44484 dB

f=2.45(GHz), E-phi, phi=0 (deg), PG=3.97833 dB, AG=-5.67468 dB

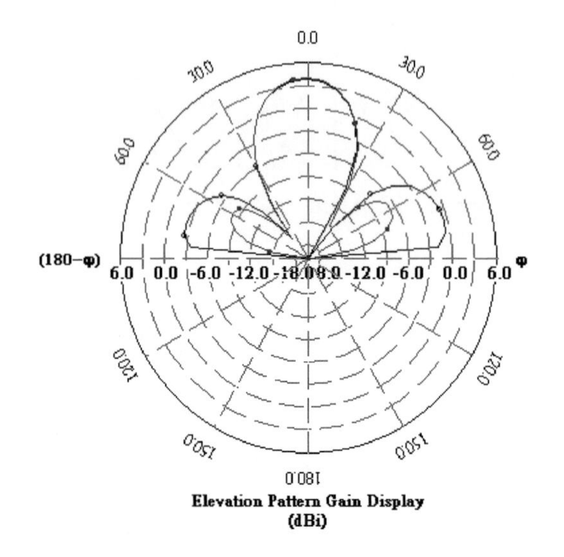

Elevation Pattern Gain Display
(dBi)

H-plane (Y-Z Plane)

f=2.45(GHz), E-theta, phi=90 (deg), PG=3.97833 dB, AG=-4.19084 dB
f=2.45(GHz), E-phi, phi=90 (deg), PG=3.82993 dB, AG=-5.9202 dB

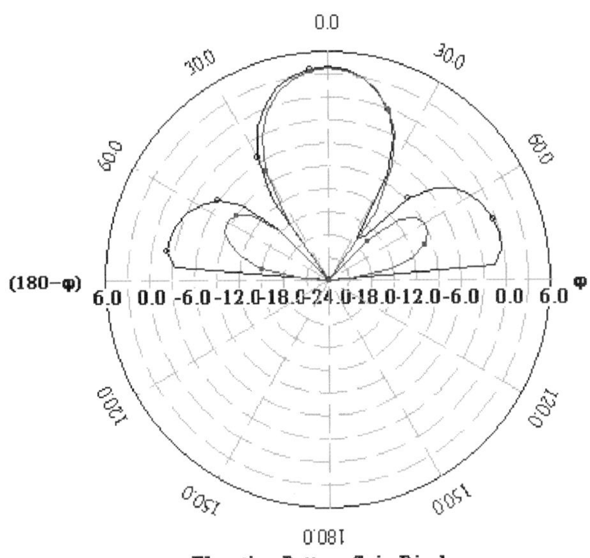

Elevation Pattern Gain Display
(dBi)

(X-Y Plane)

f=2.45(GHz), E-theta, theta=90 (deg), PG=-55.8003 dB, AG=-61.1405 dB
f=2.45(GHz), E-phi, theta=90 (deg), PG=-78.3695 dB, AG=-83.2196 dB

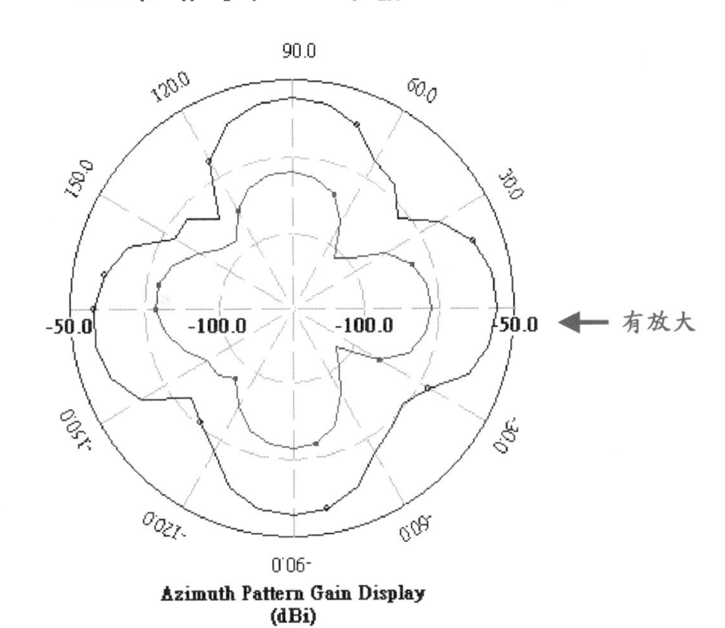

步驟 8-16：模擬 3D 場型圖

參考步驟 1-14

回到 **Radiation Patterns** 視窗，利用滑鼠右鍵點選 **3D OpenGL..**。

之後會進入以下 **3D Pattern Selection** 的畫面：

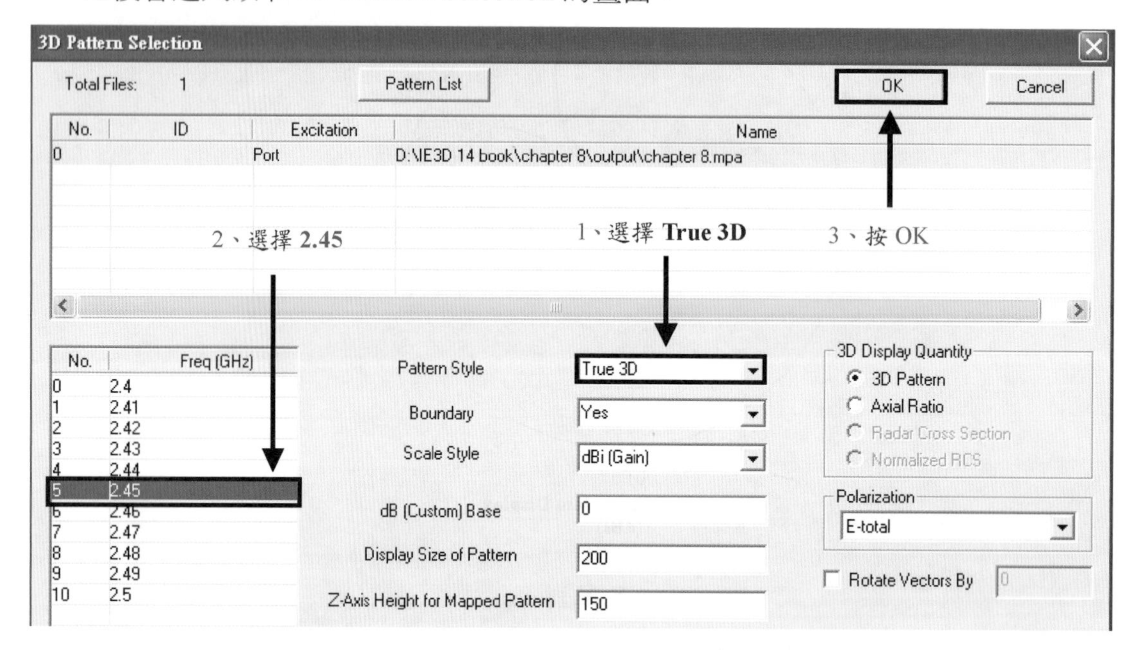

會出現以下 3D 圖形：

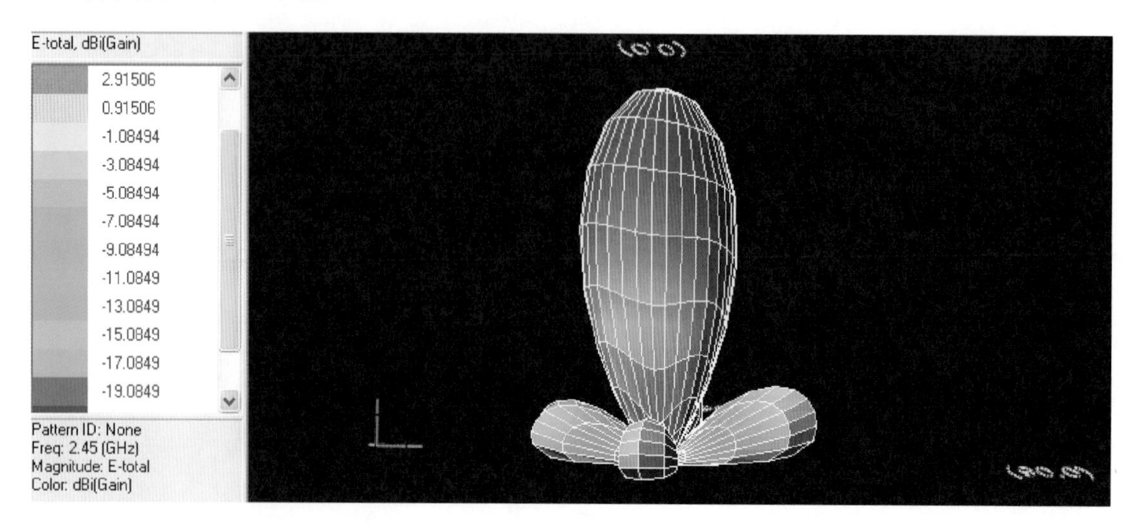

步驟 8-17：模擬電流分布

參考步驟 1-15

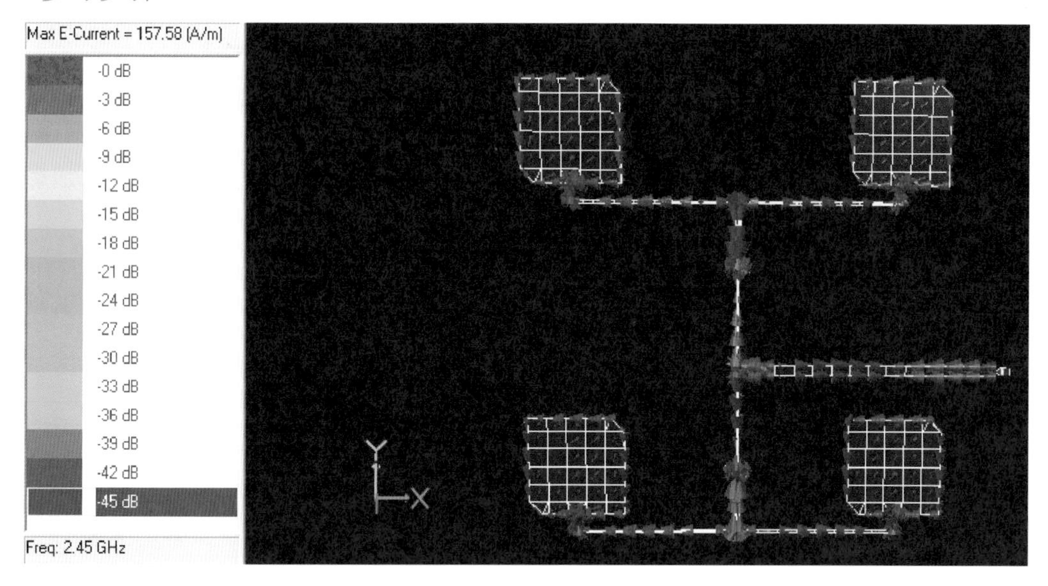

實體與模擬 S11 的比較圖：

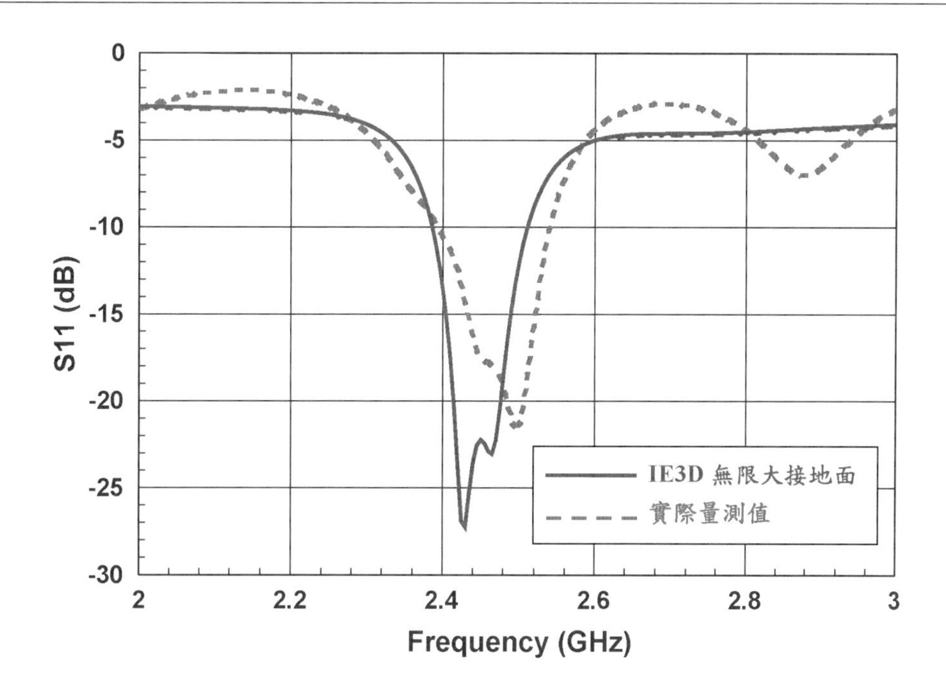

實體與模擬 AR 的比較圖：

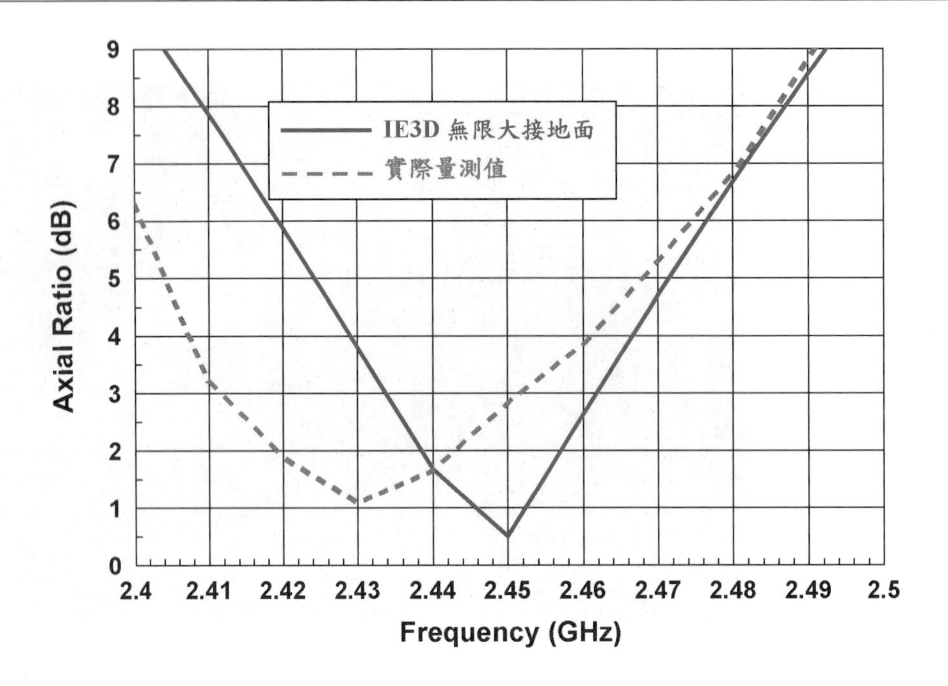

國家圖書館出版品預行編目資料

天線設計：IE3D 教學手冊 / 沈昭元編著. -- 二版.
-- 新北市：全華圖書, 2012.09
面； 公分
ISBN 978-957-21-8691-6(平裝)

1.天線 2.電腦輔助設計 3.IE3D(電腦程式)

448.821029 101017191

天線設計－IE3D 教學手冊

(附範例光碟)

作者 / 沈昭元
執行編輯 / 陳淑鈴
發行人 / 陳本源
出版者 / 全華圖書股份有限公司
郵政帳號 / 0100836-1 號
印刷者 / 宏懋打字印刷股份有限公司
圖書編號 / 05973017
二版一刷 / 2012 年 09 月
定價 / 新台幣 400 元
ISBN / 978-957-21-8691-6
全華圖書 / www.chwa.com.tw
全華網路書店 Open Tech / www.opentech.com.tw
若您對書籍內容、排版印刷有任何問題，歡迎來信指導 book@chwa.com.tw

臺北總公司(北區營業處)
地址：23671 新北市土城區忠義路 21 號
電話：(02) 2262-5666
傳真：(02) 6637-3695、6637-3696

南區營業處
地址：80769 高雄市三民區應安街 12 號
電話：(07) 862-9123
傳真：(07) 862-5562

中區營業處
地址：40256 臺中市南區樹義一巷 26 號
電話：(04) 2261-8485
傳真：(04) 3600-9806

讀者回函卡

填寫日期：　/　/

姓名：　生日：西元　年　月　日　性別：□男 □女

電話：（ ）　傳真：（ ）　手機：

e-mail：（必填）

註：數字零，請用 Φ 表示，數字 1 與英文 L 請另註明並書寫端正，謝謝。

通訊處：□□□□□

學歷：□博士 □碩士 □大學 □專科 □高中・職

職業：□工程師 □教師 □學生 □軍・公 □其他

學校／公司：　科系／部門：

・需求書類：

□ A. 電子 □ B. 電機 □ C. 計算機工程 □ D. 資訊 □ E. 機械 □ F. 汽車 □ I. 工管 □ J. 土木

□ K. 化工 □ L. 設計 □ M. 商管 □ N. 日文 □ O. 美容 □ P. 休閒 □ Q. 餐飲 □ B. 其他

・本次購買圖書為：　書號：

・您對本書的評價：

封面設計：□非常滿意 □滿意 □尚可 □需改善，請說明

內容表達：□非常滿意 □滿意 □尚可 □需改善，請說明

版面編排：□非常滿意 □滿意 □尚可 □需改善，請說明

印刷品質：□非常滿意 □滿意 □尚可 □需改善，請說明

書籍定價：□非常滿意 □滿意 □尚可 □需改善，請說明

整體評價：請說明

・您在何處購買本書？

□書局 □網路書店 □書展 □團購 □其他

・您購買本書的原因？（可複選）

□個人需要 □幫公司採購 □親友推薦 □老師指定之課本 □其他

・您希望全華以何種方式提供出版訊息及特惠活動？

□電子報 □ DM □廣告（媒體名稱　）

・您是否上過全華網路書店？（www.opentech.com.tw）

□是 □否 您的建議

・您希望全華出版那方面書籍？

・您希望全華加強那些服務？

～感謝您提供寶貴意見，全華將秉持服務的熱忱，出版更多好書，以饗讀者。

全華網路書店 http://www.opentech.com.tw　客服信箱 service@chwa.com.tw

2011.03 修訂

親愛的讀者：

感謝您對全華圖書的支持與愛護，雖然我們很慎重的處理每一本書，但恐仍有疏漏之處，若您發現本書有任何錯誤，請填寫於勘誤表內寄回，我們將於再版時修正，您的批評與指教是我們進步的原動力，謝謝！

全華圖書　敬上

勘誤表

書號		書名		作者	
頁數	行數	錯誤或不當之詞句		建議修改之詞句	

我有話要說：（其它之批評與建議，如封面、編排、內容、印刷品質等・・・）